CONSTRUCTION CONTROL TECHNOLOGY OF
LONG STRIP DEEP FOUNDATION PIT IN SOFT SOIL

软土长条形深基坑施工控制技术

孙九春 著

人民交通出版社股份有限公司
北京

内容提要

本书通过借鉴系统工程论、结构振动控制、桥梁施工控制中的思想、方法和概念,基于基坑时空效应与轴力作用下基坑力学场的演化问题,以土方开挖与支撑安拆为研究对象,把基坑施工过程视作动态的系统,引入系统控制论,采用理论研究、原位试验、实测分析等多种手段,建立了以基坑支护体系力学状态为目标的施工控制技术体系。本书主要内容包括基坑工程的施工控制体系研究、软土长条形基坑钢支撑系统的安全控制、软土长条形基坑围护结构侧向变形的主动和半主动控制、施工组织管理、主动控制下基坑力学场的演化分析与原位试验等。

本书可供从事基坑工程设计、施工、科研工作的专业技术人员参考,也可供高等院校相关专业师生学习使用。

图书在版编目(CIP)数据

软土长条形深基坑施工控制技术/孙九春著. —北京:人民交通出版社股份有限公司,2022.12
ISBN 978-7-114-18246-4

Ⅰ.①软… Ⅱ.①孙… Ⅲ.①深基坑—工程施工
Ⅳ.①TU473.2

中国版本图书馆 CIP 数据核字(2022)第 181849 号

岩土工程丛书
Ruantu Changtiaoxing Shenjikeng Shigong Kongzhi Jishu

书　　名:	软土长条形深基坑施工控制技术
著 作 者:	孙九春
责任编辑:	曲　乐　李　梦
责任校对:	席少楠　卢　弦
责任印制:	刘高彤
出版发行:	人民交通出版社股份有限公司
地　　址:	(100011)北京市朝阳区安定门外外馆斜街 3 号
网　　址:	http://www.ccpcl.com.cn
销售电话:	(010)59757973
总 经 销:	人民交通出版社股份有限公司发行部
经　　销:	各地新华书店
印　　刷:	北京印匠彩色印刷有限公司
开　　本:	720×960　1/16
印　　张:	27
字　　数:	497 千
版　　次:	2022 年 12 月　第 1 版
印　　次:	2022 年 12 月　第 1 次印刷
书　　号:	ISBN 978-7-114-18246-4
定　　价:	138.00 元

(有印刷、装订质量问题的图书由本公司负责调换)

《岩土工程丛书》编审出版委员会

名誉主任委员	许溶烈	孙 钧	刘建航	沈珠江
	郑颖人			
主任委员	史佩栋			
副主任委员	高大钊(常务)	朱合华	张建民	陈云敏
	韩 敏	岳中琦(港)		
委 员	(按姓氏汉语拼音为序)			
	包承纲	白 云	陈云敏	陈正汉
	崔玉军	冯夏庭	傅德明	高大钊
	龚晓南	顾宝和	桂业琨	郭蔚东(澳)
	韩 杰(美)	韩 敏	何满潮	李广信
	李建中(台)	李永盛	李焯芬(港)	廖红建
	凌天清	刘建航	刘金砺	刘松玉
	莫若楫(台)	秦中天(台)	沈珠江	史佩栋
	施建勇	孙 钧	王钟琦	谢永利
	许溶烈	杨林德	殷建华(港)	岳中琦(港)
	杨志法	宰金珉	张建民	张苏民
	赵锡宏	郑 刚	郑颖人	周申一
	朱合华	吴世明	何毅良(港)	
秘 书	曲 乐	艾智勇	丁源萍	

总序

2002年3月23日,对于《岩土工程丛书》(以下简称《丛书》)而言,是一个值得纪念的日子,因为在那一天,我们萌生了组织出版这套《丛书》的构想。

经过全国多位专家学者数度聚首商讨,又以函电形式广泛征求各方意见,反响热烈,令人鼓舞。大家的观点几近一致,都认为面对我国岩土工程的空前大发展,认真总结半个多世纪,特别是近20余年以来弥足珍贵的工程经验、科研成果和事故教训,实属当务之急。这不仅对于指导当前持续高速发展的工程建设,以确保设计施工质量和工程安全大有裨益,而且对于培养专业人才、提升行业素质、促进学科进步,乃至加强对外交流,都极具重大意义。这也是出版此《丛书》的宗旨和指导思想。

根据各方推举,本《丛书》的编委会承蒙深孚众望的国内20余所高等院校、科研院所和10余家有关企事业单位(含出版社)的41位专家组成,其名单列于卷首*。在各位编委和同行专家的热情关怀和出版社领导的大力支持下,《丛书》即将陆续问世,我们的内心怎能不激动?

由于岩土工程源远流长,而又与时俱进,日新月异,本《丛书》的素材将取之不尽,因此它将是开放性、系列性的,成熟一本,出版一本。其稿源将包括编委本人报送的、编委推荐的,以及编委会特约或组织撰写的各类作品。同时,我们热忱欢迎海内外各地同仁多赐佳作,共襄此举。

本《丛书》将分为**专题著述、工程案例和手册指南**三大类,其选题将围绕岩土工程发展中的热点难点技术问题、理论问题和重大工程的进展研究确定。著述内容力求精炼浓缩、深入浅出,实用性与学术性相结合,文字可读性强;工程案例将侧重于有影响和代表性的项目,可一例一书,也可同类工程数例并写于一书;要使之从实践中来,提到理论的高度进行分析与总结,以期能为日后的工程所用;手册指南将不重复已有的出版物而推陈出新。

本《丛书》稿件的审查,一般可由作者在征求编委会的意见后,自行约请专

---

* 现已增至47位。

家审查并提出评语,必要时也可商请编委会指定专家负责。书稿经审定后,将由作者与出版社直接签订合同,履行各自的权利与义务。文责由作者自负。

本《丛书》的读者对象主要是从事岩土工程勘察、设计、施工、检测、监理等方面的专业人士,也可供高等院校、科研院所相关专业的教师、研究人员、研究生和大学高年级学生等参考。

衷心希望本《丛书》能成为岩土工程界广大同仁的良师益友!

史佩栋　高大钊　朱合华
2003 年 7 月

序

改革开放以来,我国地下工程事业快速发展,取得了举世瞩目的成就。大量地下工程项目的建设极大地推动了我国各类基坑工程的发展,也积累了丰富的基坑工程理论与实践经验。但基坑施工引发的事故仍然常有发生,基坑自身安全及其周边土工环境的保护仍然存在许多问题。如何更有效地控制基坑自身变形、维护工程邻近地下管线和建(构)筑物的安全,仍然是基坑工程技术人员必须面对的重要课题。针对软土基坑的变形控制,诸多学者进行了深入的研究,无论工程实践还是理论分析都取得了丰硕的成果,但由于影响基坑变形的因素较多以及环境保护要求日益提高,在工程实践中上述研究的实施效果与预期仍有一定偏差。为此,进一步系统地研究基坑变形控制的成套设计和施工技术仍十分必要和重要。本书是腾达建设集团股份有限公司广大工程建设人员集体智慧的结晶,汇聚了三十多年来基坑工程的相关理论成果和实践经验。本书作者孙九春先生是一位精于设计和施工技术的行业专家,既有丰富的软土基坑工程实践经验,又有求真务实、锲而不舍钻研基坑工程理论的学术造诣,这是十分难能可贵的。

基于作者多年的研究和实践成果,本书对基坑工程变形及其周边地下管线、建(构)筑物保护等都作了详尽的阐述和研讨。本书主要内容包括以下方面:

(1) 以开挖与支护过程中基坑围护和内支撑体系的力学性态为抓手,本书提出了基坑施工控制的理念和任务,即围护结构变形控制与内力控制、支撑安全控制、基坑总体与局部的稳定控制、周边土工环境控制,形成了围护结构侧向变形的技术控制(含主动控制、半主动控制、被动控制、混合控制等各个方面)以及施工工期管理和控制等。整体而言,这大大提升了变形控制的学术和技术水平。

(2) 通过理论研究和原位测试,本书提出了基坑变形各内在因素相互协调融合的主动控制理念、基于连续体变形协调方程的主动控制原理、基于"三控法"的主动控制方法、基于基坑施工力学模型的主动控制策略、基于"荷载-结构"模型与"地层-结构"模型的主动控制计算以及基于控制论的主动控制方法，建立了基坑变形主动控制中伺服系统实施的原则，形成了一套系统化的围护结构变形的主动控制策略和方法，进一步提高了基坑变形及其伺服系统的可控性。

（3）针对长条形基坑钢支撑体系，本书以大变形几何非线性、材料/物理非线性、接触非线性力学等为基础，提出了钢支撑系统的极限荷载计算方法，采用解析法和有限单元法研究了钢支撑系统的极限承载能力，揭示了钢支撑体系各构件的承载机理，研发了支撑接头、活络头、新型抱箍、留撑接头装置等关键构件，有效提高了钢支撑系统的安全可靠性。

（4）针对"无支撑暴露时间"的变形控制，本书还提出了长条形基坑的小尺度盆边约束效应，形成了小尺度块内盆式挖土新工法；针对"有支撑暴露时间"的变形控制，本书研发了轴力多点同步加载设备，提出了精细化的支撑轴力控制方法；还基于系统工程方法论提出了实现快挖快撑的基坑施工组织管理新方法。通过基坑施工的精细化控制，大大降低了围护结构的侧向变形。

针对基坑工程的力学状态，本书首次系统构建了基坑施工控制理论，有效衔接了基坑工程的设计、施工、监测等各个方面，为基坑侧向变形由被动控制转向主动控制和智能控制奠定了理论基础，进而推动了基坑工程施工控制技术的发展。本书详细介绍和剖析了腾达建设集团股份有限公司承担的多个典型基坑工程案例，体现了这类基坑工程在施工理论、施工管理和施工工艺等方面的先进性。

本书涉及结构力学、弹塑性力学、土力学、工程控制理论等诸多学科内容，资料翔实，内容丰富，论述清晰，理论性与实践性兼备，值得我国广大岩土工程技术人员学习和借鉴。相信本书的出版必将进一步促进基坑工程变形控制技术的研究与发展，并期待更多的专家学者开展基坑微扰动设计和施工研究，不断提升我国基坑工程施工控制水平，为我国地下工程领域高质量发展贡献更大力量。秉承这颗初心，我乐以见到本书的早日付梓问世，并欣然写述了上面的一点文字，是为序。

孙钧

2022 年 6 月 30 日初夏于同济园

孙钧先生，同济大学岩土与地下工程研究所一级荣誉终身教授、中国科学院（技术科学部）院士、国际岩石力学学会会士（ISRM,2015 Fellow）、中国土木工程学会原副理事长。

前言

当前，以地铁和地下通道为代表的国内地下交通工程建设处于高速发展期。地下工程的建设离不开基坑工程，由于基坑施工显著改变了基坑所处区域地层的力学场，势必引起周围土体应力场、位移场的变化，而过大的位移则可能会超过基坑周边地下管线或建筑物的不均匀变形限值，引起地下管线破坏、建(构)筑物开裂甚至倒塌。如何有效地控制基坑开挖所引发的基坑及邻近建(构)筑物、管线的变形，成为基坑工程面临的核心技术问题。以刘建航院士为代表的广大学者提出了基坑工程的"时空效应"理论，有效地控制了基坑变形对周边环境的影响，极大地推动了软土基坑工程的发展。但随着社会的发展，传统的软土基坑施工技术越来越难以满足更加严苛的环境保护要求。为此，有必要深入研究基坑施工过程中的科学与技术问题，以期能够进一步提升基坑变形控制效果。

腾达建设集团股份有限公司自20世纪90年代以来参与了多项长三角地区轨道交通、地下通道等工程建设，在软土地层中的基坑施工变形控制方面积累了丰富的经验。作者作为项目技术负责人，有幸参与了上海市东西通道和上海地铁14号线浦东南路站基坑的施工，在应用时空效应理论控制基坑变形的过程中，深感基坑变形控制的重要性、复杂性和多因素影响性。2012年开始，作者又在同济大学对该问题进行了系统的学习和研究，取得了工学博士学位。

在理论学习与工程实践过程中，作者借鉴系统工程论、结构振动控制、桥梁施工控制中的思想、方法和概念，基于基坑时空效应与轴力作用下基坑力学场的演化问题，以土方开挖与支撑安拆为研究对象，把基坑施工过程视作动态的系统，引入系统控制论，采用理论研究、原位试验、实测分析等多种手段，建立了以基坑支护体系力学状态为目标的施工控制技术体系，依托这些技术成果形成本著作。本书主要内容如下：

(1) 以开挖与支撑过程中基坑支护体系的力学状态为研究目标，提出了基坑施工控制的新理念，建立了围护结构侧向变形的控制方法，初步构建了基坑工程的施工控制体系。

（2）通过理论研究和原位试验，提出了围护结构侧向变形主动控制的基本理论，基于伺服系统提出了变形主动控制理论的实施原则与应用方法，构建了变形主动控制的技术体系。

（3）针对长条形基坑钢支撑体系，采用几何非线性、材料非线性、接触非线性力学，提出了钢支撑系统的极限荷载计算方法，揭示了钢支撑体系各构件的承载机理，研发了支撑接头、活络头、新型抱箍、留撑接头装置等关键构件。

（4）针对无支撑暴露时间下的变形控制，提出了长条形基坑的小尺度块内盆式挖土法。针对有支撑暴露时间下的变形控制，研制了轴力多点同步加载设备，提出了精细化的支撑轴力控制方法。针对基坑施工管理的复杂性，提出了实现快挖快撑的基坑施工组织管理新方法。

感谢孙钧院士百忙之中审阅本书并作序。本书写作过程中还得到了公司、导师和同事们的支持、指导与帮助，真诚感谢腾达建设集团股份有限公司及董事长叶林富先生的大力支持，衷心感谢白廷辉博士和胡向东博士两位导师的悉心指导，感谢徐伟博士、廖少明博士、马忠政博士、卢礼顺博士、王哲博士、葛萧硕士、崔传杰硕士、刘帆硕士、吕润东硕士的技术支持与帮助，感谢同事曹虹、周轩、唐俊华、刘玉明、李鸿浩、吴圣伟、王悦的辛苦付出。

本书的出版主要起到抛砖引玉的作用，受限于作者的理论和实践经验，书中难免存在疏漏和不足之处，在此恳请各位同行、读者予以批评指正，以期共同努力推动基坑工程施工控制技术的发展。

作　者
2022 年 6 月

目录

第1章 绪论 ·· 1
  1.1 引言 ··· 1
  1.2 基坑施工控制国内外研究现状 ·· 3
  1.3 基坑变形控制的关键科学与技术问题 ····································· 16
  1.4 本书主要创新点 ·· 18

第2章 基坑工程的施工控制体系 ··· 20
  2.1 基坑支护体系力学状态的控制机理 ·· 20
  2.2 软土深基坑围护结构侧向变形的控制方法 ······························ 27
  2.3 基坑工程的施工控制 ·· 29
  2.4 围护结构侧向变形的施工控制 ·· 33
  2.5 基坑工程的施工管理控制 ·· 35
  2.6 本章小结 ·· 36

第3章 软土长条形基坑钢支撑系统的安全控制 ································ 37
  3.1 关键技术问题及解决方案 ·· 37
  3.2 钢支撑管节的极限承载能力 ··· 47
  3.3 钢支撑管节连接螺栓的承载能力分析 ···································· 56
  3.4 钢支撑抱箍的计算与优化 ·· 68
  3.5 钢支撑双拼槽钢式活络头的承载能力 ···································· 75
  3.6 新型活络头——矩形钢板式活络头的设计与承载能力分析 ······· 95
  3.7 本章小结 ·· 112

第4章 软土长条形基坑围护结构侧向变形的主动控制 ····················· 117
  4.1 关键技术问题及解决方案 ·· 117
  4.2 主动控制理论 ·· 120
  4.3 主动控制关键技术 ·· 145
  4.4 主动控制理论的工程应用 ·· 201
  4.5 本章小结 ·· 249

第 5 章　软土长条形基坑围护结构侧向变形的半主动控制 ··········· 252
5.1　半主动控制的关键技术问题及解决方案 ·························· 252
5.2　无支撑暴露时间下围护结构侧向变形的精细化控制技术 ········ 254
5.3　有支撑暴露时间下围护结构侧向变形的精细化控制技术 ········ 264
5.4　混凝土支撑施工期间围护结构侧向变形的控制方法 ············· 273
5.5　半主动控制技术的工程应用 ··································· 274
5.6　本章小结 ·· 284

第 6 章　软土基坑围护结构侧向变形控制的施工组织管理 ············ 286
6.1　系统工程方法论 ·· 286
6.2　系统工程方法论在基坑施工组织管理中的应用 ·················· 287
6.3　长条形深基坑的施工组织管理系统 ···························· 288
6.4　基坑施工组织管理系统的工程应用 ···························· 295
6.5　本章小结 ·· 302

第 7 章　主动控制下基坑力学场的演化分析与原位试验 ·············· 303
7.1　工程概况及开挖设置 ·· 303
7.2　基于数值分析的基坑力学场演化规律 ·························· 306
7.3　基坑力学场演化规律的原位试验 ······························ 336
7.4　本章小结 ·· 362

第 8 章　基坑施工控制若干问题的进一步研究 ······················ 364
8.1　上海中心城区古河道切割地层对基坑施工变形的影响 ············ 364
8.2　钢支撑轴力损失对基坑变形的影响 ···························· 394
8.3　本章小结 ·· 402

第 9 章　结论与展望 ·· 403
9.1　结论 ·· 403
9.2　展望 ·· 404

参考文献 ·· 406

第 1 章
CHAPTER 1

绪论

1.1 引言

当前,以地铁和地下通道为代表的国内地下交通建设处于高速发展期。地下交通工程的建造方法主要有暗挖法和明挖法两种。明挖法即先从地表向下开挖基坑,再施工地下工程主体结构,最终完成地下工程施工。明挖法因具有造价较低、施工便捷的优点而被广泛采用。据统计,采用明挖法建造的地下工程约占软土工程总数的 2/3 以上。区别于房屋建筑工程的面状,交通工程一般呈线状分布,因此其基坑形状多为长条形,可称为长条形基坑。随着地下空间的不断开发利用,地下交通工程的基坑开挖规模也在不断加大,开挖深度从最初的 10m、20m、30m,向 40m、50m、60m 发展,进而导致基坑变形控制难度大幅提高。特别是在城市的中心城区,住宅、商场和商务楼林立,地下管线密布,施工场地狭小(图1-1),基坑施工因显著改变了基坑所处区域地层的力学场,势必引起周围土体应力场、位移场的变化,过大的位移则可能会超过基坑周边地下管线或建筑物的不均匀变形限值,引起地下管线破坏、建筑物开裂甚至倒塌[1],如图1-2所示。

除基坑周边环境受影响外,基坑自身的安全风险也显著增加,车站基坑开挖过程中事故频发。如2003—2004年间,上海地铁4号线和9号线分别发生了挡土墙漏水事故,引起大面积地面塌陷,造成巨大的经济损失(张雪婵[2],2012);2008年杭州地铁1号线湘湖站发生的"11·15"坍塌事故,更是直接造成21人死亡,造成极为恶劣的社会影响(张旷成等[3],2010;李宏伟等[4],2010)。

软土具有触变性、高压缩性、流变性、低强度等特征,软土基坑施工过程中变形往往较大,对周边环境的影响尤为显著。而基坑变形的控制及周边环境的保护不仅贯穿于围护结构及支撑体系的设计,围护结构的施工、降水、土方开挖、支撑系统的架设等环节,还包括支撑系统拆除及地下结构施工等多个环节。

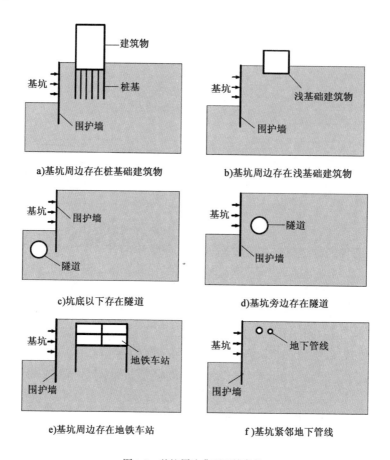

图 1-1 基坑周边典型环境条件

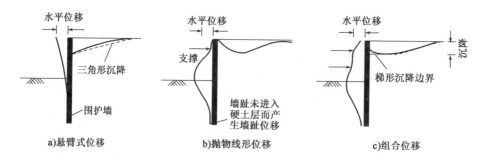

图 1-2 围护结构变形形态

由于基坑变形、基坑自身安全风险和基坑周边环境安全风险呈现出较强的相关性,考虑各种不确定性因素的耦合作用,鉴于诸多基坑工程事故教训,如何有效地控制基坑开挖所引发的基坑及邻近建(构)筑物、管线的变形,成为基坑工程技术面临的核心问题。

1.2 基坑施工控制国内外研究现状

基坑工程是一门传统却又极富现代意义的工程学科,对基坑工程的研究最早可追溯到Terzaghi[5](1967)和Peck[6](1969)等学者对基坑工程的学术论述。此后,随着有限元理论的发展和计算软件的普及,基于有限元法的基坑稳定分析开始受到国内外越来越多学者的关注(Ugai K.[7],1989;Matsui T.等[8],1992;Goh ATC.[9],1994;Ugai K.[10],1995;朱彦鹏等[11],2000)。以理论研究和工程实践为依托,我国相关部委先后发布了一系列基坑工程的技术标准及行业规范(中华人民共和国冶金工业部[12],1997;中华人民共和国建设部[13],1999)。

近年来,随着地下工程建设规模的不断扩大,基坑工程的设计和施工难度不断增加,其面临和亟待解决的难题以及各种潜在威胁也日益突出,特别是在软土地层,这些工程问题会被进一步放大(谢泓[14],2012;沈琛[15],2014)。软土深基坑的设计和施工主要存在以下问题:

(1)基坑设计计算理论不够完善。针对基坑工程的设计和计算理论采用了大量的工程假定,一些公式和计算参数往往基于经验取值,难以覆盖所有可能的工程案例和工程环境。

(2)对软土的长期力学特性认识不足。软土的土性可用"三高三低"加以概括,即含水率高、灵敏度高、压缩性高、密度低、强度低、渗透性低,这些特性为软土流变的研究带来了一系列挑战。软土流变指在恒定荷载作用下软土的变形随时间发展而变化的过程,是软土重要的工程特性之一。目前,应用最为广泛的流变本构模型为元件模型,国内外大量学者(Berre T.[16],1972;Talyor[17],1940;Murayalma[18],1974;Bardon[19],1965;Gibson[20],1981;陈晓平等[21],2011;赵维炳[22,23],1989,1996;谢康和[24],1994)对元件模型理论的发展做出了重大贡献。然而,对软土流变模型的研究方法大多建立在对试验结果和工程实测的数学拟合的基础上,缺乏科学且可靠的理论支撑和验证(Mesri G.等[25],1981;詹美礼等[26],1993;Liu H. D.等[27],1998;周秋娟等[28],2006;刘国彬等[29],2007;Phienwej N.等[30],2007)。

(3)周边环境复杂,受制约程度高。基坑周围往往地表高层建筑环绕,地下管线设施纵横交错。这些复杂的工程环境一方面对基坑的安全性提出了更大的挑战,另一方面也使得基坑设计受到严重制约,必要时不得不在某些设计环节上做出一定妥协。

(4) 开挖面积大、深度深,施工周期长,时空效应显著。目前,国内许多大型深基坑工程的开挖深度已达数十米,基坑尺寸更是由于工程实际需求而不断扩大,如此深度和宽度可能使基坑开挖跨越不同土层和地质环境,土层的竖向分布和横向地下环境差异会造成同一基坑在不同位置处的变形特性存在一定区别。同时,大型深基坑工程的规模和建设难度的增加必然使得施工周期延长,这也使得深基坑施工具有显著的时间效应。

大量工程实践和工程事故表明,国内外既有规范无法完全保证和满足软土地层环境下深基坑工程的安全性能,其所面临的工程实际问题还有待相关学者进一步研究和探讨。

1.2.1　软土基坑的变形控制

基坑工程早期的设计重点考虑支护结构的强度及其稳定性,但随着基坑开挖向更深更广发展,基坑开挖所引起的环境效应,极易导致邻近建(构)筑物产生不均匀沉降甚至开裂破坏,影响其正常运营和使用。因此,当前基坑工程的设计与施工不能仅考虑强度和稳定性要求,更需要满足周边敏感环境对基坑变形的要求,设计理念已由传统的强度控制走向变形控制(徐杨青[31],2001)。

基坑变形是一个非常复杂的工程问题,现场施工影响变形的因素繁多。归纳起来,可将变形影响因素分为三大类,即固有因素、设计因素、施工因素。

(1) 固有因素。包括现场施工的水文地质条件及周边环境条件,如地下水位、土体强度、周边建(构)筑物等。

(2) 设计因素。包括围护结构的特征、开挖尺度、支撑预加力和地基加固状况等。

(3) 施工因素。包括施工方法、超挖、施工周期、工程事故、施工人员水平等。

基于此,基坑变形的监测已成为现代深基坑施工过程中的必备环节。在基坑设计阶段对其受力和变形情况进行数值分析时,往往会引入一些假定因素和理想边界条件以使计算分析尽可能简单化,这往往导致理论分析结果与基坑施工的实际变形存在一定差异。基坑变形的监测与控制理论就是利用现场监测数据对基坑变形的情况进行分析,从而获得对基坑变形的实时把握,对超出预期一定范围的局部变形采取必要的控制措施,并对基坑后期的变形规律进行大致预测(孙学聪[32],2015)。

  基坑变形监测与控制的前期环节为基坑变形的理论分析,经过数十年的发展,国内外学者已逐步建立起一套较为成熟的基坑变形分析理论。Terzaghi 和 Peck 早在 1948 年就首次提出了通过确定支撑荷载大小来预估挖方稳定程度的基坑工程计算总应力法(Terzaghi K. 等[33],1948)。Wong 于 1989 年研究了不排水情况下土体抗剪强度、围护结构刚度、基坑开挖宽度等因素对基坑变形的影响(Wong 等[34],1989)。Cortes C. 和 Vapnik V. 于 1995 年将支持向量机(SVM)引入到基坑设计领域,对基坑变形进行了有效预测(Cortes C. ,Vapnik[35],1995)。Finno 基于有限元理论采用参数分析的方法研究了基坑长度、宽度和深度等因素对基坑变形的影响(Finno. 等[36],2007)。王建华、徐中华等对上海地区 30 余例深基坑开挖的实测数据进行了总结归纳,发现围护结构的最大侧向变形一般位于开挖面附近,且与开挖深度近似呈线性关系;并探讨了墙底以上软土层厚度、围护结构插入比、支撑系统刚度、坑底抗隆起稳定系数以及首道支撑的深度位置等因素对围护结构变形的影响(王建华,徐中华等[37],2007)。杨永庆以武汉某地铁站的深基坑工程为背景,对其变形特性进行了系统分析(杨永庆[38],2010)。郑刚、焦莹等建议当基坑周边环境对变形要求控制严格时,不宜按照规范简单计算,而应针对具体案例进行专门的变形分析,应采用"实例参照、个案分析"的方法(郑刚,焦莹等[39],2011)。Ou C. Y.、Hsieh P. G. 通过一系列的参数分析(开挖深度、宽度、软黏土厚度和岩体厚度等),研究软土开挖对沉降影响区的影响,并提出可预测沉降影响区的简单计算公式(Ou C. Y. 等[40],2011)。王旭军对上海中心大厦施工过程中的深基坑变形特征进行了研究,有效区分了基坑施工各个过程中的隆沉特性,揭示了承压降水对基坑变形的巨大影响,并结合实测数据验证了水压分布简化计算方法的合理性(王旭军[41],2014)。Lam S. Y. 等为更好地了解土体开挖过程中的变化机理,利用新开发的试验系统,对超固结软土深基坑进行离心模型试验,对深基坑开挖-支撑重复进行的实际施工顺序进行了动态模拟,并使用粒子图像测速仪观察土体变形趋势,试验结果证明了小应变刚度对开挖问题的重要性;相较于黏土层厚度,地下连续墙的变形受底部固定程度的影响更大(Lam S. Y. 等[42],2014)。

  随着计算理论与辅助软件的发展,计算软件被广泛应用于基坑变形计算中。Ou C. Y. 等通过有限元模拟分析了地下连续墙结构中隔墙的距离和高度对挡土墙侧向变形的影响以及墙体移除后的地表沉降(Ou C. Y.[43-45],2006,2010,2013)。吴华、郑刚介绍了空间效应在基坑开挖中的应用,对有限元计算与实际观测所得围护结构的变形、邻近建筑物的沉降等进行对比,发现基坑开挖过程具有明显的空间效应,合理利用空间效应将有效减小围护结构的变形以及对邻近建筑物的影响(吴华,郑刚[46],2007)。余有治利用有限元方法对逆作法施工的深基坑变形进行了系统研究(余有治[47],2016)。Andrey Benin, Alexander Konkov 等针对圣彼得堡国立学院马林斯基剧院的基坑项目,建立考虑施工过程的三维有限元计算模型,对开挖过程中基坑本身的变形及其对邻近建筑物的变形影响进行预测分析,结果表明,计算所得变形预测值与实测值相符(Andrey Benin 等[48],2016)。张学民等通过实地考察、数值分析和试验研究,对比论证了基坑施工对邻近建筑物的沉降影响(张学民等[49],2018)。朱炯利用有限元软件模拟了明珠隧道基坑开挖与支护过程,从而得到了基坑变形的模拟结果,并提出相应的工程对策(朱炯[50],2018)。

近年来,学者们更多地将数值计算软件与现场试验相结合,寻求减小基坑变形的办法。为改善含水层脱水可能导致地面沉降等恶劣地质问题,Zhou N. Q.、Pieter A. V.等在现场抽水试验的基础上,通过渗透性参数反演,采用三维有限差分法研究地下连续墙的水力阻隔功能;结果表明,随着地下连续混凝土墙深度的增加,含水层的下降量减小(Zhou N. Q.等[51],2010)。Yu X. L.、Jia B. Y.以实际工程为例建立三维分析模型,研究基坑开挖时增加隔离桩以减小其对邻近桥梁的影响;模型中考虑了土-桩的相互作用,分析了基坑施工全过程中的力学行为;结果表明,隔离桩在基坑与桥梁之间产生屏蔽作用,从而使基坑开挖对桥梁桩基影响不大(Yu X. L.等[52],2012)。Anthony T. C. Goh、Zhang Fan 等通过一系列二维和三维有限元分析,详细研究了软黏土中基坑开挖的支撑轴力,发现支撑所受轴力随土体强度的增加而减小,随墙体刚度的增加而增加,且不同长宽比(基坑长度与宽度之比)下支撑轴力的差异取决于黏土类型(Goh ATC.等[53],2017)。

近年来,从施工现场角度出发,通过更多的变形实测监控来保证施工过程中基坑变形的可控性与安全性,受到业界的高度重视,基坑监测技术获得了飞跃式的发展(Tan Y.[54],2016;Xu C.[55],2015)。1989 年 Mendez 首次将光纤传感器埋入混凝土构件中进行变形监测,此后该技术在监测领域取得了飞速进展和良好成效(刘艳[56],2007;刘金培[57],2009)。1995 年,刘利民指出围护结构中斜管测点的测量结果比基坑边缘土体中的测点更为准确(刘利民等[58],1995)。此后,胡春林系统研究了已有基坑工程的监测技术,并在此基础上归纳总结得出了对高层建筑基坑施工监测的一整套技术方法(李爱民等[59],1996)。Lee 等对新加坡某基坑工程的实际监测数据进行了分析,并基于实测反演参数进行了有限元模拟(Lee 等[60],1998)。杨林德等将动态预报引入到基坑监测领域,并通过监测超前预测出下一阶段基坑可能发生位移的变化量和基坑支护体系的结构稳定性(杨德林等[61],1999)。Long 根据一系列深基坑工程的墙体和土体变形实测资料,探讨了开挖深度、坑底抗隆起法稳定系数等因素对基坑变形的影响(Long M.[62],2001)。2004 年,朱文忠通过分析明挖深基坑工程围护结构的侧向变形,提出了适合该类工程的施工监测技术(朱文忠[63],2004)。Calvello 等提出利用反分析处理监测数据的方法并通过优化参数法预测基坑的下一步变形,但该方法优化参数选取复杂,对工程经验依赖性高(Calvello M. 等[64,65],2004,2005)。白永学结合对天津地铁十一经路站的数值模拟,分析了设计、施工、土体力学等因素对软土地区地铁基坑变形的影响程度,得出了影响基坑变形的主要因素和次要因素,并从设计和施工层面提出了变形控制措施(白永学[66],2006)。丁永春结合上海软土地区深基坑工程实践,对常用围护结构地下连续墙施工过程中的槽壁稳定与土体变形问题进行了研究,分析槽壁水平应力分布、槽壁侧向变形与地面沉降的规律,并对不同施工条件下槽壁侧向变形与地面沉降进行参数分析,提出了"源头控制、路径隔断、对象保护"的基坑变形综合控制理念和相应的技术措施并将研究成果应用于上海地铁 8 号线西藏南路站 6 区深基坑工程,验证了变形预测结果的可靠性、基坑变形控制标准及基坑变形综合控制措施的合理性(丁勇春[67],2009)。任建喜等通过对大量基坑工程实际监测资料进行整理归纳,对基坑的变形模式和变形特性进行了分析预测(任建喜等[68],2008)。高德恒以某城市地铁基坑工程为工程案例,系统介绍了支护体系中混凝土支撑的监测方法和监测原理(高德恒等[69],2008)。王增勇结合工程实践介绍了地下连续墙围护下的基坑施工监测方法,并对其进行了多方位的探讨与分析(王增勇[70],2011)。Tan 等对比了顺作法和逆作法在大体量中心岛式基坑开挖中的不同特点,通过实测数据验证了大面积开挖比圆弧滑动面法假设影响深度更深(Tan Y.[71,72],2013)。周惠涛从定性的层面探讨了软土地区地铁车站深基坑的变形特点和控制技术(周惠涛[73],2016)。赵翔等采用理论分析、数值模拟和施工监测相结合的方法对软土地区深基坑开挖引起的变形及控制方法进行了研究(赵翔等[74],2017)。裴鸿斌等以天津周大福金融中心深基坑为工程案例,通过分析变形影响因素提出了变形综合控制技术(裴鸿斌等[75],2017)。普建明等利用现场监测数据对普洱某深基坑工程的事故原因进行了分析,并提出了一定的经验教训(普建明等[76],2018)。Ding Z. 等将理论研究和监测数据相结合,分析了分区开挖对地铁基坑变形和应力性状的影响,并指出了其对变形控制的有效性(Ding Z 等[77],2018)。龙宏德等分析了不同工况下坑顶土体放坡开挖、坑内土体开挖、主体结构施工对下卧地铁隧道结构受力和变形的影响,在此基础上提出了一系列施工控制措施,并通过现场实测数据进行了验证(龙宏德等[78],2018)。

综合来看,近年来随着理论水平的提升和工程经验的积累,以及基坑监测技术不断走向现代化和多样化,依靠日益强大的计算机数值分析和基坑监测技术,基坑变形控制方法也获得了质的飞跃。

1.2.2 基坑钢支撑系统的安全性能

基坑内支撑通常采用钢结构支撑或钢筋混凝土支撑,钢支撑自重轻、安装方便、可重复利用且安装后能立即发挥作用,减少因时间效应引起的位移,因此条件允许时一般优先采用钢支撑。

钢支撑能平衡围护结构上的侧压力,有效控制基坑的变形,因此钢支撑系统的安全性能对基坑工程意义重大。支撑结构破坏机理主要有局部失稳破坏和整体失稳破坏。胡蒙达和金志靖在1997年采用变分法求出了钢支撑在压弯状态下的挠度公式,并结合钢结构整体失稳条件求出了钢支撑极限长度的L_{max}不等式,建立了挠度与偏心距、端点轴力和杆长等参数的关系图(胡蒙达,金志靖[79],1997)。胡蒙达根据钢支撑系统随温度变化会产生热应力和轴力变化的原理,采用弹性力学的热应力理论探讨并计算钢支撑在变温条件下的热应力和相应的轴力变化的公式(胡蒙达[80],1998)。蒋洪胜通过对实际工程支撑轴力变化规律分析,发现时空效应理论的应用已经向目前常用的弹性或弹塑性理论的设计方法提出了挑战(蒋洪胜[81],1998)。魏玉明通过对某地铁站基坑开挖的实例分析,讨论了影响钢支撑轴力的因素,发现开挖是最大最重要的影响因素,基坑开挖过程中要运用时空效应规律,合理利用开挖过程中土体控制位移的潜力,预加力大小和施加过程都会影响钢支撑的内力,钢支撑自重对钢支撑内力有一定影响,但能通过科学施工降低影响,温度对钢支撑影响十分明显(魏玉明[82],2005)。杜维国应用突变理论对单支撑稳定性进行研究,建立了单支撑尖点突变模型和分叉集方程,根据尖点突变模型和分叉集方程,提出了确定单支撑稳定临界状态的新方法,最后分析了支撑系统各个参数对支撑稳定性的影响并提出相关控制措施(杜维国等[83],2008)。张忠苗分析杭州某地铁车站钢支撑轴力的监测数据发现每道支撑的设置或拆除会对相邻支撑产生很大影响,但对间隔支撑的影响较小,基坑角撑部位应充分考虑基坑的空间效应(张忠苗等[84],2010)。张明聚通过对采用锚索与钢支撑混合支撑方案的某基坑监测分析发现:钢支撑架设后,轴力不断增加,最终趋于稳定,朗肯土压力理论计算出的支撑轴力和实测轴力有很大偏差(张明聚等[85],2010)。张德标针对上海某基坑,运用支撑轴力伺服系统,减少钢支撑轴力损失,并相应控制地下连续墙变形,取得了良好的社会效益(张德标等[86],

2011)。郭利娜根据武汉地铁车站钢支撑轴力监测数据分析发现各道支撑安装后,轴力在短期内均增长较快,开挖阶段结束后,各支撑轴力出现下降并趋于稳定。钢支撑在施加预应力初期,预应力损失严重,因此轴力变化存在波动,钢支撑架设初期轴力迅速增大,施加下一道支撑时分担上一道钢支撑的力导致其轴力有所减小(郭利娜等[87],2013)。武进广通过对某地铁车站钢支撑轴力分析,结果表明,伴随基坑开挖,每道支撑架设后轴力逐渐增大,下一道支撑开始受力时该道支撑轴力达到最大,之后随着轴力调整逐渐趋于稳定(武进广等[88],2013)。冯虎针对基坑设计和施工中的立柱隆起问题,提出考虑立柱隆起影响的钢支撑承载力的计算方法,研究表明,随着立柱隆起程度增大,钢支撑承载力明显减小,最后一层土开挖是风险最高节点,超挖会引起已安装钢支撑的轴力明显增加,影响支撑稳定,基坑不宜长时间放置,否则立柱隆起危及钢支撑的安全,最薄弱钢支撑一旦失稳将引发支撑体系的破坏(冯虎等[89,90],2014)。赵彦庆通过对天津某地铁车站基坑钢支撑轴力监测资料分析,得出各层钢支撑轴力的变化规律,并运用有限元软件模拟得出与实际施工阶段较为接近的不同开挖阶段的钢支撑轴力云图(赵彦庆等[91],2016)。刘兴旺针对实践中组合型钢支撑梁承载力常被估高的经验,对支撑体系实际受力情况简化后进行分析,指出将支撑梁简化为单根型钢安全性更高,还探讨将弹性分析结果应用到弹塑性结构的方法(刘兴旺等[92],2018)。

目前钢支撑的研究主要集中于支撑与围护结构的相互作用,钢支撑安全性能的研究较少,且研究主要针对钢支撑管节,缺乏对整个钢支撑系统的安全研究。

1.2.3 轴力伺服系统

随着基坑工程朝更大更深的方向发展、基坑施工过程中的环境保护要求越来越高,普通的钢支撑体系已无法满足基坑变形控制的目标,因此支撑轴力伺服系统应运而生。

目前市场上的支撑轴力伺服系统又称为轴力补偿系统,多用于钢支撑轴力损失的补偿,由于支撑轴力与围护结构侧向变形之间并没有直接的关联,故仅以轴力为控制目标的伺服系统在变形控制方面很难达到预期要求。为此提出了以钢支撑端头位移为伺服目标进行轴力补偿的一种测控体系设计理念,以期可以更高效地达到设计要求的变形控制目标(王琛等[93],2016)。2009年,上海协和城世界广场工程由于紧邻运营中的地铁2号线与20世纪20~40年代的2~3层砖木结构的优秀历史保护建筑,基坑变形控制要求高,因此基坑开挖过程中采用支撑轴力伺服系统,伺服系统的成功应用使得基坑开挖整体变形较小,确保了周边建筑物和地铁运行安全(张德标[86],2011)。合肥市轨道交通 2 号线东二环路站为 2 号线、4 号线换乘站,底板埋深 15.6~16.9m,车站周边建筑密集且距车站主体基坑非常近,在地铁深基坑施工过程中采用支撑轴力伺服系统,将建筑物最大沉降控制在 1‰H(H 为基坑开挖深度)内,最大差异沉降<2‰H,符合规范要求(彭勇志等[94],2016)。上海地铁 14 号线浦东大道站与运营中的地铁 4 号线浦东大道站呈"十"字换乘,车站周边环境复杂,周边建筑物离基坑最近处仅为 6m。基坑 1~5 轴的钢支撑均采用轴力伺服系统,5~11 轴部分钢支撑采用轴力伺服系统,通过对比普通支撑与伺服支撑两者的变形控制数据,证明了伺服系统可以有效地补偿支撑变形,以及补偿温度及土压力变化带来的支撑本体压缩,从而验证了支撑轴力伺服系统在基坑变形控制方面的有效性(吉茂杰[95],2016)。

当前伺服系统设备的发展方兴未艾,但是基于该设备的基坑变形控制理论却鲜有研究,采用支撑轴力伺服系统进行基坑变形控制的方法还未建立。

1.2.4 软土深基坑的"时空效应"

软土基坑具有显著的"时空效应",基坑施工时正确认识并分析其时空效应,科学安排施工顺序,具有十分重要的意义。

早在 1971 年 Clough 通过试验发现基坑的长宽比对其稳定性存在一定影响,从而指出空间效应对深基坑开挖的稳定性有较大的作用(Clough[96],1971)。针对深基坑开挖的空间效应问题,Mana 提出了计算开挖荷载的基坑分步求解法,该方法至今仍被一些规范采用(Mana A. I.[97],1976)。Tsui 等利用非线性有限元的方法分析了基坑回弹效应,研究发现开挖深度与坑底最大回弹量呈指数关系,基坑回弹速率与开挖深度成反比,且回弹变形在坑底分布具有空间效应,即基坑边壁土体回弹较小,坑底中间回弹最大(Tsui Y.[98],1989)。刘建航院士也对此开展了类似研究,指出基坑回弹的内在机理,并结合上海地铁工程实践,分析研究不同施工工序和施工参数下大量现场观测数据,总结出适量地减少每步开挖空间和时间并缩短每步开挖挡土墙的自由暴露时间,可以明显减少基坑位移,充分调动软土自身控制变形的潜力,达到科学施工、控制基坑变形的目的。此外,他还提出不同基坑的空间结构计算模型与参数,并在上海诸多地铁工程中得到了应用和验证(刘建航[99-102],1991,1993,1999)。黄院雄、侯学渊等学者指出土压力的计算应计入时空效应的影响,并据此定义了主动土压力系数 K 来定量计算其影响程度(黄院雄[103],1997)。蒋洪胜和刘国彬等人研究发现基坑挡土墙被动区的水平基床系数是开挖几何尺寸及暴露时间的二元函数(蒋洪胜[104,105],1998,1999)。应惠清通过实际工程案例研究发现,基坑挡土墙的侧向变形、地表沉降及土压力等存在明显的空间效应,且空间效应的程度与时间相关(应惠清[106],1996)。吴兴龙研究发现空间效应与坑壁边长有关,坑壁边长越长,空间效应越显著(吴兴龙等[107],1999)。

　　进入21世纪以来,计算机水平技术的进步使得基坑的时空效应分析获得了飞速发展。张冬霁采用三维有限元软件建立了水平地层的基坑模型,据此研究了基坑围护结构的空间效应(张冬霁[108],2000)。陈页开对基坑的坑角效应进行了研究,结果表明基坑尺寸对坑角效应有较大影响,尺寸越小,角部效应越明显,空间效应越强(陈页开等[109],2001)。张燕凯等通过曲线拟合建立了考虑土体蠕变、开挖深度以及时间效应等因素影响的土压力计算公式(张燕凯等[110],2002)。Roboski在总结多位学者对不同地层条件、围护形式及几何形状下的深基坑现场实测数据及有限元分析结果的基础上,提出了描述空间效应的补余误差函数(Roboski[111],2004)。刘涛以某地铁车站基坑工程为案例,研究了支护结构暴露时间长短对变形的影响,结果表明支护结构的暴露时间越长,基坑开挖阶段的变形就越大(刘涛等[112],2006)。2007年Blackburn等学者通过软黏土地基基坑的现场监测,研究了其水平方向的位移值、垂直沉降值、支撑内力、周边建(构)筑物倾斜度等与设计计算值的差异,发现现场监测数据呈较为明显的空间分布特征(Blackburn等[113],2007)。凌宏等通过对某市地铁2号线海珠广场站基坑围护结构墙体实测侧向变形的分析,论述了基坑的时空效应是侧向变形变化的主要原因(凌宏等[114],2007)。马威等结合有限元软件探讨了基坑的空间变形规律,对比了基坑尺寸、开挖步骤和支撑形式对时空效应的影响(马威[115],2008)。郭海柱等基于Druker-Prager屈服破坏准则和时间硬化幂函数法则,通过有限元分析软件建立了软土蠕变模型,模拟分析在施工过程中深基坑的变形过程及围护变形随支护时间变化的规律(郭海柱等[116],2009)。宁超通过有限元软件并结合现场实测数据,发现施工顺序、支撑系统的空间布置及挡土墙的厚度等对基坑围护结构的变形有很大影响(宁超[117],2012)。Sun等学者结合工程实例对监测数据采用条元素法进行分析,并与试验结果相印证,结果表明时空效应对软土深基坑的设计和计算至关重要(Sun L. N.等[118],2013)。叶荣华结合宁波某轨道交通深基坑工程,研究了软土地区深基坑的时空效应,并对基坑安全性进行了评价(叶荣华[119],2013)。陈子文利用有限元软件进行数值模拟,计算得到了时空效应影响下的地下连续墙水平变形结果(陈子文[120],2014)。黄伟针对开山填海造陆地区特殊地质环境下的软土基坑变形,采用试验研究、理论分析、数值模拟和监测分析相结合的方法,对开山填海造陆地区深大基坑变形的时空效应及其控制方法进行了系统研究(黄伟[121],2015)。赵晓旭以无锡市地铁2号线梁溪大桥车站深基坑为工程背景,将数值模拟得到的结果与现场监测数据进行比对,系统研究了基坑围护结构变形、内支撑体系轴力变化、基坑周边土层变形规律及软土地区深基坑的时空效应(赵晓旭[122],2015)。孙伟以溧澜溪体育公园西侧道路及排水箱涵工程中深基坑为研究背景,结合实际监测数据,通过不同桩间距、挡土板厚度、支撑位置以及开挖与支撑的先后次序来分析时空效应对基坑变形的影响(孙伟[123],2016)。王立峰等考虑软土的蠕变特性,对某邻近基坑开挖的地铁隧道的侧向变形和沉降的时空分布进行深入分析,并拟合了估算地铁水平和垂直位移的实用计算公式(王立峰等[124],2016)。李镜培等以上海市五坊园基坑工程为背景,对其开挖过程中基坑及周围环境的动态响应进行追踪研究,结果表明基坑施工对围护墙体及周边环境的影响具有明显的空间效应和深度效应(李镜培等[125],2018)。

随着基坑时空效应理论研究的不断深入,时空效应在软土地铁基坑内的应用越来越普遍。上海地铁2号线某车站基坑按常规开挖方法挖至坑底时围护结构最大侧向变形为101.46mm,而根据时空效应原则施工时,围护结构最大侧向变形分别只有63.78mm和55.7mm,由此揭示了基坑开挖的时空效应规律(蒋洪胜等[126],1999)。上海地铁2号线河南中路站(已更名为南京东路站)出入口155号地块基坑,环境保护要求非常高,施工过程中考虑时空效应施工控制原理的应用,按分层、分块、对称、平衡、限时的原则,确定土体开挖参数,严格按照规定的挖土顺序开挖,及时架设支撑并定期检查和复加支撑轴力,发挥软土自身控制变形的潜力,达到了控制地层变形的目的(杨国伟等[127],2000)。上海地铁8号线黄兴路车站深基坑采用明挖法施工,通过对时空效应理论的应用,确定基坑开挖的各项参数及技术措施,从细节处进行施工组织,保证了深基坑的施工安全,达到了较好的环保效果(王福恩等[128],2004)。上海地铁6号线济阳路站是3条地铁线相交的枢纽站的超大型深基坑,根据时空效应理论,采取了分层分段的开挖方式,并结合支撑安装、降排水等其他相关的基坑施工技术措施,较好地解决了该基坑的变形问题(袁俊相等[129],2009)。

基于软土的时空效应,长条形深基坑通常采用斜面分层、分段、分块的开挖方式以期控制施工过程中基坑侧向变形,但是对于块内土方如何开挖更有利于变形的控制以及支撑架设后如何控制变形的后续发展目前鲜有研究。

1.2.5 基坑的施工组织管理

自 20 世纪 60 年代初引入施工组织管理理念以来,其在土木工程中的应用迅速增多。Barrie D. S.、Paulson B. C. 从职能定义的角度肯定了施工组织管理的应用前景(Barrie D. S.,Paulson B. C.[130],1976);Clyde B. 归纳了施工组织管理在实际应用中的一些问题(Clyde B.[131],1983);Gharehbaghi K.、Mcmanus K. 进一步明确了项目经理在施工组织管理中的职责与重要作用(Gharehbaghi K. 等[132],2003)。

刘国彬认为基坑项目的组织管理应该以技术管理为核心、以风险控制和质量安全管理为抓手、以协调为途径、以可持续发展和环境保护为着力点、以建立信息化施工体系为基础(刘国彬等[133],2010)。吴立柱以润扬长江公路大桥南汊悬索桥北锚碇基础的矩形深基坑施工为例,从设备入手阐述了基坑的施工组织管理,该基坑开挖深度大、难度高,根据基坑形式,合理布置开挖顺序,对基坑开挖设备、起重吊装设备、运输设备、降水设备、混凝土浇筑设备等进行合理选型,严谨分析基坑取土和结构制作效率(吴立柱[134],2004)。黄建彰以华敏帝豪大厦基坑施工为例,阐述了该超深基坑开挖阶段从技术方案、现场管理等方面入手,通过优化若干层土方的开挖方式、抓好现场的技术管理与协调管理工作,实现组织管理的科学化与合理化,有效地完成了超深基坑的开挖任务,取得了很好的经济效益与社会效益(黄建彰等[135],2008)。朱磊以施工难度大的天津地铁 5 号线幸福公园站施工为例,对各种环境、技术、物资、人员、经济等因素进行全面的调研,对周围建(构)造物的保护和对基坑的变形与稳定方面都提出了针对性的措施,实现了科学化管理(朱磊[136],2013)。李双清以南京金鹰天地广场基坑工程为例,根据基坑工程结构和环境特点,从场地动态部署、进度安排、工作面交接、信息化施工、风险预警等多方面阐述了大型深基坑工程的施工组织管理模式,达成了工程预期目标(李双清[137],2017)。杜建国、刘伟介绍了从组织上对地下连续墙进行质量管理的方法,其分析结果对类似环境下深大基坑工程的地下连续墙施工质量管理起到了借鉴作用(杜建国,刘伟[138],2015)。侯金波、刘宏光等利用 C 语言编程辅助基坑监测信息管理,实现了对监测数据的有效组织与管理,满足了现场基坑监测工作的需要(侯金波,刘宏光等[139],2015)。

计算机技术的发展让施工组织管理也与时俱进,特别是近几年建筑信息模型(BIM)技术的发展,为施工组织管理提供了更多的便利。90 年代,Suckarieh George 提出,在施工组织管理中使用微型计算机可以更轻松评估执行不同项目活动所需的时间(Suckarieh George[140],1991)。Gabriel Diaz-Hernandeza、Inigo J.

Losadaa 等提出利用计算机程序自动化的特性,参与日常施工活动改进、分析、设计和管理(Gabriel Diaz-Hernandeza 等[141],2017)。Hardin Brad 将 BIM 技术在土木建筑领域中的实用建议和测试技术汇集为书,并专门就其在施工管理方面的应用作了详细解读(Hardin Brad[142],2009)。Li X.、Xu J. 将 BIM 模型和 BIM5D 软件的组合应用于实际施工,发现两者协同作用在进度管理、质量安全监督等方面有很好的辅助作用(Li X. 等[143],2017)。Ma Z. L.、Cai S. Y. 等基于 BIM 和室内定位技术,进一步证明了 BIM 在施工组织管理上的优势(Ma Z. L. 等[144],2018)。

国内外目前对于基坑项目施工组织管理的研究基本上都是侧重于对技术原理、方案设计和施工方案的应用,而基坑的施工组织管理只是实施技术方案的辅助手段,没有形成相应理论。

1.2.6 施工控制理论

近几十年来,随着现代控制理论、智能化控制的发展,工程控制理论逐步由军事工程、航天工程走向更广阔的领域,其在土木工程的应用,最早出现在大跨度桥梁的施工上。施工控制是指在结构施工过程中,对其重要指标和关键技术参数进行实时监测,并根据监测结果进行必要调整,以期结构建成后能最大可能地接近理想设计状态(邓新安[145],2001)。利用工程控制理论,对土木工程中主要结构部件的应力、挠度等参数进行测试,再通过对测试结果的分析返还于现场,用以指导施工。目前广泛采用的施工控制方法有三种:纠偏终点控制法、误差容许值控制法、自适应控制法(向木生等[146],2002)。纠偏终点控制法是指在施工即将完成时对最终阶段进行纠偏,从而使建成状态强行回归到正常指标水平。误差容许值控制法是指在施工过程的各个阶段通过计算设定容许误差值,从而保证最终状态在合理误差范围内。自适应控制法则是伴随计算机技术的迅猛发展而诞生的一种现代化的主动控制理论。工程控制理论在国外土木工程中的应用较早,已形成集监控—预报—反馈—分析—调整为一体的相对完整的施工控制系统。而国内的施工控制虽已取得一些成绩,但就整个土木工程领域而言,仍处于刚刚起步阶段(高振锋[147],2004)。相对而言,目前施工控制理论在采用较早的桥梁施工领域已逐渐趋于成熟(苑仁安[148],2013)。早在 1955 年,德国设计师 Dishinger 设计的斯特罗姆松德桥(Stromsund 桥)就通过引入施工控制的概念力求其索力和高程达到控制要求(周光伟[149],2003)。20 世纪 80 年代末,日本曾分别在 Chichby 斜拉桥与 Yokohama 海湾斜拉桥中采用网络技术对斜拉索索力实时自动监控,并将监控结果与理论计算的相关参数进行即时的分析、验证和对比(董爱平[150],

2007）。而进入 20 世纪后，施工控制在桥梁施工领域的应用也更广泛化。Chen C. C. 提出在施工初期详细收集桥梁信息，并通过施工监测手段记录影响桥梁状态的因素，从而正确评估桥梁安全的状态和水平（Chen C. C.[151]，2011）。基于人工神经网络的自学习能力、容错自适应性强、识别处理速度快等特点，Liu J. C. 将人工神经网络用于桥梁施工高程的预测（Liu J. C.[152]，2011），Wang L. F. 将其用于预应力混凝土连续梁桥悬臂现浇施工中节段挠度的预测，均以接近实测值的结果证明了该方法在桥梁施工控制中的可行性（Wang L. F.[153]，2011）。

我国于 20 世纪 80 年代初在上海泖港大桥施工过程中第一次采用了现代化的施工监控系统，并获得了巨大成功，此后国内掀起了施工监控系统的应用狂潮。与此同时，施工控制理论方法也应工程需求而不断进步，灰色系统理论（邓聚龙[154]，1986）、灰色预控制法（徐岳[155]，1997）、卡尔曼滤波法（苑仁安[156]，2012）等一系列方法在国内大桥上不断得到应用。与此同时，施工控制应用的范围也在不断扩大，以斜拉桥为例，从最初针对索力的单一控制已逐渐发展为对主梁、桥塔、斜拉索、下部结构等主要构件的索力、高程、线形、应力、局部刚度、位移等多方面的综合控制。

除了桥梁之外，在高层建筑、水利水电工程、盾构法隧道等均有施工控制的成功案例。1990 年，大阪第一生命大楼的施工成功应用预应力法施工控制技术解决了大跨度结构挠度控制问题，西班牙马德里的 Puerta de Europa 双斜塔工程成功应用预应力法解决了垂直度控制问题（范庆国[157]，2007）。2013 年，水利水电工程施工控制学基本理论、单项控制理论与方法、多元控制理论与方法被提出（吴斌平[158]，2013）。20 世纪 90 年代，在国内的盾构法隧道工程施工中，通过对施工参数和监测数据进行分类和分解处理，从而得到控制施工质量的关键因子与信息因子，结合控制论方法，推导了它们之间的相关方程，并采用渐进递推方式，采集工程监控数据并对施工参数进行调整优化（廖少明[159]，2002）。21 世纪初对沥青混凝土路面工程提出了施工控制概念，分析了施工过程中各个控制环节影响路面质量的主要因素，针对其中各个控制环节进行研究（李自光[160]，2005）。

相比于桥梁为代表的其他工程领域，国内外对深基坑的施工控制尚属起步阶段。鉴于深基坑工程综合性强、涉及理论复杂且计算方法不统一、风险性较大等特点（陈仲颐等[161]，1990），基坑工程的施工是一个非常复杂的系统性工程，任一环节的失控均会造成不可估量的损失，在基坑工程的实际施工中，需关注的要点主要在围护结构、降水工程、支护结构、垫层等方面（徐安军等[162]，2006）。尤其对于支护结构，除按时空效应要求进行控制外，合理安排挖土与结构的交错施工，保证有效的支撑预加轴力等均是有效手段，在施工过程中应严格按照"支护第一、开挖第二"的原则来缩短基坑开挖过程中无支撑暴露时间（Liu H. T. 等[163]，2014）。范益群等首次提出了基坑时空效应理论与工程控制论的内在联系，指出基于软土基坑时空效应的设计与施工理论与方法，等同于工程控制论在软土深基坑工程中的应用，提出了基于时空效应理论的软土深基坑工程的现代设计概念，即软土深基坑设计应设计成闭环系统，包含初始标称设计、监测方案设计和控制方案设计3个部分（范益群[164]，2000）。目前深基坑的施工控制还主要着眼于对基坑变形的实时监测，通过监测的被动反馈来指导施工，尚未形成较为统一和全面的控制理论和方法。即使有较为系统的施工控制工程案例，也大多停留在对其涉及领域的定性把控层面（朱玉明等[165]，2011；宋慧军[166]，2017；苏婉君等[167]，2017）。

同时，基坑工程施工管理是一项技术难度高、内容繁杂的工作，其组织管理工作水平的高低将直接会影响到基坑工程的质量与安全控制成效，迫切需要对基坑工程的施工管理进行系统性研究，形成一套行之有效的管理模式。如果把基坑施工看作是一个多因素组成的复杂系统，系统工程方法论则是有效的方法之一。在相关研究方面，王慧炯认为，系统工程的方法论研究包括两个方面，即系统的"质"与"量"（王慧炯[168]，1980）。Andrew P. S.指出了系统工程的必要性和定义，讨论了系统工程教育和培训要点（Andrew P. S.等[169]，1980）。屠蕴雯介绍了三维结构模式的内容和应用，并以三峡工程施工项目管理为例，介绍系统工程方法的实际应用（屠蕴雯[170]，2001）。赵亚男等详细地介绍了系统工程方法论的概念、主要特点、演化过程及各阶段特点（赵亚男等[171]，2004）。盛昭瀚等提出了关于大型复杂工程建设管理的综合集成管理概念，探索了它的基本原理，并介绍了其在苏通大桥工程管理中的实际应用（盛昭瀚等[172]，2007）。吴梦溪通过应用系统工程方法论分析了项目管理步骤和研究方法，进而运用系统工程的相关知识来指导项目管理，用以提高项目管理效率（吴梦溪[173]，2010）。

由于基坑工程风险高，影响基坑变形的因素多，因此亟须建立基坑的施工控制理论体系，使其更加科学合理地指导基坑的变形控制。

1.3　基坑变形控制的关键科学与技术问题

综上所述，针对软土基坑的变形控制，诸多学者进行了深入的研究，无论工程实践还是理论分析，都得到了丰硕的成果。但是由于影响基坑变形的因素较多以及日益提高的环境保护要求，在实践工程中上述研究的实施效果与预期仍有一定偏差。为此,有必要基于基坑施工过程中的科学与技术问题,寻求建立一套能够有效提升控制实施效果的施工技术。

1.3.1 关键科学问题

在软土地层中,时空效应是基坑变形控制研究的主要问题,所形成的时空效应理论是变形控制的主要依据。该理论要求及时施加轴力以控制变形,但是对于轴力作用下围护结构的变形机理鲜有涉及。同时,由于缺乏可靠的轴力施加方式,基坑设计时支撑轴力仅仅视作控制变形的一项措施,没有成为变形控制的关键技术。

轴力伺服系统的出现实现了支撑轴力施加方式的多样化,可以根据需要对任意数量的支撑实时施加轴力,且轴力损失为零,实现了二维计算理论与三维施工实践的统一,为基坑变形的主动控制奠定了硬件基础。理论上讲,通过在支撑上设置轴力伺服系统,使用大吨位千斤顶输出足够大的支撑轴力,使得围护结构在支撑轴力下向坑外产生的变形可以部分抵消甚至完全抵消流变产生的坑内变形,从而可以实现对流变和变形的有效控制。

这种运用轴力伺服系统来控制围护结构侧向变形的过程其作用机理可归结于轴力作用下基坑力学场状态的演化问题。其中,围护结构的侧向变形作为基坑力学场的一部分,是引发坑外地层位移场、周边建(构)筑物以及管线变形的主要原因,因此作为轴力施加和承受的直接载体,轴力作用下支护体系力学状态的演化则是该问题的核心,其研究成果可为变形控制提供新的解决方案。

1.3.2 关键技术问题

由于基坑工程本身所特有的复杂性与实践性,科学研究成果在落地实施过程中受到各种因素的影响导致变形控制效果低于预期,如何提高其实施效果是基坑工程亟须解决的关键技术问题。为此,有必要结合实践深入研究轴力作用下支护体系力学状态的演化规律以及如何进一步发挥时空效应作用的问题,针对不同的问题进行分类研究,以期提升变形控制效果。

(1) 基坑施工控制体系

由于基坑工程风险高,影响基坑变形的因素多且相互关联,同时基坑施工又属于实践性很强的项目,因此亟须研究建立一套系统化的基坑施工控制体系,以便于更加科学、合理、绿色、高效地指导基坑施工与保护周边环境。

(2) 围护结构变形的主动控制

实践表明,支撑轴力能够有效控制围护结构变形,因此有必要研究主动轴力作用下围护结构力学状态的演化规律以及相应的变形控制方法,形成一套支护体系变形主动控制技术,为基坑变形控制寻求新的解决方案。

(3)钢支撑系统的极限承载机理

由于钢支撑是由多个构件组成的系统,任何一个薄弱构件失效都可能会导致整个系统失效。轴力作用下钢支撑力学状态的演化问题可归结为钢支撑系统的极限荷载问题,因此钢支撑系统的极限承载机理研究是基坑变形控制的关键。

(4)基于时空效应的长条形基坑精细化变形控制技术

在软土地层中,时空效应理论是变形控制的主要依据,但变形控制效果与"时空效应"的应用方式密切相关。通过深入研究土层开挖方法和传统支撑的轴力施加方法以及施工组织管理方法,形成基于时空效应的长条形基坑精细化变形控制技术有利于提高变形控制的可控性。

1.4 本书主要创新点

本书依托上海地铁 14 号线浦东南路站及其附属结构、18 号线长江南路站、13 号线和 18 号线莲溪路站等基坑项目,借鉴系统工程论、结构振动控制、桥梁施工控制中的思想、方法和概念,基于基坑时空效应与轴力作用下基坑力学场的演化问题,以土方开挖与支撑安拆为研究对象,把基坑施工过程视作动态的系统,引入系统控制论,采用理论研究、原位试验、实测分析等多种手段,建立了以支护体系力学状态为目标的基坑施工控制技术。本书主要创新成果如下:

(1)以开挖与支撑过程中基坑支护体系的力学状态为研究目标,提出了基坑施工控制的理念、任务,即围护结构变形控制与内力控制、支撑安全控制、基坑稳定控制、周边环境控制,形成了围护结构侧向变形的技术控制(主动控制、半主动控制、被动控制、混合控制)与管理控制,提升了变形控制水平。

(2)针对长条形基坑钢支撑体系,以几何非线性、材料非线性、接触非线性力学为基础,提出了钢支撑系统的极限荷载计算方法。采用解析法、有限单元法研究了钢支撑系统的极限承载能力,揭示了钢支撑体系各构件的承载机理。研发了支撑接头、活络头、新型抱箍、留撑接头装置等关键构件及节点,提高了钢支撑系统的安全性。

(3)通过理论研究和原位试验,提出了基坑变形各方因素协调融合的主动控制理念、基于连续体变形协调方程的主动控制原理、基于"三控法"的主动控制方法、基于基坑施工力学模型的主动控制策略、基于荷载-结构模型与地层-结构模型的主动控制计算方法、基于控制论的主动控制内容,建立了基坑变形主动控制中伺服系统实施的原则和方法,形成了一套系统化的围护结构变形主动控制技术,提高了基坑变形和伺服系统的可控性。

(4)针对无支撑暴露时间下的变形控制,提出了长条形基坑的小尺度盆边约束效应,形成了小尺度块内盆式挖土法;针对有支撑暴露时间下的变形控制,研发了轴力多点同步加载设备,提出了精细化的支撑轴力控制方法;基于系统工程方法论提出了实现快挖快撑的基坑施工组织管理新方法。通过基坑施工的精细化控制,显著减小了围护结构的侧向变形。

第 2 章
CHAPTER 2

基坑工程的施工控制体系

2.1 基坑支护体系力学状态的控制机理

2.1.1 基坑施工过程的典型特征

基坑施工的典型特征是先挖后撑,即先开挖本层土体再架设本道支撑。基坑土体未开挖时,围护结构在坑内外水土压力下受力平衡,不发生变形;土体开挖后,坑外水土压力大于坑内水土压力,围护结构内外受力平衡被打破,坑内被动区土体受压变形,围护结构向坑内移动;在变形后的围护结构上架设支撑,围护结构的受力重新平衡,基坑变形趋于稳定;如此反复,直至底板完成,如图 2-1 所示。

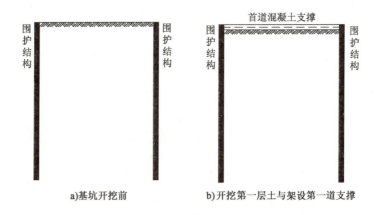

a) 基坑开挖前　　　　b) 开挖第一层土与架设第一道支撑

图　2-1

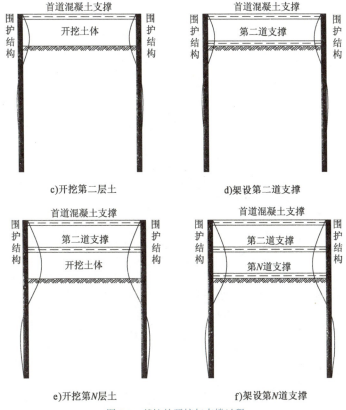

图 2-1 基坑的开挖与支撑过程

2.1.2 轴力作用下支护体系力学状态的控制机理

基坑围护与支撑结构的力学状态可采用平面弹性地基梁法求解。平面弹性地基梁法假定围护结构为平面应变问题,取单位宽度的围护结构作为竖向放置的弹性地基梁,支撑简化为弹簧支座,基坑开挖面以下土体采用弹簧模拟,围护结构外侧作用已知的水压力和土压力,结构力学图式如图 2-2 所示。

平面弹性地基梁法为超静定结构体系,比较适用于计算机分析。为进一步定性分析基坑开挖过程中各力学参数间的关系,根据软土深基坑的特点可对上述模型进一步简化。

由于基坑开挖过程为动态施工过程,钢支撑轴力和被动区土压力在整个过程中不断变化且属于被动受力,因此在平面弹性地基梁法中可采用弹性支撑模拟二者,实现对整个施工过程的定性分析。同时,当工况一定时,由开挖卸荷引起的支撑轴力与坑内被动土弹簧轴力是个确定值,因此该工况下被动区土弹簧可进一步简化为土体抗力,用荷载来表达,从而可大大降低弹性支撑数量,减少超静定次数。另外,软土深基坑的第一道支撑通常采用混凝土结构,结构刚度大、顶部位移相对较小,这样围护结构的顶部可简化为约束支撑点,从而得到反映支护体系施工过程力学特点的简化力学模型Ⅰ[图2-3a)],其对应施工过程如图2-4所示。

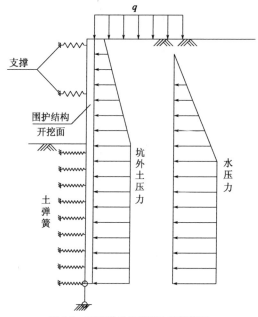

图2-2 平面弹性地基梁法计算简图

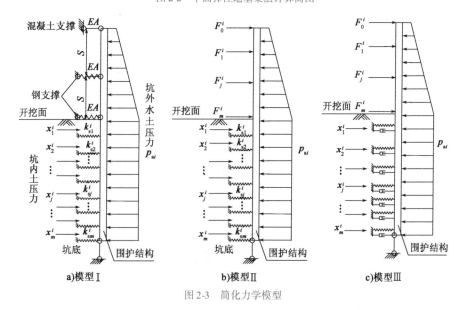

a) 模型Ⅰ   b) 模型Ⅱ   c) 模型Ⅲ

图2-3 简化力学模型

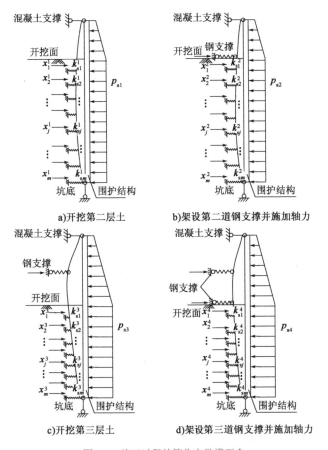

图 2-4 施工过程的简化力学模型 I

由简化力学模型 I 可知,围护结构侧向变形取决于围护自身的刚度 EI、支撑间距 S、围护的有效插入长度 L、坑内被动区土体抗力 $\sum P_{pi}$、坑外水土压力 $\sum P_{ai}$ 以及弹性支撑的轴向刚度 EA 等,坑内被动区土体抗力主要与其土层力学特性有关。同样当工况一定时,钢支撑作为被动受力构件,其轴力也是确定的,这样简化力学模型 I 中的弹性支撑可用集中力来代替,由此可得到反映支护体系施工过程力学特点的简化力学模型 II [图 2-3b)],其对应施工过程如图 2-5 所示。图中 i 代表基坑施工过程中的不同工况,取值范围为 $1 \sim n$;j 代表钢支撑或土弹簧的个数,取值范围为 $1 \sim m$;x_j^i 代表基坑施工 i 工况下第 j 个土弹簧所对应的变形;F_j^i 代表基坑施工 i 工况下第 j 个钢支撑所对应的轴力;k_{sj}^i 为依据《建筑基坑支护技术规程》(JGJ 120—2012)第 4.1.5 条所计算的基坑施工 i 工况下第 j 个土弹簧所对应的水平反力系数。由于开挖第一层土和架设第一道混凝土支撑对基坑和围护结构的力学状态影响比较小,因此本文从开挖第二层土此工况开始研究轴力作用下的支护体系力学状态。

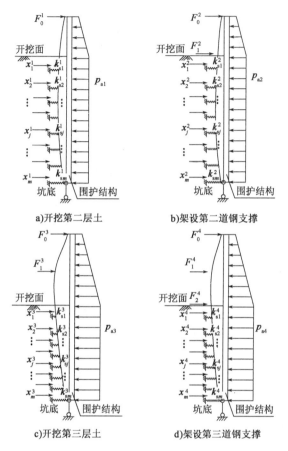

a) 开挖第二层土　　　　b) 架设第二道钢支撑

c) 开挖第三层土　　　　d) 架设第三道钢支撑

图 2-5　施工过程的简化力学模型Ⅱ

当坑内被动区土体为淤泥质黏土时,荷载作用下呈现出明显的流变特性,土体力学特性可以用土弹簧+阻尼器的方式来模拟,在此过程中土体所受抗力不变但变形持续发生,由此得到反映软土特性的简化力学模型Ⅲ,见图 2-3c)。

由简化力学模型Ⅱ[图 2-3b)]可知:

$$\sum F_i + \sum k_{sj}^i x_j^i = \sum P_{ai} \qquad (2\text{-}1)$$

式中,$\sum F_i$ 为各支撑轴力之和;$\sum k_{sj}^i x_j^i$ 为被动区土体抗力;$\sum P_{ai}$ 为主动区水土压力。

在基坑施工状态确定的情况下 $\sum P_{ai}$ 恒定,根据式(2-1)可以得出支撑轴力与被动区土体抗力呈负相关关系,轴力 $\sum F_i$ 越大,维持荷载平衡所需的坑内土体抗力 $\sum k_{sj}^i x_j^i$ 越小,反之 $\sum k_{sj}^i x_j^i$ 越大。力的平衡状态如图 2-6 所示。

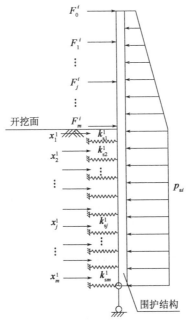

图 2-6　力的平衡状态

在软土地区,当基坑的施工状态确定后,基坑位移平衡状态如图 2-7 所示。

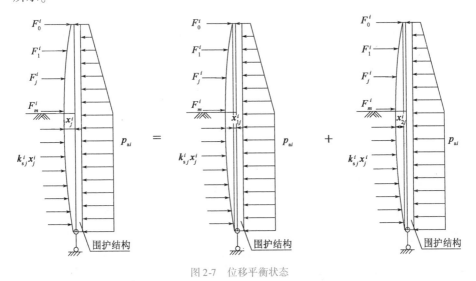

图 2-7　位移平衡状态

$$X_j^i = X_{1j}^i + X_{2j}^i \tag{2-2}$$

式中，X_{1j}^i 为坑内被动区土体压缩产生的围护结构侧向刚体移动，其大小与坑内土体的水平变形能力 k_{sj}^i 和所受荷载大小 $\sum P_{ai}$ 有关；X_{2j}^i 为围护结构作为弹性体在荷载作用下发生的变形，其大小与支撑的间距 S、支撑的刚度 EA、支撑轴力 $\sum F_i$、坑外水土压力大小 $\sum P_{ai}$ 有关，当支撑间距 S、刚度 EA 一定时，主要取决于支撑轴力 $\sum F_i$ 和坑外荷载 $\sum P_{ai}$ 大小。

在坑外荷载 $\sum P_{ai}$ 一定的情况下，侧向变形 X 与被动区土体抗力 $\sum k_{sj}^i x_j^i$、支撑轴力 $\sum F_i$ 也呈负相关关系，支撑轴力 $\sum F_i$ 越大、土体抗力 $\sum P_{pi}$ 越大，侧向变形 X 越小，反之 X 越大。在坑外荷载 $\sum P_{ai}$ 不变、被动区土体抗力 $\sum k_{sj}^i x_j^i$ 不变的情况下，支撑轴力 $\sum F_i$ 越大，侧向变形 X 越小。

当坑外荷载 $\sum P_{ai}$ 不变时，支撑作为被动受力构件其轴力 $\sum F_i$ 大小取决于坑外荷载 $\sum P_{ai}$ 与坑内土体抗力 $\sum k_{sj}^i x_j^i$。如果钢支撑采用了伺服系统，那么支撑轴力 $\sum F_i$ 可以主动施加，当所施加的主动轴力大于支撑所受的被动轴力时，由简化力学模型 II [图 2-3b)] 可知，在伺服支撑轴力作用下围护结构将产生向坑外的侧向变形。伺服下的位移平衡状态如图 2-8 所示。

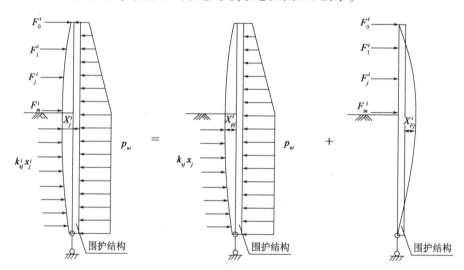

图 2-8 伺服下的位移平衡状态

$$X_j^i = X_{Pj}^i + X_{Fj}^i \tag{2-3}$$

式中，X_{Pj}^i 为土压力差下产生的变形，方向为正；X_{Fj}^i 为通过伺服轴力产生的围护结构侧向变形，方向为负。

由于支撑轴力与土压力差的方向相反，以土压力差产生的变形为正向，支撑轴力产生的侧向变形为负向，那么围护结构的侧向变形可由这两部分叠加而成,因此通过伺服系统产生负向的围护结构侧向变形可降低围护结构的总变形量 X。这为围护结构的侧向变形控制提供了新的解决思路。

2.2 软土深基坑围护结构侧向变形的控制方法

2.2.1 基于荷载变化的侧向变形控制方法

(1) 提高坑内土体力学参数

由支护体施工过程的简化力学模型Ⅱ(图2-5)可知,基坑开挖卸荷是围护结构侧向变形 X 的主要因素。基坑开挖卸荷产生的荷载差导致坑内被动区土体受压缩发生变形,在卸荷一定的情况下,被动区土体强度 k_{sj}^i 越高、能提供的被动土体抗力 $\sum P_{pi}$ 越大,侧向变形 X 越小,反之越大;其中

$$k_{sj}^i = m(z-h)$$

$$m = \frac{0.2\varphi^2 - \varphi + c}{v_b}$$

式中,m 为土的水平反力系数的比例系数;z 为计算点距地面的深度;h 为计算工况下基坑的开挖深度;c、φ 分别为土的黏聚力和内摩擦角;v_b 为挡土构件在坑底处的水平位移量。

因此可以通过坑内土体加固、降水疏干等措施提高土体自身的力学参数,从而减小基坑开挖卸荷引起的侧向变形。

(2) 支撑轴力调整

同样由支护体施工过程的简化力学模型Ⅱ(图2-5)可知,围护结构的侧向变形由坑外水土压力、坑内土体抗力以及支撑轴力组成的力系共同作用决定,在坑外水土压力不变、坑内土体抗力一定时,围护结构的侧向变形主要取决于支撑轴力,因此可通过调整轴力大小使围护结构在上述荷载作用下的侧向变形趋于零。

2.2.2 基于软土流变的侧向变形控制方法

软土具有明显的流变特性,但其机理非常复杂。描述软土流变特性的黏弹性模型主要有开尔文模型(Kelvin 模型)、三参数固体模型及其他模型。Kelvin 流变模型由弹簧和阻尼器并联而成,其本构方程为:

$$\sigma = E\varepsilon + \eta\dot{\varepsilon} \qquad (2\text{-}4)$$

式中,E 为土的弹性模量;η 为模型参数;ε 为土体应变;$\dot{\varepsilon}$ 为土体流变

应变。

在恒力σ_0作用下Kelvin模型的蠕变表达式为：

$$\varepsilon(t) = \frac{\sigma_0}{E}\left(1 - e^{-\frac{t}{\tau_d}}\right) \quad (2-5)$$

式中，$\tau_d = \frac{\eta}{E}$。Kelvin模型没有瞬时弹性，而是按照$\dot{\varepsilon}(t) \approx \frac{\sigma_0}{\eta}e^{-\frac{t}{\tau_d}}$的变化率发生变形，应变随时间逐渐趋于渐进值$\frac{\sigma_0}{E}$。

根据软土的黏弹性本构模型，流变变形与时间和所受荷载大小有关，时间越长，软土的流变变形越大；坑内土体所受荷载越大，流变变形也就越大。根据简化模型Ⅲ可知[图2-3c)]，在工况一定的情况下，支撑轴力越大，被动区土体所受荷载越小，相应的流变变形也就越小，因此软土流变与支撑轴力密切相关。在时间一定的情况下通过增大支撑轴力可以减小流变变形；在轴力一定的情况下，可通过尽量减少被动区土体的受荷时间来控制流变。因此，基坑的流变变形控制主要由两部分组成：

(1) 无支撑暴露时间下的流变控制

土体开挖后，如果支撑未及时架设，围护结构因坑内被动区土体流变而产生侧向变形，即为无支撑暴露时间下的流变变形。当土体特性一定时，其变形大小与开挖卸荷引起的被动区土体所受荷载大小和时间长短有关。开挖深度越大，开挖卸荷后的荷载差也越大，相应的流变变形就越大，时间越长则越大。

由于支撑的竖向间距决定了土体开挖引起的卸荷大小，因此唯有充分利用时空效应优化施工工艺，每块土方开挖完成后在规定时间内完成支撑架设，通过缩短无支撑暴露时间来减少围护结构的侧向变形。当由于工艺需要无法及时架设支撑时，需要采取措施尽可能减少坑内外的荷载差或者增加被动区土体抗力。比如在前块土体挖除后架设支撑期间，需要预先挖除一部分待挖区域的土体以便于坑内挖掘机停放，该工况下待挖区域的支撑无法架设，可考虑利用围护体周边一定宽度土体的自身强度来减少坑内外荷载差、增加被动区土体抗力从而减少侧向变形。

对于混凝土支撑施工引起的流变，一方面可通过工艺优化尽量缩短时间，另一方面在时间无法缩短的情况下可考虑在其上方架设一道临时钢支撑，通过临时钢支撑来分担一部分本应由被动区土体承担的荷载，从而减少坑内被动区土体流变产生的围护结构侧向变形。

无支撑暴露时间下的流变一般日均变形量较大，需要高度重视，在时间较短的情况下，产生的总变形量往往可控。但如果在某些因素的影响下无支撑暴露时间较长,则围护结构会产生过大的侧向变形。

(2)有支撑暴露时间下的流变控制

支撑架设后,围护结构因坑内被动区土体流变而产生的侧向变形,称为有支撑暴露时间下的流变,其变形大小与被动区土体所受荷载大小和时间长短有关。根据简化力学模型Ⅱ[图 2-3b)],如果施加的支撑轴力较小或者在多种因素下轴力衰减较多后支撑有效轴力较小,导致被动区土体所受荷载较大,或有支撑暴露时间较长,则流变变形较大;反之则较小。有支撑暴露时间下的流变一般日均变形量较小,但持续时间较长,产生的总变形量往往较大。特别是当基坑的暴露时间很长时,其产生的侧向变形量甚至会占据主导地位。

在坑外荷载不变的情况下,增大支撑轴力可以减少坑内被动区土体所受荷载,从而减少流变的日均变形量。同时通过施工工艺的优化,缩短总的施工时间,也可以减少总的变形量。比如在总土方量一定的情况下,增加开挖工作面可提高基坑的日均出土量,从而减少基坑总的开挖时间;或者在开挖工作面数量一定时通过改善机械的挖土效率,提高日均出土量,也可减少基坑的总暴露时间。

2.2.3 基于结构连续性的侧向变形控制方法

由图 2-4、图 2-5 可知,由于基坑围护结构是具有一定刚度的连续体,侧向变形具有连续性,当土体分层开挖时,每层土体开挖产生的荷载差都会导致开挖面下方的围护结构产生侧向变形,下层土方开挖引起的变形是建立在围护结构已发生的变形基础上,因此基坑围护的侧向总变形为各阶段所产生的侧向变形累积之和。这就要求严格控制每一层土体开挖所引起的变形,才能实现对基坑围护结构侧向变形的控制。

2.2.4 围护结构侧向变形的总体控制方法

综上所述,围护结构侧向变形的总体控制方法为:充分利用时空效应原理,通过土体改良、土方开挖支撑方法的优化与临时措施的采取,尽量减少卸荷变形和无支撑暴露引起的流变变形,通过设置合理的钢支撑轴力来控制围护结构的侧向变形和减少有支撑暴露引起的流变变形,通过施工工艺的合理安排来减少基坑施工的有支撑暴露时间,通过实施严格的侧向变形分级控制,实现围护结构的侧向变形控制要求。

2.3 基坑工程的施工控制

由于影响基坑工程的因素众多,且相互关联,基坑开挖与支撑过程极其复杂,一旦控制不好极易引发基坑及周边环境风险。调查表明,大量的事故均发生在基坑施工阶段。因此,在基坑设计和施工中,为确保基坑以及邻近周边环境的安全,对基坑力学场进行监测与控制是十分必要的。目前基坑监测已成为基坑施工的必备手段,但施工过程中基坑力学场的控制还未形成体系。由于影响基坑力学场的因素较多,这就需要把基坑视作一个系统,运用现代控制论解决施工过程中基坑力学场的控制问题,通过事先建立完善、有效的控制系统达到预期的控制目标。

2.3.1 基坑施工的系统特征

在基坑未开挖之前,围护结构两侧的水土压力大小相等、方向相反,基坑系统处于平衡状态。基坑开挖后平衡被打破,由于基坑总是土体开挖在前、支撑架设在后,围护结构在两侧荷载差的作用下向坑内移动而发生变形;支撑架设后,围护结构两侧的荷载差暂时平衡,基坑系统处于稳定状态。随着下层土体的开挖,支护体系的受力平衡被再次打破,支撑架设后支护体系的力学状态又再次平衡,基坑土体开挖与支撑架设的过程是一个土体开挖→打破平衡→架设支撑→再次平衡循环往复的过程。因此基坑土体开挖与支撑架设过程的控制实质上是控制论在基坑系统应用的过程,同样具备控制系统的四个特征。

(1)有预定的稳定状态或平衡状态,如设计或规范要求的施工过程中基坑各项指标参数所确定的平衡状态。

(2)从外部环境到系统内部有信息的传递,如通过基坑监测获得的各类信息,见表2-1、表2-2。

基坑监测报警值建议表　　　　　　　表2-1

序号	监测项目	一级基坑	二级基坑
1	围护顶沉降	变化速率2mm/24h,累计变化0.1%H	变化速率2mm/24h,累计变化0.2%H
2	围护结构测斜	变化速率2mm/24h,累计变化0.14%H	变化速率2mm/24h,累计变化0.3%H
3	地面沉降	变化速率2mm/24h,累计变化0.1%H	变化速率2mm/24h,累计变化0.2%H
4	支撑轴力	设计轴力的80%	设计轴力的80%
5	立柱隆沉	10mm	10mm
6	坑外水位	下降500mm	下降750mm
7	管线沉降	变化速率2mm/24h,累计变化10mm	变化速率2mm/24h,累计变化10mm
8	建筑物沉降	变化速率2mm/24h,累计变化20mm	变化速率2mm/24h,累计变化20mm

注:1.本表引自《城市轨道交通工程监测技术规范》(GB 50911—2013)。
　　2.H为基坑开挖深度。

基坑监测项目表　　　　　　　表 2-2

基坑等级	周边地下管线位移	坑周地表沉降	周围建筑物沉降与倾斜	围护结构侧向变形	支撑轴力	地下水位	围护顶沉降	立柱隆沉	土压力	孔隙水压力	坑底隆起	土体分层沉降
一级	√	√	√	√	√	√	√	○	○	○	○	○
二级	√	√	√	√	√	√	○	○	○	○	○	○
三级	√	√	√	√	○	○	○	○	○	○	○	○

注:1. 本表引自《城市轨道交通工程监测技术规范》(GB 50911—2013)。
　　2. √为必测项目;○为选测项目,可按设计要求选择。

(3) 这种系统具有一种专门设计用来校正行动的装置。比如基坑的钢支撑以及轴力施加,环境要求严格处设置的轴力伺服系统(图 2-9)。

图 2-9　钢支撑轴力伺服系统

(4) 这种系统为了在不断变化的环境中维持自身的稳定,内部都具有自动调节的机制。换言之,控制系统都是一种动态系统。比如地基加固、降水、时空效应的应用以及轴力施加和轴力伺服系统,都是为了适应不同环境的变化而采取的调节机制(图 2-10)。

2.3.2　基坑施工控制的概念

从现代工程学角度出发,可以把基坑施工看作一个复杂的动态系统。该系统自开工到竣工受到众多确定和不确定因素(误差)的影响,如设计计算、土体参数、施工工艺、荷载等在理想状态与实际状态之间存在差异,通过理论分析与实践监测,对施工过程中基坑的力学场进行实时识别(监测)、调整(纠偏)、预测,确保施工过程中和完成后基坑的力学场在设计许可的范围内,从而实现基坑控制目标,这项工作即称为基坑施工控制。因此,基坑施工控制是指基坑开挖与支撑过程中其力学场状态的控制,与桥梁工程、建筑工程中的施工控制相一致。

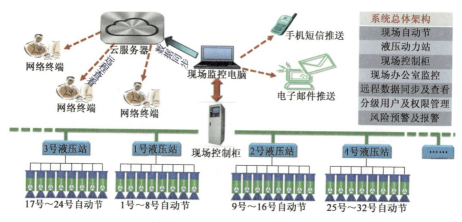

图 2-10 钢支撑轴力伺服系统工作原理示意图

2.3.3 基坑施工控制的内容

基坑力学场涉及围护结构、支撑体系、地层与周边环境等,其力学状态由周边地下管线位移、周围建筑物沉降与倾斜、围护结构侧向变形与竖向沉降、支撑轴力、立柱隆沉、土压力、地层竖向沉降与水平位移等构成。在这些指标中,支撑轴力、围护结构变形与内力、地层位移和周边环境沉降是核心指标,因此基坑施工控制的核心内容为支撑安全控制、围护结构变形与内力控制、基坑稳定控制、周边环境沉降控制。

(1)围护结构变形控制

受诸多因素影响,基坑施工中围护结构实际位置偏离预期,须采用一定的方法使围护结构的实际位置与预期之间的偏差在容许范围内。围护结构变形包括围护结构的侧向变形和竖向变形,一般主要关注侧向变形,特殊情况下也需关注竖向变形。

(2)围护结构内力控制

基坑施工过程中围护结构需经历挖土卸荷、加撑、拆撑、换撑等一系列受力过程,应采取措施确保围护结构的内力状态处于安全范围内。围护结构的内力主要是指围护结构作为竖向构件时的弯矩和剪力,特殊情况下还需考虑围护结构的横向受力与局部受力。

(3)支撑安全控制

在基坑施工过程中支撑主要承受围护结构的侧向荷载,通过研究构件的极限承载能力从而获得支撑的轴力控制限值,确保支撑的安全。对于长条形基坑,支撑安全控制主要是解决钢支撑体系的压弯稳定以及特殊情况下混凝土支撑的受拉问题。

(4)基坑稳定控制

基坑开挖引起地层的位移场发生变化,通过稳定性分析与监测等手段,必要时采取适当措施,使地层稳定性具有一定的安全度。基坑稳定控制包括基坑边坡整体稳定、支护结构抗滑移稳定、支护结构抗倾覆稳定、基坑底土体抗隆起稳定等。

(5)周边环境沉降控制

基坑施工会引起周边环境的力学状态发生变化,必须通过一系列直接或间接的方法确保周边环境的力学状态满足安全容许要求。基坑施工会引起周边地层位移场发生变化,从而引起地面和地层中的结构物发生开裂、沉降和倾斜等,可通过直接的方法(从"源头"上控制基坑自身施工的变形)或间接的方法(隔断地层中力学状态的传递、对保护对象及其地层进行加固等)来控制基坑周边环境的力学状态。

基坑施工控制是一项系统工程,上述内容构成了基坑施工控制体系,即围护结构变形控制系统、围护结构内力控制系统、支撑安全控制系统、基坑稳定控制系统、周边环境沉降控制系统。应当根据实践需求针对每个基坑的特点来确定基坑施工控制的内容,选取一个或多个子系统进行控制,当然也可根据基坑特点新增控制子系统。在上述子系统中,围护结构内力控制系统与基坑稳定控制系统研究比较成熟,支撑安全控制系统研究较少,围护结构变形控制系统和周边环境沉降控制系统关联度较高,研究较多,但研究内容呈现零散化、缺乏系统性、关联性。因此,本研究的主要内容是支撑安全控制、围护结构变形控制以及围护结构内力控制,即基坑支护体系的施工控制。

2.4 围护结构侧向变形的施工控制

在软土基坑中,围护结构变形,特别是侧向变形在基坑稳定控制与周边环境沉降控制中占有重要地位,也是基坑施工控制研究最多的内容之一。由于影响变形控制的因素较多,并基于基坑工程实践性强的特点,把围护结构侧向变形控制方法分为施工管理控制与施工技术控制两部分。

作用于围护结构上的坑内外荷载差是引起围护结构侧向变形的主要原因,支护体系、坑内土体为被动受力。根据坑内外荷载对围护结构作用方式的不同,其施工控制可分为被动控制、半主动控制、主动控制以及混合控制。

(1) 被动控制

被动控制是指围护结构、支撑体系、坑内土体等被动地承担坑内外荷载差,只能通过改变它们的力学特性来抑制围护结构侧向变形的技术。由于坑内土体、围护结构以及支撑体系被动地承担荷载差,因此通过提高坑内土体强度、提高围护结构和支撑的刚度来控制围护结构侧向变形的措施属于被动控制。被动控制因具有工艺简单、施工方便等优点而被广泛应用,但是其造价较高。

(2) 主动控制

主动控制是指通过对围护结构主动施加实时可调轴力来减小甚至消除围护结构侧向变形的技术,包括主动控制设备与主动控制方法两部分。

对围护结构反应或者环境影响进行实时跟踪和预测,通过轴力伺服系统对围护结构实时施加支撑轴力,以减小甚至消除围护结构已发生的侧向变形,这是目前最主要的主动控制技术。

如图 2-11 所示,基坑开挖后,围护结构在荷载差作用下向坑内发生移动,支撑架设后,围护结构侧向变形趋于稳定,随后利用轴力伺服系统主动施加支撑轴力,随着轴力的持续施加,围护结构先期发生的位移可以逐步恢复,直到满足要求为止。

图 2-11　轴力伺服系统控制围护结构侧向变形示意图

在软土基坑中如果要达到同样的变形控制效果,主动控制的代价远小于被动控制。轴力伺服系统作为近几年基坑变形主动控制的一种新兴技术,由于其控制效果好、成本相对低廉而在一些环境保护要求苛刻的基坑工程中得到了广泛应用,但是其对控制技术的要求较高,技术发展还需完善。

(3) 半主动控制

半主动控制是指通过在围护结构上施加短暂轴力作用或采用科学合理的施工参数主动利用土体自身抗力与力学特性来控制围护结构的侧向变形。时空效应是软土基坑施工控制的重要理论指导,半主动控制主要研究如何建立一套与时空效应相适应、精细化的软土基坑施工方法。

通过施加单次短暂的支撑轴力来抑制围护结构侧向变形的增加,或者通过合理地调整开挖参数、优化基坑施工筹划使得围护结构侧向变形得到有效控制,均为基坑的半主动控制。比如软土地层中时空效应理论的应用即是半主动控制方法的体现,通过施工参数的调整主动利用坑内被动区的土体抗力来控制围护结构的侧向变形,通过及时的轴力施加与复加来约束围护的侧向变形,在混凝土支撑施工期间设置临时钢支撑来减少无支撑暴露时间,通过优化基坑的总体施工筹划来减少有支撑暴露时间,利用空间效应把长条形深基坑分成若干个小坑分别施工等,都是控制基坑围护结构侧向变形的有效方法。半主动控制方法具有较高的可靠性,同时又具备一定的超强适应性,而且造价比较合适。

(4)混合控制

根据基坑环境保护等级的要求,基坑施工中往往综合应用被动、主动、半主动控制方法,以期进一步实现基坑控制目标。

将主动控制、半主动控制与被动控制联合应用,可以充分发挥三种控制系统的优点,克服各自的缺点。一方面在半主动控制、被动控制的基础上引入主动控制,可以得到很好的控制效果,同时可以克服被动控制与半主动控制可靠性低的缺点;另一方面,由于被动控制与半主动控制的参与,主动控制所需的控制力大大减小,系统的稳定性和可靠性都比单纯的主动控制高。

2.5 基坑工程的施工管理控制

在应用软土基坑的力学特点来控制围护结构侧向变形的同时,应该看到基坑施工是个实践性很强的项目,它不是一个单项任务,而是一项集围护、加固、降水、开挖、支撑架设、结构施作等分项过程综合控制的系统工程,而每一分项工程又是由众多工序组成。由于影响各项工序的因素众多,在应用"时空效应"理论控制变形时,经常发生实践工艺与理论要求不匹配的工况,使得变形控制效果差异性较大。这既有主观管理的原因又有客观技术的原因,科学的施工管理需要统筹上述各种因素,尽可能通过标准化的技术管理来解决主观管理带来的差异化问题。

由于基坑施工涉及较多分项工程,且各分项工程之间相互影响,因此需要从系统的角度进行科学管理,系统工程方法论则为这一问题的解决提供了重要的指导。系统工程方法论处理问题时包含五大基本观点:整体性观点、综合性观点、科学性观点、关联性观点、实践性观点。如果把基坑变形控制作为基坑系统的控制目标,那么就应以系统工程方法论的上述五大观点去指导整个基坑系统的设计与施工,各个子系统间应当统筹协调,最大限度地减少基坑无支撑暴露时间和有支撑暴露时间,从而减少变形达到施工控制的目的。

2.6 本章小结

本章从软土深基坑的施工特点和软土特性出发,研究了影响基坑变形的因素以及相互关系,在此基础上依据现代控制论,提出了基坑施工控制的概念和任务,并结合基坑施工技术的发展,提出了基坑围护结构侧向变形的施工控制方法。主要结论如下:

(1)从基坑的开挖与支撑过程出发,提出了软土深基坑支护体系的简化力学模型,基于该模型研究了支护体系力学状态的控制机理。

(2)研究了影响围护结构侧向变形的主要因素:荷载变化、软土流变、围护变形的连续性。根据软土的黏弹塑性本构模型,分析了影响流变变形的因素,提出了不同工况下的流变控制方法——开挖期间无支撑暴露时间下的围护结构侧向变形控制与支撑架设后有支撑暴露时间下的围护结构侧向变形控制,形成了基坑围护结构侧向变形控制的总体思路。

(3)分析了基坑施工的四个特征,提出了基于现代控制论的基坑施工控制这一全新概念,并在此基础上阐述了基坑施工控制的主要任务——围护结构变形控制与内力控制、支撑安全控制、基坑稳定控制、周边环境沉降控制,突破了以往单一的基坑变形控制理念。

(4)依据系统控制论,结合基坑施工的自身特点,提出了围护结构侧向变形的施工控制方法——被动控制、主动控制、半主动控制、混合控制和管理控制,指出了各类控制方法的研究内容。

第 3 章
CHAPTER 3

软土长条形基坑钢支撑系统的安全控制

3.1 关键技术问题及解决方案

3.1.1 钢支撑系统的组成

软土长条形基坑支护体系一般由围护与支撑两部分组成,如图 3-1 所示。第一道支撑一般采用混凝土支撑,并与圈梁浇筑成整体,其他混凝土支撑需要设置围檩与围护结构形成整体。钢支撑体系主要由直撑和斜撑组成,直撑两端放置在围护结构的预埋钢板上,中间放置在系梁上,钢支撑与系梁间设置抱箍,如图 3-2、图 3-3 所示。

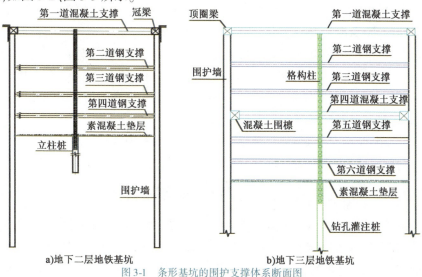

图 3-1 条形基坑的围护支撑体系断面图

图 3-2 钢支撑系统组成

图 3-3 钢支撑系统建筑信息模型(BIM)

斜撑两端需设置斜牛腿与围护结构相连,围护结构的类型包括型钢水泥土搅拌桩(SMW 工法桩)、钻孔桩、使用铣接头的地下连续墙等;为增强整体受力性能,钢支撑与围护结构之间需设置钢围檩。系梁一般采用槽钢或工字型钢,通过限位板固定在格构柱上,格构柱由角钢焊接而成,支承于立柱桩上。采用其他围护形式时,一般需要在围护结构开挖面一侧设置钢围檩,支撑放置于钢围檩上;另外,部分采用铣接头的围护结构为了提高围护结构的整体受力性能,一般也设置钢围檩。

当需要设置伺服系统时一般在钢支撑一端设置伺服系统,如图 3-4 所示,另一端设活络头或固定端,如图 3-5 所示。

3.1.2 钢支撑系统的力学特点与破坏模式

钢支撑作为基坑不平衡荷载的主要承载者,在整个施工过程中只受压不受拉。设置轴力伺服系统后,其力学性能直接决定了伺服系统所施加的轴力大小,而由施工过程的简化力学模型Ⅱ(图 2-5)可知,轴力大小与围护结构变形密切相关,轴力越大、变形越小,变形控制要求尽可能增大支撑轴力。但是钢支撑作为压杆稳定结构,在过大的轴力作用下极易发生失稳破坏,从而导致基坑系统性风险。

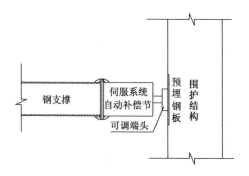

图 3-4　钢支撑伺服系统与围护连接

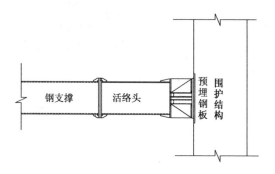

图 3-5　常规钢支撑活络头与围护连接

由于钢支撑系统是由钢管节段、法兰盘、活络头组成的串联体系,如图 3-6 所示,当其中任意一项发生破坏,则整个串联体系破坏;而系梁与抱箍确定了钢支撑系统的边界条件,一旦系梁与抱箍发生破坏,钢支撑的极限承载能力会急剧下降,从而带来钢支撑的破坏。

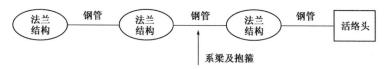

图 3-6　钢管支撑串联系统的组成示意图

钢支撑作为压杆结构,其最常见的破坏形式为失稳破坏,见图 3-7。

大量的事故表明,钢支撑管节自身具有较大的安全冗余度,钢支撑的破坏往往发生在连接节点处,如连接螺栓与活络头处,特别是活络头处,几乎所有的钢支撑体系破坏都发生在此,特殊情况下钢管节段也会发生屈曲破坏,继而引发基坑的连续倒塌破坏。

图 3-7　钢支撑系统的失稳破坏工程案例

钢支撑的破坏实质上是轴力作用下支护体系力学状态演化问题的一个分支,可归结为钢支撑系统的承载机理问题,钢支撑系统极限承载能力的研究是基坑变形控制的关键技术问题之一。

3.1.3　钢支撑系统极限承载能力的分析方法

钢支撑系统的极限承载能力指钢支撑完全崩溃前所能承受外荷载的最大能力,其与材料特性、几何尺寸、承受的荷载形式、荷载的加载路径等有关,不同荷载形式和加载路径其极限承载能力不同。钢支撑系统的极限承载能力不仅取决于钢支撑管节,还与活络头及法兰连接螺栓的承载能力有关。

为此,把钢支撑的各个组成构件,如钢管节段、螺栓、活络头、斜牛腿、围檩、留撑以及抱箍等当作一个系统,研究钢支撑系统的极限承载能力。该研究不仅可以为轴力施加提供依据,而且可以了解钢支撑系统破坏的全过程和破坏形式,在众多构件中明确哪些为关键构件,准确地知道在给定荷载形式下结构的安全储备或超载能力,为轴力作用下的变形控制提供依据和保障。

(1) 计算特点

钢支撑使用期间的力学状态可以视为简单的压弯构件,但钢支撑系统破坏时极限承载能力计算涉及结构力学领域中的三大非线性力学。

首先,管节挠曲变形引起的二阶效应、支撑活络头转动产生的轴力作用点偏移等属于几何非线性;其次,钢支撑管节、活络头以及螺栓作为金属材料在破坏时显现出非线性特点;再次,钢支撑管节与螺栓之间的力学作用以及活络头构件间的力学作用,属于接触非线性。

(2) 分析方法

全过程分析法是分析钢支撑极限承载能力的一种计算方法,它通过逐级增加工作荷载集度来考察结构的变形和受力特征,一直计算至结构发生破坏计算极限承载力的流程图如图3-8所示。

从结构力学分析的角度看,钢支撑极限承载能力的分析过程就是通过不断求解计入几何非线性和材料非线性的结构平衡方程,寻找结构极限荷载的过程。钢支撑在不断增加的外部荷载作用下,结构刚度不断发生变化,当外部荷载产生的应力使结构切线刚度矩阵趋于奇异时,结构承载能力就到达了极限,此时的外部荷载即为极限荷载。

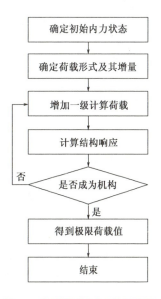

图3-8 计算极限承载力的流程图

结构非线性分析的增量形式全拉格朗日列式法(T.L)列式的结构平衡方程如下:

$$(^0[K]_S + {}^0[K]_\sigma + {}^0[K]_L)\{\Delta u\} = {}^0[K]_T\{\Delta u\} = \{\Delta R\} \quad (3-1)$$

式中,$^0[K]_S$是结构的弹塑性刚度矩阵;$^0[K]_L$称为结构初位移刚度矩阵或大位移刚度矩阵,是由大位移引起的结构刚度变化;$^0[K]_\sigma$称为初应力刚度矩阵,表示初应力对结构刚度的影响,当应力为压应力时,单元切线刚度减小,反之单元切线刚度增加;$^0[K]_T$是三个刚度矩阵之和,称为结构切线刚度矩阵,表示荷载增量与位移增量之间的关系,也可理解为结构在特定应力、变形下的瞬时刚度。

3.1.4 钢支撑系统极限承载能力的计算原则

1) 钢支撑偏心距的确定

钢支撑的安装工艺决定钢支撑只能受压不能受拉,考虑到加工制造、安装

施工等一系列因素引起的偏差后,钢支撑实际上为压弯构件,压弯构件计算公式如下:

$$\frac{N}{A_\mathrm{n}} + \frac{M}{\gamma_\mathrm{m} W_\mathrm{n}} \leq f \tag{3-2}$$

式中,f 为钢材的抗拉、抗压和抗弯设计值;M 为偏心距引起的弯矩;N 为截面的轴向压力设计值;A_n 为钢支撑的净截面面积;W_n 为钢支撑截面的净截面模量;γ_m 为圆形构件的截面塑性发展系数。

f 为定值,由于 M 的存在,大大降低了 N,其中 M 的产生有下列 5 种情况。

(1)钢支撑安装过程中初始偏心距,支撑与围护结构定位发生偏差、法兰盘与钢支撑管节接触不平导致支撑产生初始偏心,如图 3-9 所示。

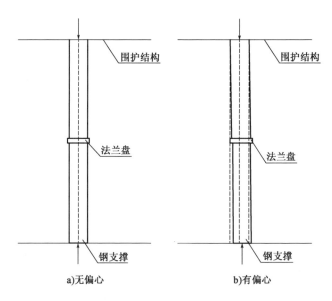

图 3-9　钢支撑安装过程中初始偏心图

钢支撑安装偏心距在规范中均有规定,如《建筑基坑支护技术规程》(JGJ 120—2012)和上海市《基坑工程技术标准》(DG/TJ 08-61—2018　J 11577—2018)规定,支撑的承载力计算应考虑施工偏心误差的影响,偏心距取值不宜小于支撑计算长度的 2‰~3‰,且对混凝土支撑不宜小于 20mm,对钢支撑不宜小于 40mm。《地下铁道工程施工质量验收标准》(GB/T 50299—2018)规定,横撑安装前应先拼装,拼装后两端支点中心线偏心不应大于 20mm,安装后总偏心量不应大于 50mm。综上,安装偏心距最大可取 50mm。

(2)钢支撑受压过程中因挠曲变形而产生的二阶偏心距,如图 3-10 所示。

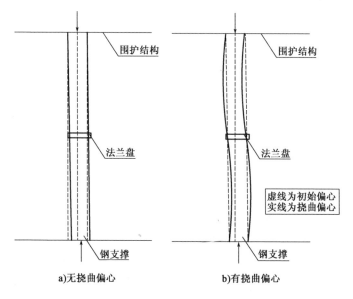

图 3-10 钢支撑受压过程中偏心距增大

(3) 钢支撑活络头端部与围护结构为面接触,活络头与钢管套接方式可以传递弯矩,当活络头端部存在初始偏心时,二阶效应的存在会进一步增大钢支撑的偏心,产生二阶偏心距,见图 3-11。

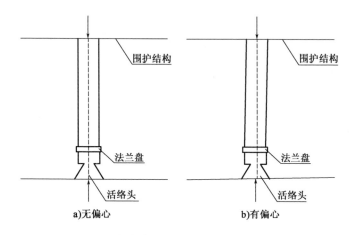

图 3-11 钢支撑受压过程中接触面引起的偏心

(4) 基坑隆起引起的偏心距

基坑隆起带动系梁上抬从而引起支撑的附加偏心距,其大小与多种因素有关,变化范围较大,从 1~10cm 都有,很难界定其值。

(5) 楔块插入深度不足引起的偏心距

钢支撑一般通过楔形块的插入深度来精确调整长度,当楔形块插入深度不足时,构件会形成偏心受压,其偏心距的大小与楔块插入深度有关。

由于荷载在偏心距作用下产生的效应具有方向性,因此上述偏心距可能正向叠加,也可能负向叠加,与多种因素有关,其最后叠加值应在零与最大值之间浮动。理论上的最大值为支撑中心到接触边缘的距离,即钢支撑的半径,称为极限偏心距,从而可以得到在该偏心距下钢管的极限承载能力。

2) 计算工况与边界条件

(1) 计算工况

以地铁车站基坑为例,基坑宽度一般在20m左右,少部分车站宽度在25m以上。钢支撑主要有两种型号,$\phi609$mm 和 $\phi800$mm,因此研究内容为20m与25m跨度、$\phi609$mm 和 $\phi800$mm 两种规格钢支撑不设系梁抱箍、1/3跨度处设系梁抱箍、跨中处设系梁抱箍的承载能力,具体计算工况见表3-1。

计算工况表　　　　　　表3-1

工况编号	钢管直径 D(mm)	钢管长度 L(m)	系梁及抱箍位置
工况 1a	609	20	无
工况 1b	609	20	跨中
工况 1c	609	20	三分点处
工况 2a	609	25	无
工况 2b	609	25	跨中
工况 2c	609	25	三分点处
工况 3a	800	20	无
工况 3b	800	20	跨中
工况 3c	800	20	三分点处
工况 4a	800	25	无
工况 4b	800	25	跨中
工况 4c	800	25	三分点处

(2) 边界条件

对承受偏心压力的简支钢支撑,偏心力存在三种可能的情况,如图3-12所示。

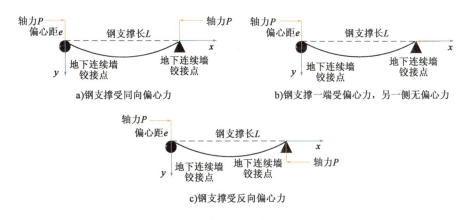

图 3-12 简支钢支撑系统三种偏心受力工况

注:图中▲代表水平和竖向约束,●代表仅存在水平约束。

从偏心受力的角度而言,图 3-12 工况 a) 最为不利,工况 c) 最为有利,可从以下两个角度加以说明。

①弯矩分析。3 种工况下的附加弯矩如图 3-13 所示,从弯矩图的饱满程度上看,工况 a) 的弯矩图最为饱满,工况 b) 次之,工况 c) 存在反弯点,工况 c) 对偏心受力最为有利。

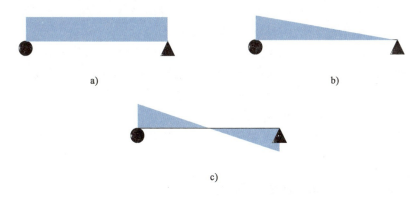

图 3-13 三种工况下的附加弯矩图

②截面受力分析。假定截面上同时受到 M_A 和 M_B 两个方向的附加弯矩作用(图 3-14)。两者产生的合力作用大小为:$|\vec{M_A} + \vec{M_B}| = |\vec{M_A}| + |\vec{M_B}| \cdot \cos\beta$。当且仅当 $\beta = 0°$,即 M_A 和 M_B 同向时,即工况 a) 所示的受力状态,合力作用最大。而当 M_A 和 M_B 反向时,即工况 b) 所示的受力状态,合力作用最小。

综上所述,工况 a) 所示的受力状态对钢支撑系统受力最为不利。

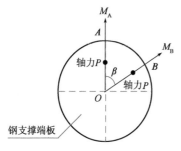

图 3-14 截面附加弯矩示意图

3) 极限承载能力的计算方法

目前钢支撑的极限承载能力可用解析法和有限单元法进行计算,考虑到计算结果的可靠性,有必要对两种计算方法的结果进行对比分析,从而确定多工况分析的计算方法。

(1) 解析法

计算假定:①钢管支承条件为两端简支;②法兰盘连接处视为等强度连接;③系梁抱箍简化为单向支撑,能可靠地约束钢管的侧向变形。

选取图 3-11 中工况 a) 所示的受力状态作为计算状态。

(2) 梁单元法

计算假定:①钢管支承条件为两端简支;②法兰盘连接处视为等强度连接;③系梁抱箍简化为单向支撑,能可靠地约束钢管的变形。其中钢支撑管节采用梁单元模拟,并同时考虑几何非线性与材料非线性。

选取图 3-11 中工况 a) 所示的受力状态作为计算状态。

(3) 法兰连接处的精细化数值分析

对法兰结构和高强螺栓建立实体模型,在梁单元法的基础上实现局部接触摩擦的精细化模拟,从而获得更加精确的计算结果。与梁单元法一致,管节部分同时考虑几何非线性与材料非线性效应。

计算假定:①实体单元的法兰结构总位于结构弯矩最大处;②钢管支承条件为两端简支;③系梁抱箍简化为单向支撑,能可靠地约束钢管的变形。

选取图 3-11 中工况 a) 所示的受力状态作为计算状态。

(4) 活络头的三维实体模拟分析

活络头采用三维实体单元精细化模拟具体构件,并考虑材料非线性与接触非线性效应。

3.1.5 钢支撑系统的安全控制方法

钢支撑系统各个组成部分的极限承载能力存在差异,其破坏首先发生在系统的薄弱环节。而管节是整个钢支撑系统的主要组成部分,成本较高,其他构件属于配件部分,成本相对较小。因此,从经济性出发,应当以钢支撑管节的承载能力为基础,选取与管节承载能力相适应的构件来组成钢支撑系统,即系统中节点的承载能力应当高于主要构件的承载能力,从而提高整个系统的安全度。因此在钢支撑系统极限承载能力研究的基础上,按照"节点强于构件"的原则对钢支撑系统的节点进行优化设计,使节点的安全度高于构件,防止由个别节点引发整个系统的破坏。

3.2 钢支撑管节的极限承载能力

3.2.1 极限偏心距下解析法计算

如图3-11所示,设荷载大小 P,荷载偏心距 e,钢管长度 L。考虑最不利荷载,取偏心距 $e = 370\text{mm}(\phi 609\text{mm})$、$440\text{mm}(\phi 800\text{mm})$。

1) 解析法

平面内稳定验算(失稳方向与重力作用方向相同)采用稳定极限承载力设计法,对实腹式压弯构件有:

$$\frac{N}{\varphi_x A} + \frac{\beta M_x}{\gamma_x W_x \left(1 - 0.8 \dfrac{N}{N'_{Ex}}\right)} \leqslant f \tag{3-3}$$

式中,β 为等效弯矩系数,取 1.0;γ_x 为塑性发展系数,取 1.0;$N'_{Ex} = \dfrac{\pi^2 EA}{1.1\lambda_x^2}$;$f$ 为钢材设计强度,取 215MPa;φ_x 为稳定折减系数;A 为钢支撑的截面面积;M_x 为钢支撑所受的弯矩。

平面外稳定验算采用稳定极限承载力设计法,对实腹式压弯构件有:

$$\frac{N}{\varphi_y A} + \eta \frac{\beta M_x}{\varphi_b W_x} \leqslant f \tag{3-4}$$

式中,f 为钢材设计强度,取 215MPa;φ_y 为稳定折减系数;φ_b 为受弯构件的整体稳定系数,$\varphi_b = 1.07 - \dfrac{\lambda_y^2}{44000}$;$\eta$ 为截面影响系数,闭口截面取 0.7。

由于式(3-3)、式(3-4)中考虑了二阶效应,因此即使对于圆形截面,其面内面外失稳也应有所区别。平面内失稳二阶效应发生的附加变形和偏心力在同一个平面内,面外失稳二阶效应的附加变形发生在偏心力的面外,两者引起的附加弯矩不一样。

使用解析法计算时,将钢管体系视为简单的二维简支静定结构,即不考虑钢管体系在水平方向的约束作用。当钢管体系存在系梁抱箍约束时,结构计算长度取端部约束及所有各段系梁抱箍间距的最大值。

2) 极限偏心距下的平面内稳定验算

极限状态下平面内稳定验算结果见表3-2。

极限状态下平面内稳定验算结果　　　　表3-2

参　　数	工　　况			
	工况1	工况2	工况3	工况4
$f(\text{MPa})$	215	215	215	215
$d_1(\text{mm})$	609	609	800	800
$d_2(\text{mm})$	577	577	760	760
$L(\text{mm})$	20000	25000	20000	25000
$A(\text{mm}^2)$	2.98×10^4	2.98×10^4	4.90×10^4	4.90×10^4
$I_x(\text{mm}^4)$	1.31×10^9	1.31×10^9	3.73×10^9	3.73×10^9
$W(\text{mm}^3)$	4.31×10^6	4.31×10^6	9.32×10^6	9.32×10^6
自重及二期恒载弯矩（N·mm）	1.31×10^8	2.05×10^8	1.94×10^8	3.03×10^8
长细比λ_1	95.359	119.199	72.500	90.625
长细比λ_2	47.695	51.619	36.244	45.306
长细比λ_3	63.571	79.468	48.332	60.418
折减系数φ_1	0.586	0.442	0.735	0.618
折减系数φ_2	0.866	0.810	0.913	0.877
折减系数φ_3	0.788	0.688	0.864	0.805
$N_1(\text{kN})$	985.54	595.34	2165.32	1624.70
$N_2(\text{kN})$	1731.71	1571.92	3038.07	2859.40
$N_3(\text{kN})$	1512.76	1255.17	2793.44	2499.23

注：λ_1、φ_1、N_1为无系梁及抱箍情况下的参数；λ_2、φ_2、N_2为系梁及抱箍位于跨中情况下的参数；λ_3、φ_3、N_3为系梁及抱箍位于三分点情况下的参数。

3) 极限偏心距下的平面外稳定验算

计算结果见表3-3。易知对所有工况，平面内失稳均先于平面外失稳发生，因此后文分析中，仅针对平面内稳定进行验算。

极限状态下平面外稳定验算结果　　　　　表 3-3

参　数	工　况			
	工况 1	工况 2	工况 3	工况 4
f(MPa)	215	215	215	215
d_1(mm)	609	609	800	800
d_2(mm)	577	577	760	760
L(mm)	20000	25000	20000	25000
A(mm^2)	2.98×10^4	2.98×10^4	4.90×10^4	4.90×10^4
I_x(mm^4)	1.31×10^9	1.31×10^9	3.73×10^9	3.73×10^9
W(mm^3)	4.31×10^6	4.31×10^6	9.32×10^6	9.32×10^6
长细比 λ_1	95.359	119.199	72.500	90.625
长细比 λ_2	47.695	51.619	36.244	45.306
长细比 λ_3	63.571	79.468	48.332	60.418
折减系数 φ_1	0.586	0.442	0.735	0.618
折减系数 φ_2	0.866	0.810	0.913	0.877
折减系数 φ_3	0.788	0.688	0.864	0.805
受弯折减系数 φ_{b1}	0.863	0.747	0.951	0.883
受弯折减系数 φ_{b2}	1.000	0.989	1.000	1.000
受弯折减系数 φ_{b3}	1.000	0.926	1.000	0.987
N_1(kN)	1832.66	1477.20	3538.09	3133.71
N_2(kN)	2379.85	2296.19	4009.23	3940.22
N_3(kN)	2253.68	2054.96	3914.51	3765.34

注：λ_1、φ_1、N_1 为无系梁及抱箍情况下的参数；λ_2、φ_2、N_2 为系梁及抱箍位于跨中情况下的参数；λ_3、φ_3、N_3 为系梁及抱箍位于三分点情况下的参数。

3.2.2 极限偏心距下梁单元法计算

采用解析法计算极限承载能力时一般将钢支撑管节视为二维简支静定结构，即不考虑钢支撑与围护结构间的摩擦约束作用。但实际上钢支撑两端支撑于围护结构上时，接触处并非理论上的光滑作用，而是存在一定的摩擦力。当该摩擦力足够大、能够有效约束构件时，应该设置与该摩擦力方向一致的约束条件，反之不应设置。因此采用有限元法计算构件极限承载能力时应考虑上述两种边界条件可能对计算结果带来的差异性，在施加荷载的一侧分别按照设置侧向约束与不设置侧向约束进行相关计算,并对设置侧向约束的合理性进行探讨。同时,考虑一定的施工误差,系梁抱箍处给以5cm的几何模型偏差。

如图3-15所示,建立梁单元模型并施加荷载,同时考虑结构的几何大变形及材料非线性效应,取结构的理论极限偏心距($\phi609mm$规格,$e=370mm$;$\phi800mm$规格,$e=440mm$),材料非线性采用经典的钢结构弹塑性模型。Q235钢材应力-应变图如图3-16所示。

图3-15 梁单元计算模型

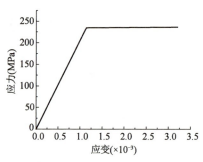

图3-16 Q235钢材应力-应变图

1)不考虑荷载一侧侧向约束时的承载能力分析

与解析法的求解思路一致,此处释放荷载一侧的摩擦约束,得到四类工况的极限承载能力,见表3-4,工况1~4分别对应$\phi609mm$-20m、$\phi609mm$-25m、$\phi800mm$-20m、$\phi800mm$-25m。

不考虑侧向约束的梁单元法极限承载力计算　　　　表3-4

工况	工况1	工况2	工况3	工况4
N_1(kN)	—	—	—	—
N_2(kN)	1620	1050	2820	2440
N_3(kN)	1330	870	2280	1990

注:"—"表示在此工况下体系退化为机构(端部不考虑侧向约束,结构也没有系梁抱箍)。

2)考虑荷载一侧侧向约束时的承载能力分析

实际结构工作中,端部可通过摩擦阻力提供水平约束,因此,给荷载一侧施加侧向约束,从而得到四类工况的极限承载力N_i,见表3-5,工况1~4分别对应$\phi609mm$-20m、$\phi609mm$-25m、$\phi800mm$-20m、$\phi800mm$-25m。

考虑侧向约束的梁单元法极限承载力计算 表3-5

工况	工况1	工况2	工况3	工况4
N_1(kN)	1730	1470	3600	3200
N_2(kN)	2710	2410	4960	4780
N_3(kN)	2480	2280	4560	4440

实际工程中端部摩阻力系数一般可取0.1，从而得到水平约束力H_i和端部所能提供的最大摩阻力F_i，见表3-6。

极限状态下的水平约束力和端部最大摩阻力 表3-6

工况	工况1	工况2	工况3	工况4
H_1(kN)	48.2	32.6	102.1	73.2
F_1(kN)	173	147	360	320
H_2(kN)	152.3	118.1	343.8	251.7
F_2(kN)	271	241	496	478
H_3(kN)	101.5	82.4	238.3	192.5
F_3(kN)	248	228	456	444

注：表中H_i代表水平约束力，F_i代表端部最大摩阻力。

从表3-6可以看出，所有工况在极限状态下的侧向约束力均小于极限摩阻力($H_i<0.1N_i$)，即端部能提供足够的摩阻力，因此考虑侧向约束的计算模型更加合理。

考虑侧向约束时，各工况下极限荷载与最大挠度关系曲线如图3-17所示。

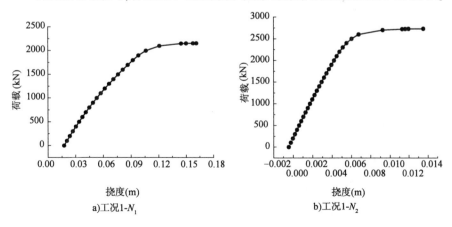

a) 工况1-N_1 b) 工况1-N_2

图 3-17

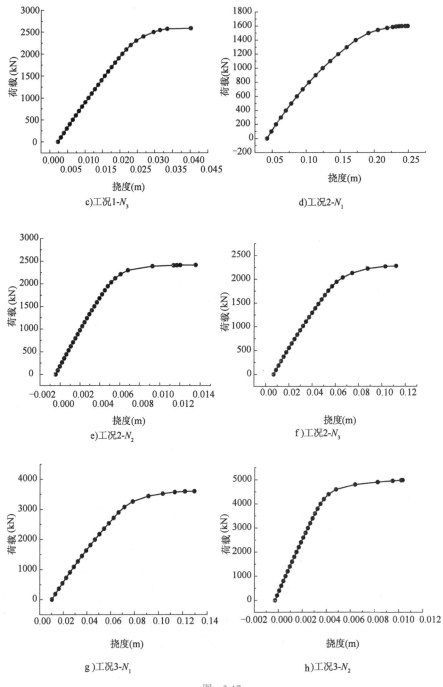

c) 工况1-N_3

d) 工况2-N_1

e) 工况2-N_2

f) 工况2-N_3

g) 工况3-N_1

h) 工况3-N_2

图 3-17

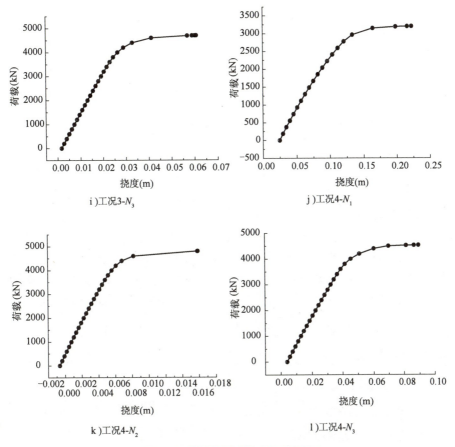

图3-17 极限荷载与最大挠度关系曲线

3.2.3 不同方法下的计算结果对比

极限偏心距下解析法与有限元法的计算结果见表3-7。

解析法与有限单元法钢支撑管节极限承载能力对比　　　表3-7

工　况	计算方法	N_1(kN)	N_2(kN)	N_3(kN)
工况1	解析法	986	1732	1513
	梁单元法(端部无侧向约束)	—	1620	1330
	梁单元法(端部有侧向约束)	1730	2710	2480
工况2	解析法	595	1572	1255
	梁单元法(端部无侧向约束)	—	1050	870
	梁单元法(端部有侧向约束)	1470	2410	2280

续上表

工 况	计 算 方 法	N_1(kN)	N_2(kN)	N_3(kN)
工况3	解析法	2165	3038	2793
	梁单元法(端部无侧向约束)	—	2820	2280
	梁单元法(端部有侧向约束)	3600	4960	4560
工况4	解析法	1625	2859	2499
	梁单元法(端部无侧向约束)	—	2640	1990
	梁单元法(端部有侧向约束)	3200	4780	4440

将各个工况下的解析法与梁单元法计算结果绘制成条形图,如图3-18所示。由图可见,考虑荷载侧端部侧向约束时(与实际边界条件较为吻合),梁单元法的计算结果远高于解析法,其原因在于端部侧向约束的存在很大程度上抵消了偏心荷载产生的偏心弯矩,使得承载能力大大提高。不考虑荷载侧端部摩擦约束时(与解析法边界条件一致),由于边界条件保持一致,梁单元法的计算结果低于解析法,但差别不大,梁单元法计算结果偏低的原因可能包括:

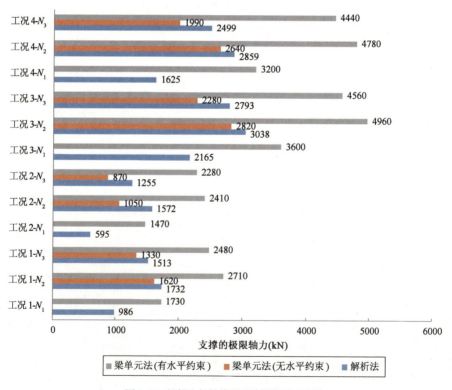

图3-18 解析法与梁单元法计算结果对比图

(1) 解析法考虑 1/1000 的初始弯曲影响,梁单元法未考虑。
(2) 解析法计算中采用了边缘屈服准则,梁单元法则考虑了塑性发展。
(3) 解析法将有中间系梁抱箍支撑近似于计算长度的缩减,结构相当于多跨简支体系,而梁单元法为连续体系,其负弯矩区可极大缩减最大弯矩带来的不利影响。

3.2.4 不同偏心距下的极限承载能力计算

由于解析法计算结果相对保守,因此可以采用解析法对不同偏心距下支撑的承载能力进行分析,从而获得偏于安全的结果,图 3-19 所示为四类工况下支撑的极限轴力与偏心距的关系。从图中可以得出如下结论:

(1) 极限承载能力随偏心距的增加而减小,在偏心距较小时这一趋势尤为明显。

(2) 相同条件下,$\phi 609 mm$ 钢支撑管节极限承载能力远低于 $\phi 800 mm$ 规格。

(3) 系梁及抱箍的设置对提升钢支撑管节的极限承载能力至关重要,但系梁设置在跨中或三分点位置时影响不大。

(4) 在上海市《基坑工程技术标准》(DG/TJ 08-61—2018 J 11577—2018) 规定的偏心距下,四类工况偏心距依次为 6cm、7.5cm、6cm、7.5cm。当不设置系梁时,四类工况的极限轴力依次为 1692kN、902kN、4110kN、2825kN;当系梁设在跨中时,四类工况的极限轴力依次为 3588kN、3157kN、6504kN、6022kN;当系梁设在三分点时,四类工况的极限轴力依次为 2998kN、2330kN、5746kN、4968kN。

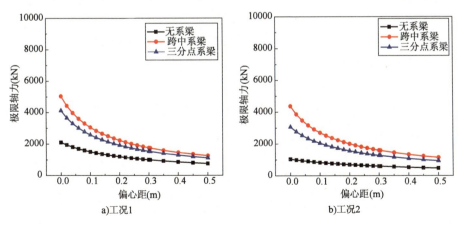

图 3-19

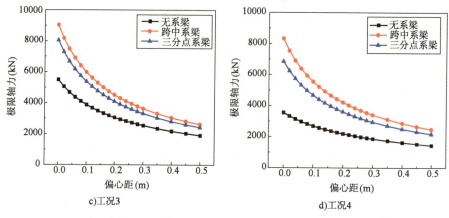

图 3-19 四类工况下极限轴力与偏心距的关系曲线

3.3 钢支撑管节连接螺栓的承载能力分析

工程上常用的螺栓按性能等级可分为 4.6、6.8、8.8、10.9、12.9 级五种规格,其中 4.6、6.8 级两种规格只有普通螺栓,8.8、10.9、12.9 级三种规格既有普通螺栓,又有高强螺栓。以下分别对这五类螺栓的极限承载力及试用情况做探讨,根据法兰盘的设计,$\phi 609$mm 规格采用 M24mm 公称直径,$\phi 800$mm 规格采用 M27mm 公称直径。由于施工操作时多数只是简单地将螺栓拧紧,下文计算时将其按照普通螺栓的极限承载力设计参与计算。螺栓的公称屈服强度取其公称抗拉强度值和屈强比的乘积,以 10.9 级螺栓为例,单个螺栓的抗拉承载力设计值 N_b^t 计算结果为:

$$N_b^t = \begin{cases} 352.5 \times 0.5 \times 900 = 158 \text{kN} & (\phi 609 \text{mm 规格}) \\ 459.4 \times 0.5 \times 900 = 207 \text{kN} & (\phi 800 \text{mm 规格}) \end{cases}$$

五种螺栓的设计极限承载力见表 3-8。

五种螺栓的设计极限承载力(单位:kN)　　　　表 3-8

螺 栓 规 格	4.6级	6.8级	8.8级	10.9级	12.9级
$\phi 609$mm 规格	36	71	113	158	190
$\phi 800$mm 规格	46	93	147	207	248

3.3.1 解析法下螺栓的极限承载力计算

螺栓群在弯矩和轴力共同作用下,有:

$$N_t = \frac{N}{n} + \frac{My_1}{\sum y_i^2} \leq N_b^t \quad (3-5)$$

式中，n 为螺栓个数；$\sum y_i^2$ 为所有螺栓到转动中心的距离平方之和。

1）规范规定偏心距下螺栓的最大受力计算

依照上海市《基坑工程技术规范》（DG/TJ 08-61—2018 J 11577—2018）所规定的偏心距状态下计算极限轴力来验算螺栓的最大受力状态，计算结果见表3-9，工况 1~4 分别对应 ϕ609mm-20m、ϕ609mm-25m、ϕ800mm-20m、ϕ800mm-25m）。

规范偏心距下的螺栓最大拉力　　　　　　表3-9

工　况	N_{1max}（kN）	N_{2max}（kN）	N_{3max}（kN）
工况1	-21	-98	-74
工况2	38	-53	-20
工况3	-114	-213	-182
工况4	-30	-166	-119

注：$N_{i,max}$ 中 $i=1,2,3$ 分别代表无系梁、系梁位于中间、系梁位于四分点三种情况，max 代表螺栓群中受力最大的螺栓。

可见，在规范所规定的偏心距下，除工况2求得的 N_{1max} 属于低拉状态外，所有工况下螺栓均处于受压状态，无须进行承载能力的设计与验算。

2）极限偏心距下螺栓的最大受力计算

将解析法获得的极限承载能力代入式（3-4）进行验算，可以得到此时螺栓的最大受力，结果见表3-10。可见，对 ϕ609mm-20m 规格钢支撑系统而言，10.9级螺栓满足极限状态下的承载能力设计要求；对 ϕ609mm-25m 规格钢支撑系统，10.9级螺栓可能存在最外螺栓脆断的风险。对 ϕ800mm 规格的钢支撑系统，10.9级螺栓难以满足极限状态下的承载能力设计要求，可考虑将螺栓等级提高为12.9级。

解析法极限状态下的螺栓最大拉力（单位：kN）　　　　　　表3-10

工况	N_{1max}	N_{2max}	N_{3max}	4.6级 [N]	6.8级 [N]	8.8级 [N]	10.9级 [N]	12.9级 [N]
工况1	107	151	138	36	71	113	158	190
工况2	111	168	150	36	71	113	158	190
工况3	187	239	224	46	93	147	207	248
工况4	186	259	238	46	93	147	207	248

注：[N] 表示设计极限承载力；$N_{i,max}$ 中 $i=1,2,3$ 分别代表无系梁、系梁位于中间、系梁位于四分点三种情况，max 代表螺栓群中受力最大的螺栓。

3) 不同偏心距下螺栓的最大受力计算

将解析法获得的极限承载能力代入式(3-4)中进行验算,可以得到此时螺栓的最大受力,如图3-20所示。

从图3-20可以看出,4.6级、6.8级、8.8级三类螺栓在较小的偏心距下存在被拉断的风险,实际工程中不建议采用;10.9级螺栓在偏心距小于0.3m的情况下,是可以满足极限轴力要求而不会被拉断的;当偏心距接近极限偏心距时,10.9级螺栓存在一定的脆断风险,12.9级螺栓则可基本满足设计要求。因此当钢支撑系统可能出现较大的偏心时,推荐改用12.9级螺栓。

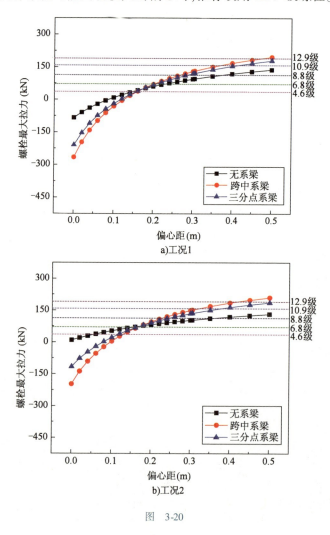

a) 工况1

b) 工况2

图 3-20

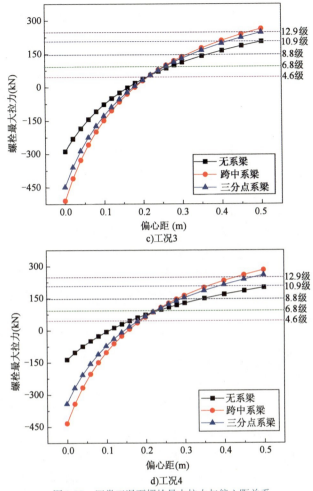

图 3-20 四类工况下螺栓最大拉力与偏心距关系

4) 梁单元法下螺栓的极限承载力计算

将梁单元法获得的极限承载力代入式(3-4)进行验算,结果见表 3-11。

梁单元法极限状态下的螺栓最大拉力(单位:kN)　　表 3-11

工况	N_{1max}	N_{2max}	N_{3max}	4.6 级 $[N]$	6.8 级 $[N]$	8.8 级 $[N]$	10.9 级 $[N]$	12.9 级 $[N]$
工况 1	163	224	219	36	71	113	158	190
工况 2	174	238	229	36	71	113	158	190
工况 3	315	384	365	46	93	147	207	248
工况 4	313	397	382	46	93	147	207	248

注:$[N]$ 表示设计极限承载力。

根据梁单元法的计算结果，无论对 ϕ609mm 规格的钢支撑系统，还是对 ϕ800mm 规格的钢支撑系统，在设置系梁的情况下，即使采用 12.9 级的高强螺栓，也满足不了极限状态下的螺栓受力要求。

3.3.2 基于精细化模型的螺栓极限受力分析

考虑到螺栓连接法兰受力的复杂性，有必要建立考虑螺栓接触作用的精细化有限元模型，研究螺栓强度对钢支撑的极限承载能力的影响。

1）螺栓的摩擦接触作用

对法兰盘连接而言，接触面之间的相互作用主要包含两部分，一部分为接触面之间的法向作用，另一部分是接触面之间的切向作用。法向作用主要取决于两接触面之间的间隙，由于实际工程中螺栓直径略小于法兰盘预留孔径，因此在初始状态下，两者不存在接触压力。当结构受力导致变形时，接触面之间的间隙变为零，此时开始产生法向接触约束，接触压力与间隙的关系可见于图 3-21 所示。

接触面之间的切向作用主要指两接触面之间的摩擦力，本研究中采用库仑摩擦模型，该模型通过摩擦系数 μ 来表征接触面之间的摩擦行为，临界剪应力取决于接触面之间的法向接触压力，计算公式如下：

$$\tau_{\text{crit}} = \mu P \qquad (3\text{-}6)$$

式中，τ_{crit} 为剪应力；μ 为摩擦系数；P 为法向接触压力。

当两接触面之间的剪应力等于极限摩擦应力 μP 时，接触面开始发生相对滑动，库仑摩擦模型定义的摩擦行为如图 3-22 中的实线所示。

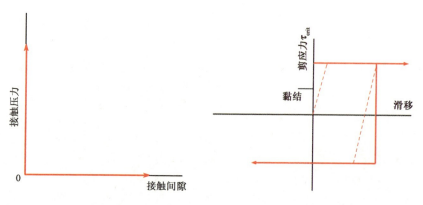

图 3-21　接触压力与间隙的关系　　图 3-22　库仑摩擦行为

2) 螺栓材料的弹塑性模型

Johnson-Cook 模型是一种经验型的弹塑性本构模型,这种模型能较好地描述金属材料的热处理性能、加工硬化效应、应变率效应和温度软化效应。由于其形式简单,使用方便,因此在工程实践中得到了广泛的应用。此处采用该模型描述高强螺栓在受轴向力状态下的本构关系。Johnson-Cook 模型本构关系的形式为:

$$\sigma = (A + B\varepsilon^n)(1 + C\ln\varepsilon^*)(1 - T^{*m}) \tag{3-7}$$

式中,σ 为应力;ε 为塑性应变;ε^* 为塑性应变率;T 为温度;A、B、C、n、m 为待定系数,其中 A 为屈服应力。

对 10.9 级高强螺栓,屈服应力为 900MPa,同时,为更好地与解析法的理论计算结果对比,此处同时考虑 $A=900\text{MPa}$ 和 $A=450\text{MPa}$ 两种计算情况。查阅国内外有关文献研究,各待定系数取值见表 3-12。

Johnson-Cook 模型系数取值　　　　表 3-12

系数	A(MPa)	B(MPa)	C	n	m
取值	900/450	297/149	0.0877	0.15	1

材料的弹塑性模型与梁单元法计算相一致,如图 3-15 所示。

3) 精细化有限元模型

钢支撑系统的精细化有限元模型中法兰盘、高强螺栓(10.9 级)及加劲肋采用实体单元模拟,钢管系统采用壳单元模拟,结构边界条件、计算工况与第 3.3.1 节梁单元法分析保持一致,精细化的法兰模型建立在结构弯矩最大位置,实体单元段全长 4m,法兰盘位于实体段中部。以工况 3a 为例,结构精细化有限元模型如图 3-23 所示,法兰盘连接处的细部模型示意图如图 3-24 所示。

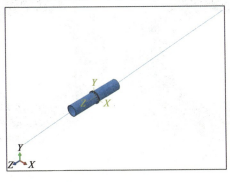

图 3-23　结构精细化有限元模型图

图 3-24 法兰盘连接处的细部模型

4) 高强螺栓采用设计强度

考虑各工况最大偏心距状态下的破坏时程分析,取螺栓摩擦系数为 0.4,法兰盘之间不考虑摩擦作用。以工况 3a 为例,如图 3-25 所示,当 $A=450\text{MPa}$ 时,不同偏心力作用(不同计算时间步)下法兰盘的米塞斯(Mises)应力云图。由图可见,随着偏心力不断增大,法兰盘应力也逐渐增大直至大面积区域达到塑性状态。图 3-26 所示为达到极限状态前后,螺栓的断裂形态模拟结果。采用类似的方法,可以计算得到所有工况下的极限承载力。计算结果表明,各工况下破坏模式均为法兰盘连接处高强螺栓发生断裂而导致结构破坏,见表 3-13。该破坏模式表明法兰盘连接螺栓强度弱于钢支撑管节的极限承载能力,这与 3.3.1 节的分析结果是一致的。

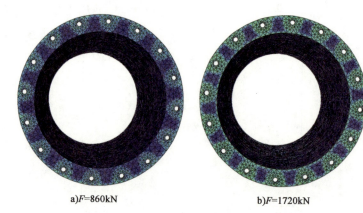

a) $F=860\text{kN}$ b) $F=1720\text{kN}$

图 3-25

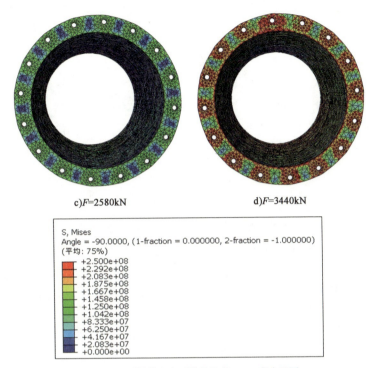

c) $F=2580\text{kN}$ d) $F=3440\text{kN}$

图 3-25 不同偏心力下的法兰盘 Mises 应力云图

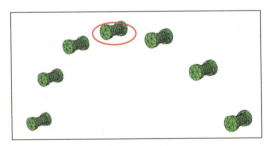

a) 螺栓仍处在完好状态

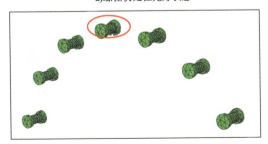

b) 最上部螺栓开始发生断裂

图 3-26

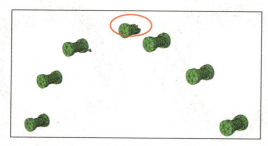

c) 最上部螺栓完全断裂

图 3-26　螺栓断裂前后的形态模拟

5) 高强螺栓采用屈服强度

当 $A=900\mathrm{MPa}$ 时，所有工况的破坏模式均为失稳破坏，其结果如图 3-27、图 3-28 所示。

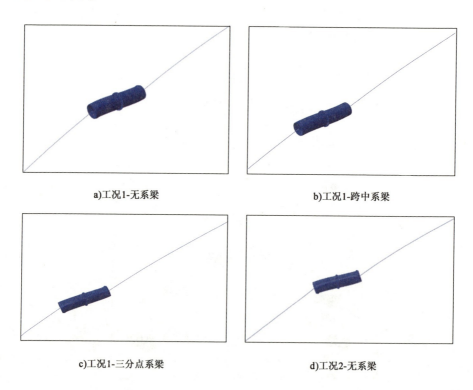

a) 工况1-无系梁　　　　　　　　　　b) 工况1-跨中系梁

c) 工况1-三分点系梁　　　　　　　　d) 工况2-无系梁

图　3-27

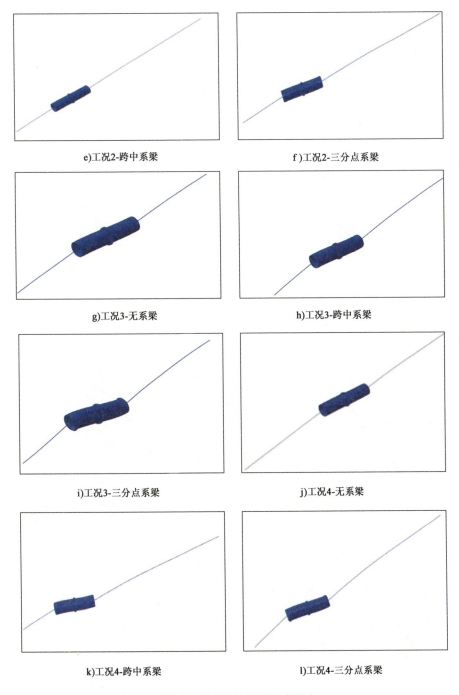

图 3-27 屈曲失稳破坏时的变形图

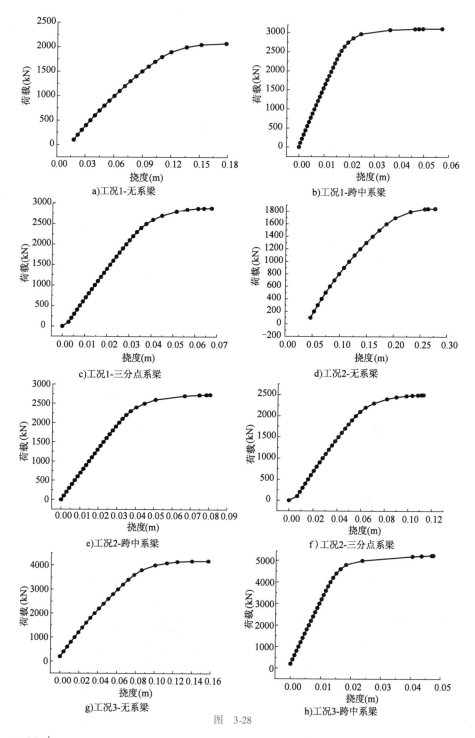

图 3-28

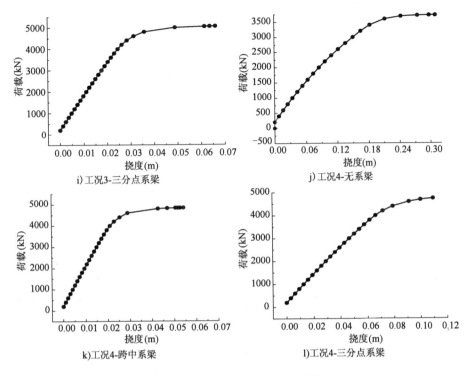

图 3-28 屈曲失稳破坏时的时程曲线

6) 高强螺栓采用不同强度的计算结果汇总

将两种强度下的结果汇总如表 3-13 所示。结果表明采用设计强度时螺栓群的极限承载能力低于钢支撑管节的极限承载能力，无法满足"节点强于构件"的设计原则。螺栓采用屈服强度时，钢支撑管节先于螺栓发生失稳，表明螺栓群的承载能力高于管节的承载能力，能够满足实践需要。

不同方法下各工况钢支撑破坏模式和轴力极值汇总表　　　表 3-13

项　目	工况 1 无系梁	工况 1 跨中系梁	工况 1 三分点系梁	工况 2 无系梁	工况 2 跨中系梁	工况 2 三分点系梁
破坏模式	螺栓断裂	螺栓断裂	螺栓断裂	螺栓断裂	螺栓断裂	螺栓断裂
极限轴力(kN)	1620	2360	2100	1460	2080	1980
解析法(kN)	986	1732	1913	595	1572	1255
梁单元法(kN)	1730	2710	2480	1470	2410	2280

续上表

项目	工况3 无系梁	工况3 跨中系梁	工况3 三分点系梁	工况4 无系梁	工况4 跨中系梁	工况4 三分点系梁
破坏模式	螺栓断裂	螺栓断裂	螺栓断裂	螺栓断裂	螺栓断裂	螺栓断裂
极限轴力(kN)	3440	4460	4240	3100	3920	3880
解析法(kN)	2165	3038	2793	1625	2859	2499
梁单元法(kN)	3600	4960	4560	3200	4380	4440

3.4 钢支撑抱箍的计算与优化

3.4.1 抱箍被动抗力计算

钢支撑作为压杆结构,极限承载能力与其计算长度有关,因此为提高支撑的承载能力往往在钢支撑上设置系梁与抱箍以减小计算长度。这就要求抱箍与系梁具有足够的强度与刚度以便切实发挥其约束作用,尤其是抱箍,实践中往往设置效果欠佳,极易失效。由于抱箍发挥作用与抱箍所受荷载及自身强度、刚度有关,因此在对抱箍计算与优化前,首先要获得抱箍在钢支撑的偏心受力过程中所受的被动抗力。

根据图3-19不同偏心距下的极限承载力计算结果,在不同工况不同偏心距下,分别提取图3-15所示有限元模型中的抱箍被动抗力,图3-29给出了不同偏心距对抱箍所需提供的被动抗力大小的要求。

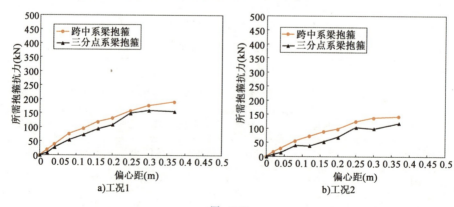

图 3-29

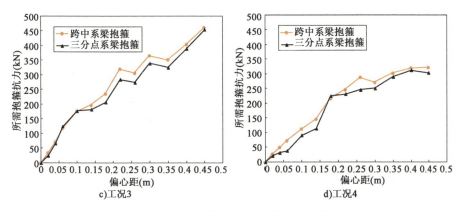

图 3-29 四种工况下极限轴力与偏心距关系图

由图 3-29 可知,钢支撑所受被动抗力与偏心距有关,偏心距越大,抱箍需提供的抗力越大,抱箍不仅起构造作用,且承受一定被动抗力,因此应根据被动抗力对抱箍强度与刚度进行计算分析,从而选定合适的抱箍规格与形式。

由于抗力会通过抱箍与系梁的约束点传至系梁,产生沿系梁轴向的荷载,为防止系梁水平滑动,系梁与格构柱间应当设置侧向约束牛腿。

3.4.2 抱箍规格对钢支撑极限承载能力的影响

为确定抱箍规格,建立钢支撑与抱箍联合受力模型,使抱箍与钢支撑边界条件一致,如图 3-30 所示。

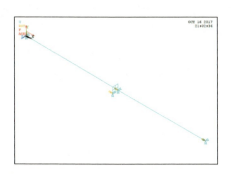
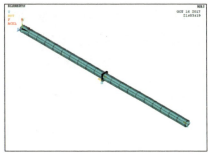

图 3-30 钢支撑与抱箍的联合受力模型

假定抱箍为线弹性材料,研究其对钢支撑变形约束的有效性。对于常见的 6.3、8、10、12.6、14a、14b、16a、16b 槽钢规格(8 种槽钢分别编号为 1~8),分别在四种工况(工况 1~4 分别对应 $\phi 609mm\text{-}20m$、$\phi 609mm\text{-}25m$、$\phi 800mm\text{-}20m$、$\phi 800mm\text{-}25m$)及两种不同系梁位置进行分析,获得钢支撑极限承载力与抱箍规格的关系,其结果如图 3-31 所示。

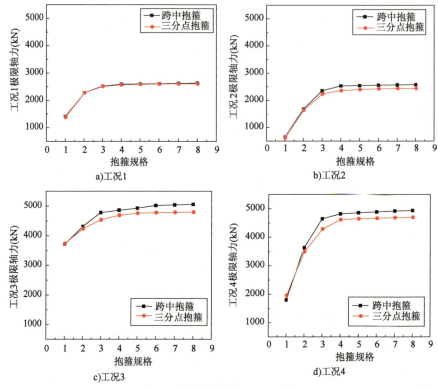

图 3-31　不同抱箍规格下的极限轴力

从图 3-31a)、图 3-31c)可以看出,对于 20m 长的钢支撑,采用 10 号槽钢作为抱箍较经济合理(槽钢尺寸继续增大后,钢支撑极限承载力并未显著提升);对于 25m 长的钢支撑,由图 3-31b)、图 3-31d)可知,10 号槽钢作为抱箍时支撑极限轴力仍有一定提升空间,宜采用 12.6 号槽钢作为抱箍制作材料。

3.4.3　考虑材料实际力学性能的抱箍约束设计

1)考虑材料非线性的抱箍应力状态

第 3.4.2 节采用线弹性模型未能真实再现抱箍的约束能力,有必要研究材料实际力学性能下抱箍的应力状态。抱箍应力-应变模型采用弹塑性模型,钢支撑系统及抱箍采用梁单元模拟,考虑弹塑性及大变形效应,抱箍与钢支撑系统之间的刚臂采用只能承受压力、不能承受拉力的单向受压单元模拟,真实模拟实际受力状态(只有当钢支撑系统和抱箍发生挤压时,才会产生约束力)。由于系梁抱箍位于跨中时钢支撑极限承载力更高,对抱箍本身受力更不利,因此以抱箍位于跨中时的工况为研究对象。

抱箍材料采用实际工程中应用较多的 10 号槽钢,分别对四类工况钢支撑极限承载力下抱箍的应力进行分析,槽钢的正应力结果如图 3-32 所示。

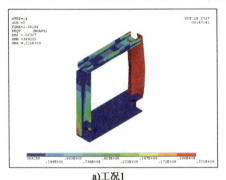
a)工况1

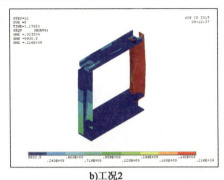
b)工况2

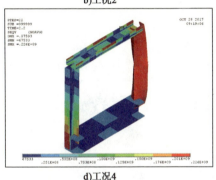
c)工况3　　　　　　　　　　　d)工况4

图 3-32　有限元分析抱箍应力云图(单位:Pa)

抱箍采用 Q235 钢材,由图 3-32 可知,$\phi 609mm$、$\phi 800mm$ 钢支撑在极限承载能力状态下,侧向抱箍正应力均接近或超过 235MPa,进入塑性状态,表明 10 号槽钢不满足实际约束需求,应对抱箍进行优化。

2)抱箍优化方法

(1)增大槽钢截面尺寸

选择更大规格的槽钢,如 12.6 号、14 号槽钢等,但会增加抱箍重量及基坑内人工操作难度。

(2)选用更高强度的钢材

可选用 Q345B 钢材以适应更高的应力要求,但对构件焊接质量和焊接工艺提出更高要求。

(3)优化抱箍结构

通过在门型抱箍外侧增加侧向斜撑,使之形成更稳定的三角形结构,三角形斜角45°,其支点支撑在抱箍与钢支撑的接触位置。由于偏心位置的不确定性,钢支撑可能发生向上、向左、向右的挠曲变形(下方有系梁,可提供足够约束),综合考虑后确定优化后的抱箍结构如图3-33所示,其中A代表加强的三角斜撑。抱箍结构1通常而言只能限制钢支撑体系的侧向失稳,抱箍结构2能同时限制钢支撑体系的侧向失稳和竖向失稳。

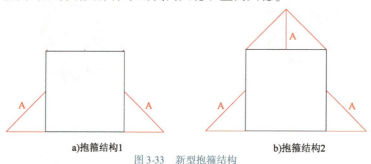

a)抱箍结构1　　　　　　　　　　b)抱箍结构2

图3-33　新型抱箍结构

对工况1、2,保持槽钢尺寸不变(10号槽钢),同样偏心受力状态下,新型抱箍结构的正应力如图3-34、图3-35所示。

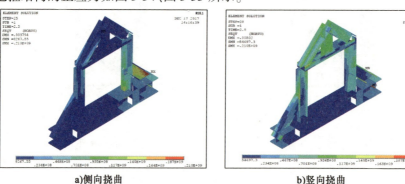

a)侧向挠曲　　　　　　　　　　b)竖向挠曲

图3-34　工况1新型抱箍正应力云图(单位:Pa)

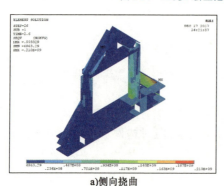 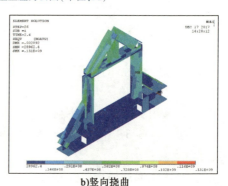

a)侧向挠曲　　　　　　　　　　b)竖向挠曲

图3-35　工况2新型抱箍正应力云图(单位:Pa)

对工况 3、4,由于 ϕ800mm 钢支撑极限承载力更强,对抱箍承载能力的要求也更高,因此采用 14 号槽钢,新型抱箍结构的正应力如图 3-36、图 3-37 所示。

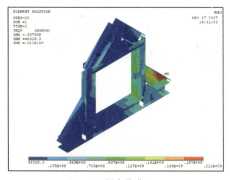 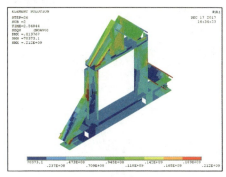

a)侧向挠曲　　　　　　　　　　　　　　b)竖向挠曲

图 3-36　工况 3 新型抱箍正应力云图(单位:Pa)

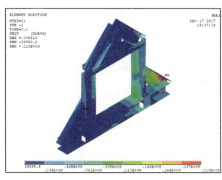 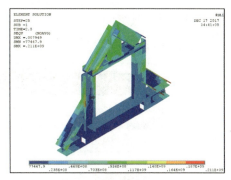

a)侧向挠曲　　　　　　　　　　　　　　b)竖向挠曲

图 3-37　工况 4 新型抱箍正应力云图(单位:Pa)

由图 3-34~图 3-37 可知,采用增加三角斜撑的新型抱箍在钢支撑极限承载能力状态下,除斜撑的一小部分区段外,抱箍其他部分应力均小于 120MPa,满足工程设计要求。

由于活络头为非对称构造,其竖向抗弯能力远大于水平抗弯能力,因此钢支撑活络头一般发生水平破坏,即钢支撑通常发生侧向挠曲,这种状况下抱箍可取消水平杆的加固设计,仅保留竖向杆的侧向加固设计,即采用新型抱箍结构 1,抱箍 BIM 模型图和实景图如图 3-38 所示。

a)抱箍实景图　　　　　　　　　　b)抱箍BIM模型图

图 3-38　抱箍实景图和 BIM 模型图

3.4.4　抱箍设置对支撑附加弯矩分布的影响

以工况 1(ϕ609mm-20m)为例,图 3-39 给出了极限状态下钢支撑的弯矩分布。从图中可以看出,无抱箍布置时,跨中附近很长一段区域内(约 7m 范围)弯矩较高,弯矩产生的挠曲变形较大,而自重作用下钢支撑的最大挠度也发生在跨中位置,二阶效应叠加后的偏心距显著降低了钢管的轴向受压能力。当在跨中或三分点布置系梁抱箍后,二阶效应叠加后引起的偏心距显著降低。

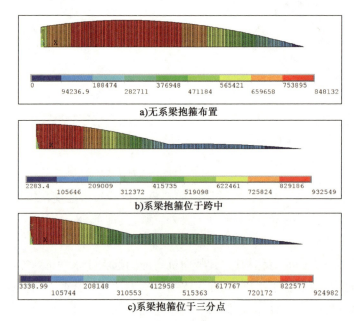

a)无系梁抱箍布置

b)系梁抱箍位于跨中

c)系梁抱箍位于三分点

图 3-39　工况 1 极限状态下的弯矩图(单位:N·m)

3.5 钢支撑双拼槽钢式活络头的承载能力

钢支撑系统中的活络头直接承受围护结构荷载,常用的双拼槽钢式活络头如图 3-40 所示。

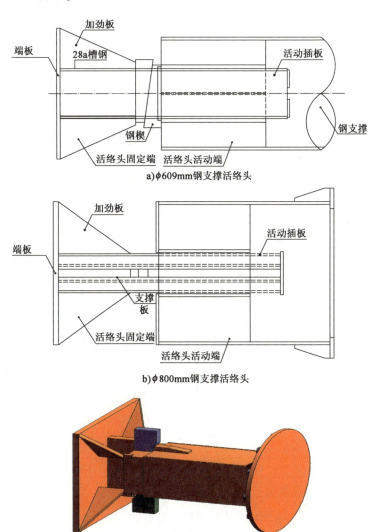

a) ϕ609mm钢支撑活络头

b) ϕ800mm钢支撑活络头

c) 钢支撑活络头BIM模型图

图 3-40 活络头示意图

ϕ609mm 钢支撑活络头的活动插板采用双拼 28a 槽钢制作，ϕ800mm 钢支撑活络头的活动插板采用双拼 40c 槽钢制作。活络头的活动插板与端板之间设置了加劲板，28a 槽钢加劲板距离端板面 435mm 位置处，长 300mm；40c 槽钢加劲板位于距离端板面 475mm 位置处，长 400mm。活络头的基本截面参数计算结果见表 3-14。

双拼槽钢式活络头计算截面参数　　表 3-14

项 目	$A(\text{cm}^2)$	$I_x(\text{cm}^4)$	$W_x(\text{cm}^3)$	$W_p(\text{cm}^3)$	$f_y(\text{MPa})$
ϕ609mm 钢支撑	284.04	6729.53	643.97	747.687	235
ϕ800mm 钢支撑	518.88	23176.52	1762.47	2506.48	235
ϕ609mm 加劲截面	296.94	7315.09	700.01	831.21	235
ϕ800mm 加劲截面	534.78	24212.69	1841.27	2629.31	235

3.5.1 活络头承载能力的解析法计算

1) 解析法计算公式

当作用力中心不在轴心位置时，将产生附加弯矩，此时活络头为压弯构件，因此其破坏形式包括强度破坏、整体失稳破坏和局部失稳破坏等。

(1) 强度破坏

压弯构件的截面强度，根据不同的强度准则，如边缘屈服准则、部分发展塑性准则和全截面屈服准则，有不同的计算公式。

① 边缘屈服准则

$$\sigma = \frac{N}{A} + \frac{M_x}{W_x} \leq f_y \tag{3-8}$$

或

$$\frac{N}{N_p} + \frac{M_x}{M_{ex}} \leq 1 \tag{3-9}$$

② 部分塑性发展准则

$$\frac{N}{Af_y} + \frac{M_x}{\gamma W_x f_y} \leq 1 \tag{3-10}$$

③ 全截面塑性屈服准则

$$\frac{N}{N_p} + \frac{M}{M_p} \leq 1 \tag{3-11}$$

或

$$\frac{N}{Af_y} + \frac{M}{W_p f_y} \leq 1 \quad (3\text{-}12)$$

式中,N、M_x 分别为验算截面处的轴力和弯矩,其中 $M_x = N \times \delta$,δ 为偏心距;A 为验算截面处的截面面积;W_x 为验算截面处绕截面主轴的截面模量;N_p 为屈服轴力;M_{ex} 为屈服弯矩;f_y 为屈服强度;γ 为截面塑性发展系数,一般取 1.05;W_p 为截面塑性模量。

(2)整体失稳破坏

整体稳定破坏分为平面内整体稳定和平面外整体稳定。

① 平面内整体稳定

采用边缘屈服准则时,对于绕虚轴弯曲的格构式压弯构件:

$$\frac{N}{\varphi_x A} + \frac{\beta_{mx} M_x}{W_{x1}\left(1 - \varphi_x \dfrac{N}{N'_{Ex}}\right)} \leq f_y \quad (3\text{-}13)$$

$$N'_{Ex} = \frac{\pi^2 EA}{1.1\lambda_x^2}$$

式中,N、M_x 分别为验算截面处的轴力和弯矩;A 为验算截面处的截面面积;W_{x1} 为验算截面处绕截面主轴的截面模量;f_y 为屈服强度;φ_x 为稳定系数;β_{mx} 为等效弯矩系数。

等效弯矩系数的取值情况有两种。

a. 弯矩作用平面内两端有相对侧向变形的压弯构件,如有侧移的框架柱、悬臂柱等,$\beta_{mx} = 1.0$。

b. 弯矩作用平面内两端无相对侧向变形的压弯构件,如两端支承构件、计算上认为无侧移的框架柱等,分四种情况讨论。

a)无横向荷载作用

$$\beta_{mx} = 0.65 + 0.35 \frac{M_2}{M_1} \quad (3\text{-}14)$$

式中,M_1 和 M_2 为构件两端的弯矩,$|M_1| \geq |M_2|$,当两端弯矩使构件产生同向曲率时取同号,反之取异号。

b)有端弯矩和横向荷载作用

(a)当使构件产生同向曲率时,$\beta_{mx} = 1.0$。

(b)当使构件产生反向曲率时,$\beta_{mx} = 0.85$。

c) 无端弯矩但有一个跨中集中荷载作用：

$$\beta_{mx} = 1.0 - 0.2\frac{N}{N_{Ex}} \quad (3-15)$$

d) 无端弯矩但有几个横向集中荷载作用或横向均匀荷载作用，$\beta_{mx} = 1.0$。

② 平面外整体稳定

平面外稳定承载力的实用计算公式为：

$$\frac{N}{\varphi_y A} + \eta\frac{\beta_{tx} M_x}{\varphi_b W_x} \leqslant f_y \quad (3-16)$$

式中，φ_y 为稳定系数；φ_b 为受弯构件的整体稳定系数；η 为截面影响系数，闭口截面时取 0.7，其他截面取 1.0；β_{tx} 为计算平面外稳定时的弯矩等效系数，可采用以下数值。

a. 在弯矩作用平面外有支承的构件，应根据相邻支承点间构件段内的荷载和内力情况确定。

a) 构件段无横向荷载作用时：

$$\beta_{tx} = 0.65 + 0.35\frac{M_2}{M_1} \quad (3-17)$$

式中，M_1 和 M_2 为构件段在弯矩作用平面内的端弯矩，使构件段产生同向曲率时取同号，反之取异号，且 $|M_1| \geqslant |M_2|$。

b) 构件段内有端弯矩和横向荷载作用时：
（a）当使构件段产生同向曲率时，$\beta_{tx} = 1.0$。
（b）当使构件段产生反向曲率时，$\beta_{tx} = 0.85$。

c) 构件段内无端弯矩但有横向荷载作用时，$\beta_{tx} = 1.0$。

b. 弯矩作用平面外为悬臂构件，$\beta_{tx} = 1.0$。

(3) 局部失稳破坏

钢结构设计规范对压弯构件翼缘宽厚比的要求如下。

① 对外伸翼缘板

$$\frac{b}{t} \leqslant 15\sqrt{\frac{235}{f_y}} \quad (3-18)$$

式中，b，t 分别为外伸翼缘板的宽度和厚度。

当截面设计考虑有限塑性发展时，则式(3-18)右端的 15 改为 13。

②两边支承翼缘板

$$\frac{b}{t} \leqslant 40\sqrt{\frac{235}{f_y}} \tag{3-19}$$

其考虑方法与梁的翼缘相同。

腹板的宽厚比限值，按不同截面形式分别规定，该项目中将竖向加劲板考虑为截面腹板。

表示不均匀压力对局部失稳影响的系数：

$$\alpha_0 = \frac{\sigma_{max} - \sigma_{min}}{\sigma_{max}} \tag{3-20}$$

式中，σ_{max} 为腹板计算高度边缘的最大应力；σ_{min} 为腹板计算高度另一边缘相应的应力，压应力为正，拉应力为负。

考虑影响结构局部失稳的各因素后，得到的腹板宽厚比限值是参数 α_0、λ 的复杂函数，用直线方程加以简化，截面视为箱形截面，可以得到腹板宽厚比 h_w/t_w 与 α_0、λ 及长细比的关系为：

①当 $0 \leqslant \alpha_0 \leqslant 1.6$ 时，

$$\frac{h_w}{t_w} \leqslant (12.8\alpha_0 + 0.4\lambda + 20)\sqrt{\frac{235}{f_y}} \tag{3-21}$$

②当 $1.6 < \alpha_0 \leqslant 2$ 时，

$$\frac{h_w}{t_w} \leqslant (38.4\alpha_0 + 0.4\lambda - 20.96)\sqrt{\frac{235}{f_y}} \tag{3-22}$$

式中，λ 为构件在弯矩作用平面内的长细比，当 $\lambda < 30$ 时，取 $\lambda = 30$；当 $\lambda > 100$ 时，取 $\lambda = 100$。

当上述两式右边计算的值小于 $40\sqrt{\frac{235}{f_y}}$ 时，采用 $40\sqrt{\frac{235}{f_y}}$。

2) $\phi 609mm$ 钢支撑活络头承载能力计算（双拼28a槽钢规格）

（1）强度破坏

①代入式(3-8)~式(3-12)，得出不同偏心距下按不同屈服准则计算的承载力大小，如图3-41所示。

②考虑加劲影响，代入式(3-8)~式(3-12)，得出不同偏心距下按不同屈服准则计算的承载力大小，并与无加劲结果对比，如图3-42所示。

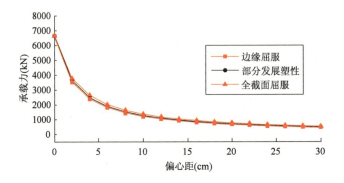

图 3-41 双拼 28a 槽钢活络头在不同屈服准则下的承载力

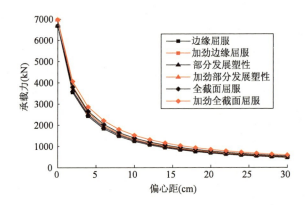

图 3-42 双拼 28a 槽钢活络头加劲与无加劲时的承载力对比

有加劲板相对无加劲板承载力提高比例见表 3-15。

双拼 28a 槽钢活络头加劲相对无加劲的承载力提高幅度　　表 3-15

偏心距(cm)	屈服准则		
	边缘屈服准则	部分发展塑性准则	全截面屈服准则
0	4.54%	4.54%	4.54%
2	6.45%	6.40%	7.30%
4	7.16%	7.11%	8.44%
6	7.53%	7.49%	9.06%
8	7.75%	7.72%	9.45%
10	7.91%	7.88%	9.72%
12	8.02%	7.99%	9.92%
14	8.10%	8.08%	10.07%

续上表

偏心距(cm)	屈服准则		
	边缘屈服准则	部分发展塑性准则	全截面屈服准则
16	8.17%	8.14%	10.18%
18	8.22%	8.20%	10.28%
20	8.26%	8.24%	10.36%
22	8.30%	8.28%	10.42%
24	8.33%	8.31%	10.48%
26	8.35%	8.34%	10.53%
28	8.38%	8.36%	10.57%
30	8.40%	8.38%	10.61%

(2)平面内稳定计算

考虑稳定时,构件伸出长度两端视为简支,计算长度系数$\mu_x = 1.0$,长细比与活络头伸出长度有关。稳定系数按 b 曲线公式计算,即:

① 当 $\bar{\lambda} = \frac{\lambda}{\pi}\sqrt{\frac{f_y}{E}} \leq 0.215$ 时,

$$\varphi = 1 - 0.65\bar{\lambda}^2 \tag{3-23}$$

② 当 $\bar{\lambda} > 0.215$ 时,

$$\varphi = \frac{1}{2\bar{\lambda}^2}[0.965 + 0.300\bar{\lambda} + \bar{\lambda}^2 - \sqrt{(0.965 + 0.300\bar{\lambda} + \bar{\lambda}^2)^2 - 4\bar{\lambda}^2}] \tag{3-24}$$

根据上述公式超出规格尺寸各不同伸出长度 L 下的 λ、φ_x、N'_{Ex} 等值计算见表 3-16。

计算平面内稳定的参数　　　表 3-16

超伸长度 L(mm)	λ	φ_x	N'_{Ex}(kN)
0	8.93	0.994	657344
100	10.99	0.991	434574
200	13.04	0.987	308478
300	15.09	0.983	230248
400	17.15	0.978	178401
500	19.20	0.972	142281

根据受力情况,$\beta_{mx} = 1.0$,将各参数代入计算平面内稳定系数的公式,并改变偏心距,得出不同偏心距和不同超伸长度下的承载力,如图 3-43 所示。

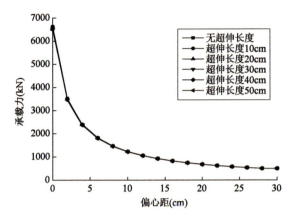

图3-43 双拼28a槽钢活络头在不同偏心距、不同超伸长度下平面内稳定极限承载力

由图3-43可知,计算平面内整体稳定时,超伸长度对承载能力的影响小于3%,可忽略不计。

同样地,当加劲板处于钢管外侧截面(即超伸长度不超过23cm)时,会对承载能力产生一定影响。将考虑加劲板的截面参数代入整体稳定公式计算得到相应承载能力,如图3-44所示。图3-45为不同超伸长度下有加劲板相对无加劲板承载能力提高比例。

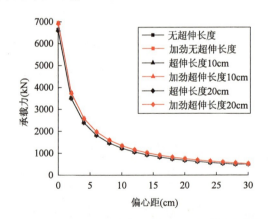

图3-44 平面内稳定控制的加劲与无加劲承载能力对比

(3)平面外整体稳定

考虑稳定时,构件伸出长度两端视为简支,计算长度系数$\mu_x = 1.0$,长细比与活络头伸出长度有关。稳定系数按b曲线公式计算,见式(3-23)、式(3-24)。计算弯曲整体稳定系数φ_b时,近似取$\varphi_b = 1.07 - \lambda_y^2/44000$。根据上述公式,超出规格尺寸各不同伸出长度$L$下的$\lambda$、$\varphi_x$、$\varphi_b$等值计算见表3-17。

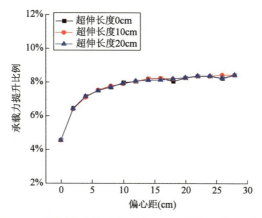

图 3-45 平面内稳定控制的加劲与无加劲承载能力提升比例

计算平面外稳定时的参数　　　　　　　　表 3-17

超伸长度 L(mm)	λ	φ_x	φ_b
0	3.59	0.999	1.070
100	4.41	0.999	1.070
200	5.24	0.998	1.069
300	6.06	0.997	1.069
400	6.89	0.996	1.069
500	7.71	0.996	1.069

根据受力情况及截面类型，$\beta_{tx}=1.0$，$\eta=1.0$，将各参数代入计算平面外稳定系数的公式，并改变偏心距离，得出不同偏心距和不同超伸长度下的承载力，如图 3-46 所示。

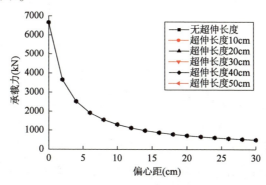

图 3-46 双拼 28a 槽钢活络头在不同偏心距、不同超伸长度下平面外稳定极限承载力

由图 3-46 可知,计算平面外整体稳定时,超伸长度对承载能力的影响小于 1%,可忽略不计。

当加劲板处于钢管外侧截面(即超伸长度不超过 32.5cm)时,会对承载能力产生一定影响。将考虑加劲板的截面参数代入整体稳定公式得其承载能力,并与未加劲时对比,结果如图 3-47 所示。图 3-48 为不同超伸长度下有加劲板相对无加劲板承载能力提高比例。

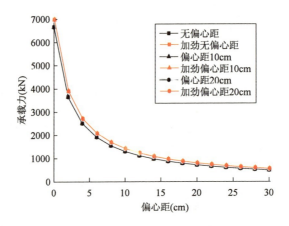

图 3-47 平面外稳定控制的加劲与无加劲承载能力对比

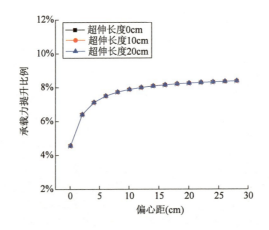

图 3-48 平面外稳定控制的加劲与无加劲承载能力提升比例

(4)局部失稳破坏

活络头活动插板采用的是标准槽钢,其本身的翼缘板及腹板的宽厚比满足限值。腹板宽厚比 $h_w/t_w = 25.5$;α_0 未知,取最不利情形为 0,函数右端大小最小为$(0.5\times3.59+25)\sqrt{\dfrac{235}{f_y}}=26.8$,小于$40\sqrt{\dfrac{235}{f_y}}$,取$40\sqrt{\dfrac{235}{f_y}}=40$,腹板宽厚比满足要求。

3)$\phi800\text{mm}$钢支撑活络头承载能力计算(双拼40c槽钢规格)

(1)强度破坏

①代入式(3-8)~式(3-12),得出不同偏心距离下按不同屈服准则计算的承载力大小,如图3-49所示。

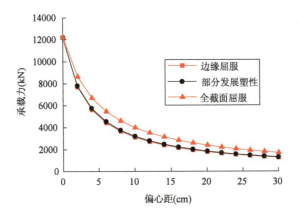

图3-49　双拼40c槽钢活络头在不同屈服准则下的承载力

②考虑加劲板影响,代入式(3-8)~式(3-12),得出不同偏心距离下按不同屈服准则计算的承载力大小,与无加劲板结果对比,如图3-50所示。

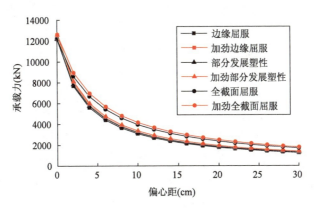

图3-50　双拼40c槽钢活络头加劲板与无加劲板的承载力对比

有加劲板相对无加劲板承载力提高幅度见表3-18。

加劲相对无加劲板活络头的承载力提高幅度　　　　　表3-18

偏心距(cm)	屈服准则		
	边缘屈服准则	部分发展塑性准则	全截面屈服准则
0	3.06%	3.06%	3.06%
2	3.58%	3.57%	3.60%
4	3.82%	3.80%	3.89%
6	3.96%	3.94%	4.07%
8	4.05%	4.03%	4.20%
10	4.11%	4.10%	4.30%
12	4.16%	4.15%	4.37%
14	4.19%	4.18%	4.42%
16	4.22%	4.21%	4.47%
18	4.25%	4.24%	4.51%
20	4.26%	4.26%	4.54%
22	4.28%	4.27%	4.57%
24	4.29%	4.29%	4.59%
26	4.31%	4.30%	4.61%
28	4.32%	4.31%	4.63%
30	4.33%	4.32%	4.64%

(2)平面内稳定计算

考虑稳定时,构件伸出长度两端视为简支,计算长度系数$\mu_x = 1.0$,长细比与活络头伸出长度有关。稳定系数按b曲线公式计算,见式(3-23)、式(3-24)。

根据式(3-23)、式(3-24),超出规格尺寸各不同伸出长度L下的λ、φ_x、N'_{Ex}等值计算见表3-19。

计算平面内稳定时的参数　　　　　表3-19

超伸长度L(mm)	λ	φ_x	N'_{Ex}(kN)
0	8.23	0.995	1414550
100	9.73	0.993	1012784
200	11.22	0.991	760714
300	12.72	0.988	592251
400	14.22	0.985	474129
500	15.71	0.981	388119

根据受力情况，$\beta_{mx}=1.0$，将各参数代入计算平面内稳定系数的公式，并改变偏心距离，得出不同偏心距和不同超伸长度下的承载力如图3-51所示。

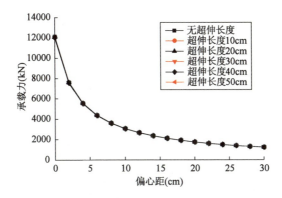

图3-51 双拼40c槽钢活络头在不同偏心距、不同超伸长度下平面内稳定极限承载力

由图3-51可知，计算平面内整体稳定时，超伸长度对承载能力的影响小于2%，可忽略不计。同样地，当加劲板位于钢管外侧截面（即超伸长度不超过23cm）时，会对承载能力产生一定影响。将考虑加劲板的截面参数代入整体稳定公式计算得到相应承载能力，如图3-52所示。图3-53为不同超伸长度下有加劲板相对无加劲板承载能力提高比例。

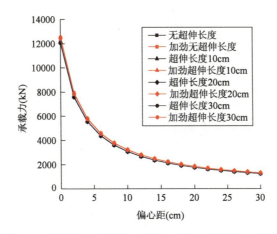

图3-52 平面内稳定控制的加劲板与无加劲板承载能力对比

（3）平面外整体稳定

考虑稳定时，构件伸出长度两端视为简支，计算长度系数$\mu_x=1.0$，长细比与活络头伸出长度有关。稳定系数按b曲线公式计算，见式(3-23)、式(3-24)。计算弯曲整体稳定系数φ_b时，近似取$\varphi_b=1.07-\lambda_y^2/44000$。

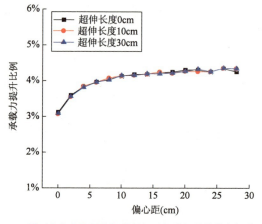

图 3-53 平面内稳定控制的加劲板与无加劲板承载能力提升比例

根据上述公式,超出规格尺寸各不同伸出长度下的 λ、φ_x、φ_b 等值计算见表 3-20。

计算平面外稳定时的参数　　　　　　表 3-20

超伸长度 L(mm)	λ	φ_x	φ_b
0	3.25	0.999	1.070
100	3.84	0.999	1.070
200	4.43	0.999	1.070
300	5.02	0.998	1.069
400	5.61	0.998	1.069
500	6.20	0.997	1.069

根据受力情况及截面类型,$\beta_{tx}=1.0$,$\eta=1.0$,将各参数代入计算平面外稳定系数的公式,并改变偏心距离,得出不同偏心距和不同超伸长度下的承载力见图 3-54。

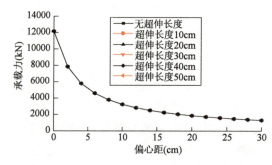

图 3-54 双拼 40c 槽钢活络头在不同偏心距、不同超伸长度下平面内稳定极限承载力

由图 3-54 可知,计算平面外整体稳定时,超伸长度对承载能力的影响小于 1%,可忽略不计。

当加劲板处于钢管外侧截面(即超伸长度不超过 32.5cm)时,会对承载能力产生一定影响。将考虑加劲板的截面参数代入整体稳定公式得其承载能力,并与未加劲时对比,结果见图 3-55。图 3-56 为不同超伸长度下有加劲板相对无加劲板承载能力提高比例。

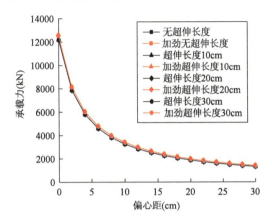

图 3-55　平面外稳定控制的加劲与无加劲承载能力对比

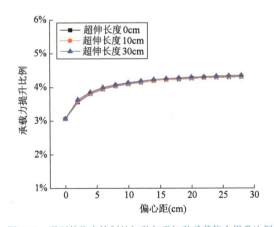

图 3-56　平面外稳定控制的加劲与无加劲承载能力提升比例

(4)局部失稳破坏

活络头活动插板采用的是标准槽钢,其本身的翼缘板及腹板的宽厚比满足限值。

腹板宽厚比 $h_w/t_w = 36.4$,与 $\phi 609mm$ 规格分析类似,宽厚比小于 40,因此满足要求。

3.5.2　活络头承载能力的有限元法分析

1) $\phi 609$mm 钢支撑活络头（双拼28a 槽钢规格）

(1) 模型建立

活络头结构模型尺寸严格按照图纸要求建立，如图 3-57 所示。

①参数选取

a. 活络头：采用 Q235 钢材，屈服强度 235MPa，弹性模量 206GPa，泊松比 0.3。

b. 摩擦系数：0.2。

②边界条件

基坑围护结构视为大刚度，难以发生变形，但可有轻微的转动，因此约束三个方向位移（U_x，U_y，U_z），但不约束转角；与围护结构接触部位活络头约束竖直向（U_y）和沿基坑土体延伸方向（U_x），在活络头与钢管连接部位约束竖向位移（U_y）。

③荷载条件

在与中间主钢管连接面施加荷载，以模拟实际受力，通过等效荷载位置的不同反映偏心距。

④工况

分析活络头伸出长度和偏心距对承载能力的影响，伸出长度分为 10cm、20cm、30cm、40cm、50cm。偏心距以 2cm 为梯度，取值范围为 0~30cm。

⑤网格划分

网格划分过程中应充分考虑不规则及接触部分，进行有效分割。网格既不宜过疏，防止计算不收敛；又不宜过密，避免计算代价过高，如图 3-58 所示。

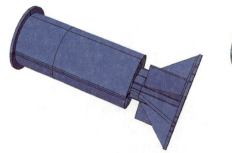
图 3-57　活络头有限元模型图

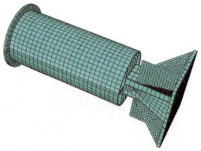
图 3-58　活络头模型网格划分

（2）计算结果分析

根据有限元计算结果，不同偏心距与不同超伸长度下的承载能力结果如图 3-59 所示。

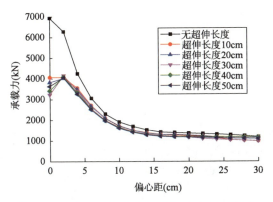

图 3-59　双拼 28a 槽钢活络头有限元计算的承载能力

由图 3-59 可知，活络头超伸长度对承载能力略有影响，但影响不大。受轴心力时，活络头承载能力为 3200~4000kN，当偏心距较小时，活络头承载能力随偏心距略有增加，随后随偏心距增大而减小，趋势由陡变缓。无超伸长度的情况下，偏心距很小时，其承载能力较大，随着偏心距增大其承载能力逐渐降低，与其他超伸工况情况相近，承载能力提高幅度不明显。偏心距为 8cm 时，活动插板不同超伸长度下活络头的承载能力约为 2000kN。

（3）有限元法与解析法对比分析

由于有限元法与解析法分析均得出活动插板超伸长度对活络头承载力影响不大，因此取相同超伸长度（10cm），分别采用有限元法与解析法研究不同偏心距下活络头承载能力计算结果的差异，结果如图 3-60 所示。

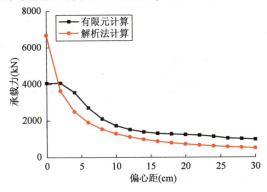

图 3-60　双拼 28a 槽钢活络头有限元法与解析法计算对比

由图3-60可知,两者计算的承载能力随偏心距变化的规律类似。除受轴心力作用下有限元法分析所得承载能力比解析法计算小外,其他有偏心情况下有限元法均较解析法大,且幅度大部分超过40%,说明解析法计算较保守,结果有更多的安全度。

(4) 破坏模式分析

活络头模型结果分析表明,活络头的破坏形式为活动插板插入钢管截面附近的部位达到屈服应力而导致整体结构破坏,如图3-61所示。

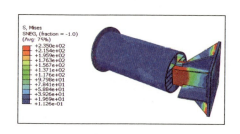
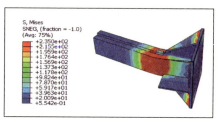

图3-61 双拼28a槽钢活络头极限状态应力图(单位:MPa)

活络头活动插板与钢管连接处的部分弯曲变形,达到应力屈服。其应力变化过程见图3-62。

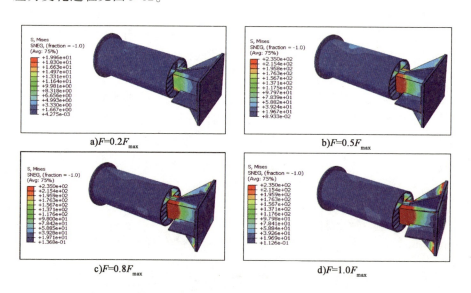

图3-62 双拼28a槽钢活络头应力变化过程云图(单位:MPa)

有限元模拟分析表明,活络头受轴心力和偏心力作用,其应力分布有较大差异。

图 3-63 为活动插板板和活络头在轴心力作用下的 x 向(围护结构延伸方向)、y 向(竖向)、z 向(垂直向)的应力。由图可以看出,y 向有少许拉应力,但基本很小,x 向活动插板附近有压应力但不大,z 向两块活动插板之间的支撑板有较大轴向应力,活动插板无多大应力。表明在轴向力作用下,主要由与端板垂直的支撑板承担荷载,支撑板的承载能力决定了活络头结构的承载能力。

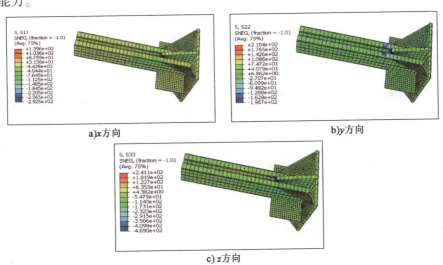

图 3-63 双拼 28a 槽钢活络头及活动插板受轴心力的 x、y、z 向应力图(单位:MPa)

图 3-64 为活络头在偏心力作用下的 x 向(围护结构延伸方向)、y 向(竖向)、z 向(垂直向)的应力。由图可以看出,x、y 向应力很小,z 向活动插板有较大轴向应力,两片活动插板应力类似,左侧为拉应力,右侧为压应力,均达到屈服强度,表明两者均承受一定的弯矩且不是协调共同作用。表明在偏心力作用下,支撑板承担了一部分压力,活动插板承担绝大部分的弯矩,活动插板承担荷载的能力决定了活络头结构的承载能力,因此可考虑增大插入钢管附近的活动插板的抗弯能力,以提高活络头的承载能力。

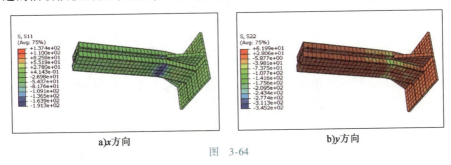

图 3-64

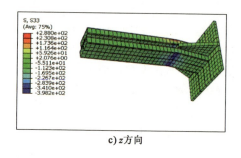

c) z 方向

图 3-64　活络头及活动插板受偏心力的 x、y、z 向应力图（单位：MPa）

2) $\phi800$mm 钢支撑活络头（双拼 40c 槽钢）

(1) 模型建立

$\phi800$mm 钢支撑双拼 40c 槽钢活络头模型建立过程与 $\phi609$mm 钢支撑双拼 28a 槽钢活络头类似，其参数选取、边界荷载条件确定及工况一样，网格划分方式类似。

(2) 计算结果分析

根据有限元计算结果，不同偏心距与不同超伸长度下活络头的承载能力结果如图 3-65 所示。

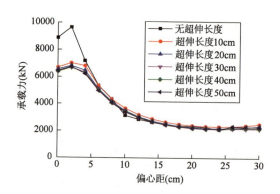

图 3-65　双拼 40c 槽钢活络头有限元计算的承载能力

其承载能力变化规律与双拼 28a 槽钢活络头类似，当偏心距达到 20cm 左右时，承载能力随偏心距增大，且无明显减小，承载力均大于 2000kN。无超伸长度的情况下，当偏心距很小时，其承载能力相对其他超伸长度情况大很多，随着偏心距增大至 4cm 左右后，其承载能力与其他超伸长度的情况相差不多，承载能力提高幅度不明显。当偏心距为 8cm 时，活动插板不同长度下活络头的承载能力为4000kN左右，偏心距为12cm时，活络头的承载能力为3000kN左右。

(3) 有限元法与解析法结果对比分析

活动插板的超伸长度设定为10cm，解析法计算取部分发展塑性准则下的承载能力，不同偏心距下有限元法与解析法对比如图3-66所示。

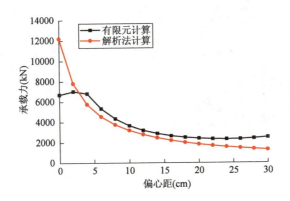

图3-66　双拼40c槽钢活络头有限元法与解析法计算对比

由图3-66可以看出，两者计算的活络头承载能力随偏心距变化的规律类似。除受轴心力及偏心2cm作用下，有限元分析所得承载能力比解析法小，其他有偏心情况下有限元分析所得均较解析法分析大，在偏心距小于16cm时，其增大幅度处于10%~20%，当偏心距大于16cm时，提高幅度逐步增大。解析法计算较有限元法计算保守，偏安全。

(4) 破坏模式分析

与双拼28a槽钢活络头类似，不再赘述。

3.6　新型活络头——矩形钢板式活络头的设计与承载能力分析

3.6.1　矩形钢板式活络头的设计

双拼槽钢式活络头因加工方便、操作简单而被广泛使用，但其侧向抗弯承载能力较低，在偏心受力作用下极易发生侧向屈曲失稳，因此有必要研制一种新型活络头，既要操作简便又要有较强的承载能力。

在考虑双拼槽钢式活络头结构、现场环境及工人工艺等因素的基础上，研制设计矩形钢板式活络头，分别与φ609mm钢支撑和φ800mm钢支撑相匹配，达到提高承载能力、使用方便的目的(图 3-67)。矩形钢板式活络头采用 6 块方形钢焊接而成,活络头包含与钢管相连的固定端、与围护结构相连的活络端以及楔块。

a)活络头实景图

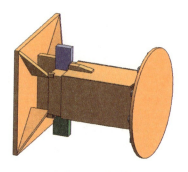
b)活络头BIM模型图

图 3-67　矩形钢板式活络头

矩形钢板式活络头基本截面参数计算见表 3-21,$\phi 609\text{mm}$、$\phi 800\text{mm}$ 矩形钢板式活络头构造分别如图 3-68、图 3-69 所示。

矩形钢板式活络头计算截面参数　　　　表 3-21

钢支撑规格	$A(\text{cm}^2)$	$I_x(\text{cm}^4)$	$W_x(\text{cm}^3)$	$W_p(\text{cm}^3)$	$f_y(\text{MPa})$
$\phi 609\text{mm}$ 钢支撑	431	38727.92	2498.58	3553.88	1.05
$\phi 800\text{mm}$ 钢支撑	780	222020	7929	13341	1.05

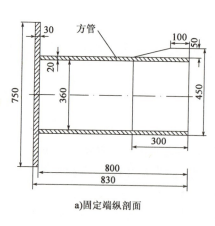
a)固定端纵剖面

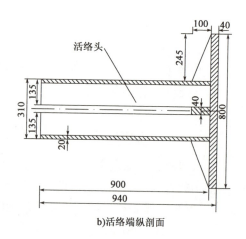
b)活络端纵剖面

图 3-68

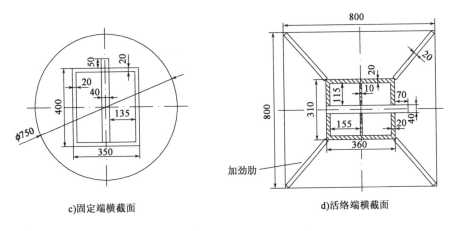

图 3-68 ϕ609mm 规格矩形钢板式活络头构造图(尺寸单位:mm)

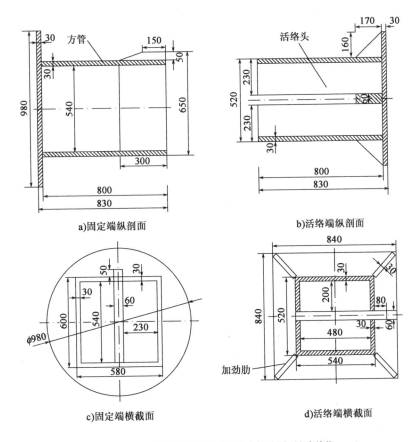

图 3-69 ϕ800mm 规格矩形钢板式活络头构造图(尺寸单位:mm)

3.6.2 矩形钢板式活络头承载能力的解析法计算

1) $\phi 609 \text{mm}$ 规格矩形钢板式活络头承载能力计算

(1) 强度破坏

代入式(3-8)~式(3-12),得出不同偏心距离下按不同屈服准则计算的承载能力,如图3-70所示。

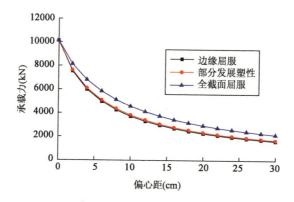

图3-70　$\phi 609 \text{mm}$ 规格矩形钢板式活络头在不同屈服准则下的承载力

由图3-70可知,承载能力随偏心距增大而减小,考虑全截面屈服相对部分发展塑性,承载能力提高5%~30%。

与双拼28a槽钢活络头的结果对比如图3-71所示。

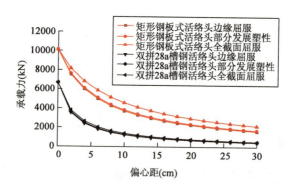

图3-71　$\phi 609 \text{mm}$ 规格矩形钢板式活络头与双拼28a槽钢活络头承载能力对比

不同屈服条件下 $\phi 609 \text{mm}$ 规格矩形钢板式活络头与双拼28a槽钢活络头承载能力提高幅度见表3-22。

不同屈服条件下承载力提高幅度　　　　　表 3-22

偏心距(cm)	屈服准则		
	边缘屈服准则	部分发展塑性准则	全截面屈服准则
0	52%	52%	52%
2	112%	110%	115%
4	148%	145%	157%
6	172%	169%	188%
8	189%	186%	211%
10	201%	199%	229%
12	211%	208%	244%
14	219%	216%	255%
16	225%	223%	265%
18	230%	228%	274%
20	235%	233%	281%
22	239%	237%	287%
24	242%	240%	293%
26	245%	243%	297%
28	247%	246%	302%
30	250%	248%	306%

根据表 3-22 分析可知，ϕ609mm 规格矩形钢板式活络头较双拼 28a 槽钢活络头承载能力大大提高，使用更加安全。

(2) 平面内稳定计算

考虑稳定时，构件伸出长度两端视为简支，计算长度系数 $\mu_x = 1.0$，长细比与活络头伸出长度有关。稳定系数按 b 曲线公式计算，见式(3-23)、式(3-24)。

根据上述公式，超出规格尺寸各不同伸出长度 L 下的 λ、φ_x、N'_{Ex} 等值计算见表 3-23。

计算平面内稳定的参数　　　　　表 3-23

超伸长度 L(mm)	λ	φ_x	N'_{Ex}(kN)
0	1.05	1.000	71520045
100	2.11	1.000	17880011
200	3.16	1.000	7946672
300	4.22	0.999	4470003
400	5.27	0.998	2860802
500	6.33	0.997	1986668

根据受力情况，$\beta_{mx}=1.0$，将各参数代入计算平面内稳定系数的公式，并改变偏心距离，得出不同偏心距和不同超伸长度下的承载能力，如图3-72所示。

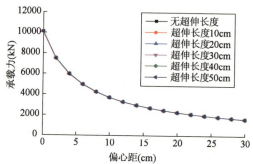

图3-72 ϕ609mm 规格矩形钢板式活络头在不同偏心距、不同超伸长度下平面内稳定极限承载力

由图3-72可知，计算平面内整体稳定时，超伸长度对承载能力的影响几乎无任何影响，可忽略不计。

图3-73给出无超伸长度时，ϕ609mm 规格矩形钢板式活络头与双拼28a槽钢活络头平面内稳定承载能力解析法计算结果的对比。

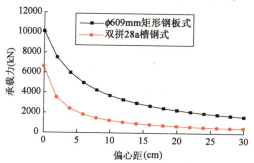

图3-73 ϕ609mm 规格矩形钢板式活络头与双拼28a槽钢活络头平面内稳定承载能力对比

由图3-73可知，考虑平面内整体稳定时，不同偏心距下 ϕ609mm 规格矩形钢板式活络头相对双拼28a槽钢活络头承载能力提高100%~250%，提高幅度明显。

(3) 平面外整体稳定

构件伸出长度两端视为简支，计算长度系数 $\mu_x=1.0$，长细比与活络头伸出长度有关。稳定系数按b曲线公式计算，见式(3-23)、式(3-24)。计算弯曲整体稳定系数 φ_b 时，近似取 $\varphi_b=1.07-\lambda_y^2/44000$。

根据上述公式，超出规格尺寸各不同伸出长度 L 下的 λ、φ_x、φ_b 等值计算见表3-24。

计算平面外稳定时的参数   表 3-24

超伸长度 L(mm)	λ	φ_x	φ_b
0	0.88	1.000	1.070
100	1.76	1.000	1.070
200	2.65	1.000	1.070
300	3.53	0.999	1.070
400	4.41	0.998	1.070
500	5.29	0.997	1.069

根据受力情况及截面类型,$\beta_{tx}=1.0$,$\eta=1.0$,将各参数代入计算平面外稳定系数的公式,并改变偏心距离,得出不同偏心距和不同超伸长度下的承载能力,如图 3-74 所示。

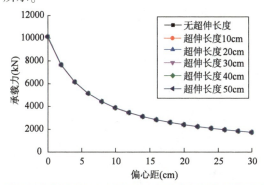

图 3-74 ϕ609mm 规格矩形钢板式活络头在不同偏心距、不同超伸长度下平面外稳定极限承载力

由图 3-74 可知,计算平面外整体稳定时,超伸长度对承载能力几乎无任何影响,可忽略不计。

图 3-75 为无超伸长度时,ϕ609mm 规格矩形钢板式活络头与双拼 28a 槽钢活络头平面外稳定承载能力解析法计算结果的对比。

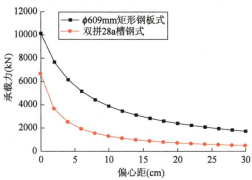

图 3-75 ϕ609mm 规格矩形钢板式活络头与双拼 28a 槽钢活络头平面外稳定承载能力对比

由图3-75可知,考虑平面外整体稳定时,不同偏心距下 $\phi609$mm 规格矩形钢板式活络头相对双拼28a槽钢活络头承载能力提高100%~250%,与平面内稳定提高幅度差别不大,两者均对承载能力有明显提高。

(4)局部失稳破坏

活络头由不同方形钢焊接而成,需验算其对外伸翼缘板和腹板。

对外伸翼缘板 $b/t = 5.75 < 15$,因此满足宽厚比限制。

腹板宽厚比 $h_w/t_w = 11.5$;α_0 未知,取最不利情形为0,函数右端大小最小为 $(0.5 \times 3.59 + 25)\sqrt{\dfrac{235}{f_y}} = 26.8$,小于 $40\sqrt{\dfrac{235}{f_y}}$,取 $40\sqrt{\dfrac{235}{f_y}} = 40$,腹板宽厚比满足要求。

因此活络头不会发生局部失稳。

2)$\phi800$mm 规格矩形钢板式活络头承载能力计算

(1)强度破坏

代入式(3-8)~式(3-12),得出不同偏心距下按不同屈服准则计算的承载能力,如图3-76所示。

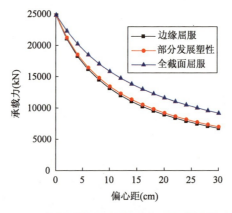

图3-76　$\phi800$mm 规格矩形钢板式活络头在不同屈服准则下的承载力

由图3-76可知,承载能力随偏心距增大而减小,考虑全截面屈服相对部分发展塑性,承载能力提高5%~40%。

$\phi800$mm 规格与双拼40c槽钢活络头的结果对比如图3-77所示。

不同屈服条件下 $\phi800$mm 规格矩形钢板式活络头与双拼40c槽钢活络头承载能力提高幅度见表3-25。通过分析可知,$\phi800$mm 规格矩形钢板式活络头较双拼40c槽钢活络头承载能力提高幅度为100%~450%,提升幅度巨大。

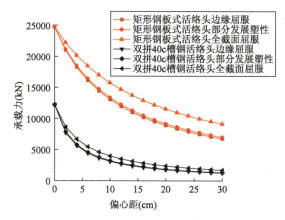

图 3-77 φ800mm 规格矩形钢板式活络头与双拼 40c 槽钢活络头承载能力对比

不同屈服条件下承载能力提高幅度　　　　　　　　表 3-25

偏心距(cm)	屈服准则		
	边缘屈服准则	部分发展塑性准则	全截面屈服准则
0	104%	104%	104%
2	174%	172%	158%
4	227%	222%	203%
6	267%	262%	240%
8	299%	293%	271%
10	325%	319%	298%
12	346%	340%	321%
14	364%	358%	341%
16	379%	374%	359%
18	393%	387%	375%
20	404%	399%	389%
22	414%	409%	401%
24	423%	418%	413%
26	431%	427%	423%
28	439%	434%	433%
30	445%	441%	441%

(2) 平面内稳定计算

考虑稳定时,构件伸出长度两端视为简支,计算长度系数 $\mu_x = 1.0$,长细比与活络头伸出长度有关。稳定系数按 b 曲线公式计算,见式(3-23)、式(3-24)。

根据上述公式,超出规格尺寸各不同伸出长度 L 下的 λ、φ_x、N'_{Ex} 等值计算见表 3-26。

计算平面内稳定的参数　　　　表 3-26

超伸长度 L(mm)	λ	φ_x	N'_{Ex}(kN)
0	0.94	1.000	2.20×10^{11}
100	1.50	1.000	8.71×10^{10}
200	2.05	1.000	4.64×10^{10}
300	2.60	0.999	2.88×10^{10}
400	3.16	0.999	1.96×10^{10}
500	3.71	0.999	1.42×10^{10}

根据受力情况,$\beta_{mx}=1.0$,将各参数代入计算平面内稳定系数的公式,并改变偏心距离,得出不同偏心距和不同超伸长度下活络头的承载能力,如图 3-78 所示。

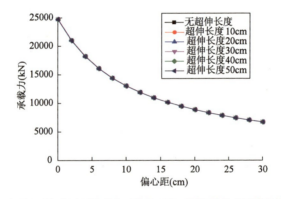

图 3-78 ϕ800mm 规格矩形钢板式活络头在不同偏心距、不同超伸长度下平面内稳定极限承载力

由图 3-78 可知,计算平面内整体稳定时,超伸长度对承载能力几乎无任何影响,可忽略不计。

图 3-79 为无超伸长度时,ϕ800mm 规格矩形钢板式活络头与双拼 40c 槽钢活络头平面内稳定承载能力解析法计算结果的对比。

由图 3-79 可知,考虑平面内整体稳定时,不同偏心距下 ϕ800mm 规格矩形钢板式活络头相比双拼 40c 槽钢活络头承载能力提高 100%~400%,提高幅度明显。

(3) 平面外整体稳定

考虑稳定时,构件伸出长度两端视为简支,计算长度系数 $\mu_x=1.0$,长细比与活络头伸出长度有关。稳定系数按 b 曲线公式计算，见式(3-23)、式(3-24)。计算弯曲整体稳定系数 φ_b 时，近似取 $\varphi_b = 1.07 - \lambda_y^2/44000$。

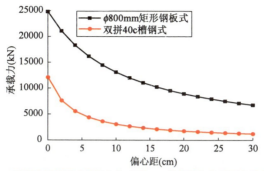

图 3-79　ϕ800mm 规格矩形钢板式活络头与双拼 40c 槽钢活络头平面内稳定承载能力对比

根据上述公式，超出规格尺寸各不同伸出长度下的 λ、φ_x、φ_b 等值计算见表 3-27。

计算平面外稳定时的参数　　　　　表 3-27

超伸长度 L(mm)	λ	φ_x	φ_b
0	0.83	1.000	1.070
100	1.32	1.000	1.070
200	1.81	1.000	1.070
300	2.30	1.000	1.070
400	2.79	0.999	1.070
500	3.28	0.999	1.070

根据受力情况及截面类型，$\beta_{tx} = 1.0$，$\eta = 1.0$，将各参数代入计算平面外稳定系数的公式，并改变偏心距离，得出不同偏心距和不同超伸长度下活络头的承载能力，如图 3-80 所示。

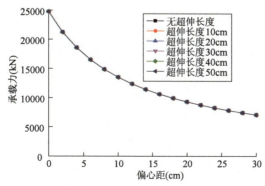

图 3-80　ϕ800mm 规格矩形钢板式活络头在不同偏心距、不同超伸长度下平面外稳定极限承载力

由图 3-80 可知，计算平面外整体稳定时，超伸长度对承载能力几乎无任何影响，可忽略不计。

图 3-81 给出了无超伸长度时，$\phi 800\text{mm}$ 规格矩形钢板式活络头与双拼 40c 槽钢活络头平面外稳定承载能力解析法计算结果的对比。

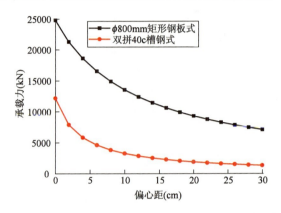

图 3-81　$\phi 800\text{mm}$ 规格矩形钢板式活络头与双拼 40c 槽钢活络头平面外稳定承载能力对比

由图 3-81 可知，考虑平面外整体稳定时，不同偏心距下 $\phi 800\text{mm}$ 规格矩形钢板式活络头相比双拼 40c 槽钢活络头承载能力提高 100%～440%，与平面内稳定提高幅度相差不大，均对承载能力有明显提高。

(4) 局部失稳破坏

活络头由不同方形钢焊接而成，需验算其对外伸翼缘板和腹板。

对外伸翼缘板 $b/t = 7.67 < 15$，因此满足宽厚比限制。

腹板宽厚比 $h_w/t_w = 18$；α_0 未知，取最不利情形为 0，函数右端大小最小为 $(0.5 \times 3.59 + 25)\sqrt{\dfrac{235}{f_y}} = 26.8$，小于 $40\sqrt{\dfrac{235}{f_y}}$，取 $40\sqrt{\dfrac{235}{f_y}} = 40$，腹板宽厚比满足要求。

因此活络头不会发生局部失稳。

3.6.3　矩形钢板式活络头承载能力的有限元分析

1) $\phi 609\text{mm}$ 规格矩形钢板式活络头有限元分析

(1) 模型建立

$\phi 609\text{mm}$ 规格矩形钢板式活络头模型建立过程与双拼 28a 槽钢活络头类似，其参数选取与边界荷载条件确定及工况相同，仅在截面形状有所不同。

（2）计算结果分析

根据数值模拟结果,不同偏心距与不同超伸长度下的活络头承载能力结果如图3-82所示。

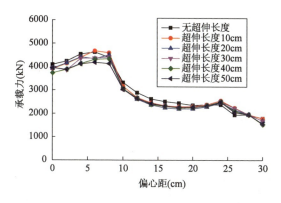

图3-82　φ609mm规格矩形钢板式活络头有限元计算的承载能力

由图3-82中可以看出,不同超伸长度下活络头的承载能力随偏心距变化规律类似,不同超伸长度下承载能力相差不大。轴心作用下,活络头承载能力约为4000kN;偏心距在0～8cm时,承载能力呈上升趋势,且随偏心距增大而略有增大;偏心距达8cm后,承载能力随偏心距增大而大幅减小;当偏心距达16cm时,曲线趋于平缓,表明承载能力随偏心距影响不大;当偏心距达24cm后,承载能力随偏心距增大而减小,且趋势明显。由此可知,活络头承载能力基本能达到2300kN以上,在偏心距小于8cm时,承载能力达3800kN以上。

（3）有限元法与解析法结果对比分析

取活动插板超伸长度为10cm,有限元法与解析法结果对比如图3-83所示。

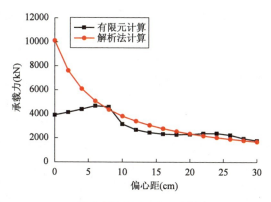

图3-83　φ609mm规格矩形钢板式活络头有限元法与解析法对比

解析法计算的活络头承载能力随偏心距增大而减小,尤其在偏心距较小阶段,趋势愈加明显;有限元法计算中总体趋势是随偏心距增大而减小,但受偏心距影响不如解析法计算明显。在偏心距较小阶段,随偏心距增大活络头承载能力略有增加,随后逐渐减小。当偏心距为 8~20cm 时,有限元计算结果略小于解析法结果,但均大于 2300kN;当偏心距大于 20cm 时,有限元计算结果大于解析法计算结果,但差别不大。

(4) 与双拼 28a 槽钢活络头有限元计算对比

ϕ609mm 规格矩形钢板式活络头与双拼 28a 槽钢活络头的有限元计算结果对比如图 3-84 所示。

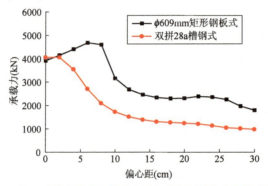

图 3-84　ϕ609mm 规格矩形钢板式与双拼 28a 槽钢活络头的有限元计算对比

从图 3-84 可以看出,ϕ609mm 规格矩形钢板式活络头的承载能力-偏心距曲线均在双拼 28a 槽钢活络头上方,即 ϕ609mm 规格矩形钢板式活络头的承载能力高于双拼 28a 槽钢活络头的承载能力,提高比例大部分处于 70%~100%,相对更加安全。

(5) 破坏模式分析

ϕ609mm 规格矩形钢板式活络头破坏形式与双拼 28a 槽钢活络头破坏形式有差别。当偏心距较小时(小于 8cm),矩形钢板式活络头由于方形套管被挤压变形,达到屈服应力而破坏(图 3-85);当偏心距达 10cm 后,活络头活动插板受弯达到屈服应力而破坏(图 3-86)。

结合偏心距较小时不同方向应力图(图 3-87),x 方向方形套管局部有少许拉应力;y 向基本无应力;z 向支撑板和方形套管有较大压应力,说明偏心距较小时(小于 8cm),由支撑板传力给方形套管,方形套管受挤压变形而屈服破坏。

由偏心距较大时不同方向应力云图(图 3-88)可知,偏心距较大时(大于 10cm),方形套管 x、y 方向有很小的应力,z 方向有一定应力,但并未达到屈服应力。活络头 x、y 方向应力很小,可忽略,z 方向活络头活动插板类似,左侧拉应力达到屈服强度,右侧压应力达到屈服强度。可见活络头两片活动插板独自承受一定的弯矩作用,并且不是协调共同作用,活动插板的整体承受弯矩能力决定了活络头的整体承载能力。

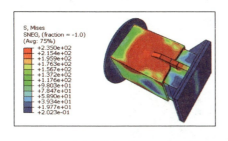

图 3-85　偏心距较小时的 Mises 应力图　　图 3-86　偏心距较大时的 Mises 应力图

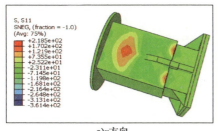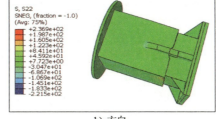

a)x 方向　　　　　　　　　　　　　　b)y 方向

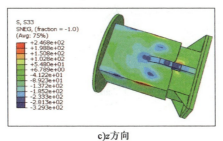

c)z 方向

图 3-87　偏心距较小时的 x、y、z 向应力图(单位:MPa)

2)ϕ800mm 规格矩形钢板式活络头有限元分析

(1)模型建立

ϕ800mm 规格矩形钢板式活络头模型建立过程与双拼 40c 槽钢活络头类似,其参数选取、边界荷载条件确定及工况一样,不同的是截面形状不同,网格划分方式类似。

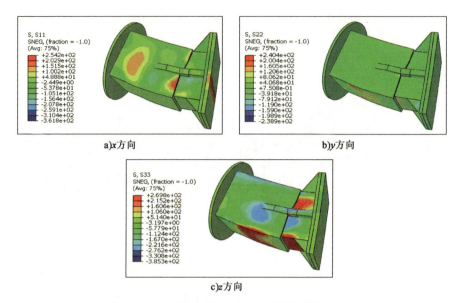

图 3-88　偏心距较大时的 x、y、z 向应力图（单位：MPa）

(2) 计算结果分析

根据数值模拟结果，不同偏心距与不同超伸长度下的承载能力结果如图 3-89 所示。

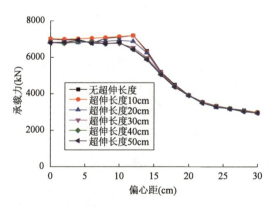

图 3-89　ϕ800mm 规格矩形钢板式活络头有限元模拟计算的承载能力

从图 3-89 可以看出，不同超伸长度下的承载能力随偏心距变化规律类似，且结果相差不大。轴心作用下，活络头承载能力约为 6900kN，偏心距为 0~12cm 时，承载能力呈略上升趋势，且随偏心距增大而略增大。偏心距达 12cm 后，随偏心距的增大承载能力大幅减小，当偏心达 22cm 时，曲线趋于平缓，表明承载能力随偏心距影响不大，承载能力仍为 3000kN 左右。

(3)有限元模拟与理论计算对比分析

类似双拼槽钢40c活络头,取超伸长度为10cm,有限元计算与理论计算对比如图3-90所示。

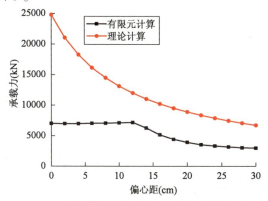

图3-90 ϕ800mm规格矩形钢板式活络头有限元计算与理论计算对比

由图3-90可知,理论计算均大于有限元计算结果,且有限元结果非常小,究其原因,主要是理论计算假设的破坏是伸缩板外侧部分结构破坏,而根据模型分析结果,是由于套管内挡板带动整个方形管屈服,从而整体破坏,导致结果很小。

(4)与双拼40c槽钢活络头有限元计算对比

ϕ800mm规格矩形钢板式活络头与双拼40c槽钢活络头的有限元模拟结果对比如图3-91所示。

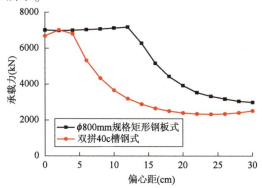

图3-91 ϕ800mm规格矩形钢板式活络头与双拼40c槽钢活络头的有限元模拟对比

根据图3-91,矩形钢板式活络头承载能力曲线均位于双拼槽钢式活络头之上,在偏心距小于4cm时,两者承载能力几乎相同;之后随着偏心距增大,两者呈现显著区别,双拼槽钢式规格活络头随着偏心距增大承载能力显著降低,偏心距达20cm后趋于稳定,约为2200kN;而矩形钢板式活络头则在偏心距小于12cm时承载能力保持稳定,之后随偏心距增大而减小,偏心距达到

24cm 后趋势变缓，矩形钢板式活络头承载能力相比双拼槽钢式活络头最大达225%。通过上述分析可知，矩形钢板式活络头相比双拼槽钢式活络头不但承载能力提高，而且抵御发生偏心工况的能力更强。

(5) 破坏模式分析

$\phi 800$mm 规格矩形钢板式活络头的破坏形式与双拼 40c 槽钢活络头的破坏形式有差别。当偏心距较小时(小于 12cm)，活络头由于方形管被挤压变形，达到屈服应力而破坏(图 3-92)。当偏心距达到 12cm 后，活络头由于本身受弯达到屈服应力而破坏，即整体呈受弯破坏，分析结论与 $\phi 609$mm 规格活络头类似(图 3-93)。

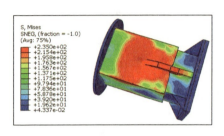

图 3-92　偏心距较小时的 Mises 应力图
(单位：MPa)

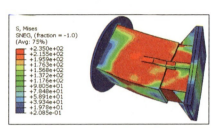

图 3-93　偏心距较大时的 Mises 应力图
(单位：MPa)

3.7　本章小结

钢支撑的破坏实质上是轴力作用下支护体系力学状态演化问题的一个分支，可归类为钢支撑系统的承载机理问题，是基坑变形控制的关键技术问题之一。把钢支撑看做多个构件组成的系统，本章基于不同规格、不同工况、不同计算方法，揭示了钢支撑系统的极限承载机理，并依据"节点强于构件"的原则对既有的钢支撑节点构造进行了优化设计。主要结论如下：

(1) 钢支撑系统由钢管管节、螺栓、活络头等串联组成，由抱箍、系梁决定其力学边界条件，系统的最大承载能力取决于每个串联构件承载能力的最小值。

(2) 钢支撑管节作为偏心压弯构件，不同计算方法得到的极限承载能力有所不同，解析法结果比较保守，梁单元法结果偏高，精细化数值分析方法结果适中，因此从偏于安全角度可以采用解析法作为承载能力的计算方法。管节的极限承载能力随偏心距的增加而减小，在偏心距较小时这一趋势尤为明显。相同条件下，$\phi 609$mm 钢支撑管节极限承载能力远低于 $\phi 800$mm 规格。系梁及抱箍的设置对提升钢支撑管节的极限承载能力至关重要，但系梁设置在跨中或三分点位置时影响不大。

（3）螺栓强度与钢支撑管节的极限承载能力密切相关，对于 $\phi 609$mm 钢支撑，10.9 级螺栓基本能够满足需要，但对于 $\phi 800$mm 钢支撑，10.9 级螺栓无法充分发挥钢管管节的承载能力，应采用 12.9 级螺栓予以匹配。

（4）活络头的承载能力主要取决于偏心距，与伸出长度无关，这为钢支撑的精细化匹配奠定了理论基础，即通过适当加大伸出长度来确保楔块完全插入活络头截面内，这对于控制钢支撑的轴力损失具有重要意义。

（5）双拼槽钢式活络头水平抗弯刚度较竖向抗弯刚度小，破坏模式主要为侧向弯曲破坏，其极限承载能力低于管节承载能力，不能充分发挥钢管的优势。

（6）采用钢板焊接而成的矩形钢板式活络头，其承载能力高于双拼槽钢组成的活络头，在同等偏心距下其承载能力高于钢管管节，当支撑所受轴力较大时安全性高，值得推广。

（7）矩形钢板式活络头在小偏心距下表现为构件的局部压缩破坏，在大偏心距下表现为整体失稳破坏。

（8）规格一定的钢支撑其极限承载能力主要取决于偏心距和约束情况，在偏心距一定时，抱箍的约束作用直接决定了钢支撑的极限承载能力。

（9）抱箍的作用在于减少支撑偏心受压状态下的计算长度、提高构件的承载能力，但是抱箍能否发挥约束效果取决于抱箍自身的强度与刚度，即不同规格的抱箍对钢支撑的约束效果不同。因此在计算支撑的极限承载能力时必须明确约束点对应的具体构造设计，以便切实发挥其作用。

（10）管节是整个钢支撑系统的主要组成部分，成本较高，其他构件属于配件部分，成本相对较小。从经济性出发，应当以钢支撑管节的承载能力为基础，选取与管节承载能力相适应的构件来组成钢支撑系统，即钢支撑系统的设计应遵循"节点强于构件"原则。

表 3-28 ~ 表 3-37 给出了采用解析法和有限元法计算时，最大偏心距下极限承载能力计算结果。

解析法 + 抱箍位于跨中 + 采用双拼槽钢式活络头
（活络头控制设计）（单位：kN） 表 3-28

钢支撑规格	$\phi 609$mm-20m	$\phi 609$mm-25m	$\phi 800$mm-20m	$\phi 800$mm-25m
钢管	1732	1572	3038	2859
螺栓（10.9 级）	1538	1538	2382	2382
双拼槽钢式活络头	499	499	1237	1237
最大承载能力	499	499	1237	1237

解析法 + 抱箍位于跨中 + 采用矩形钢板式活络头
（10.9 级螺栓控制设计）（单位：kN）　　　　表 3-29

钢支撑规格	φ609mm-20m	φ609mm-25m	φ800mm-20m	φ800mm-25m
钢管	1732	1572	3038	2859
螺栓（10.9 级）	1538	1538	2382	2382
矩形钢板式活络头	1638	1638	5476	5476
最大承载能力	1538	1538	2382	2382

解析法 + 12.9 级螺栓 + 抱箍位于跨中 + 矩形钢板式活络头
（钢管或活络头控制设计）（单位：kN）　　　　表 3-30

钢支撑规格	φ609mm-20m	φ609mm-25m	φ800mm-20m	φ800mm-25m
钢管	1732	1572	3038	2859
螺栓（12.9 级）	1976	1976	3174	3174
矩形钢板式活络头	1638	1638	5476	5476
最大承载能力	1638	1572	3038	2859

解析法 + 抱箍位于三分点 + 采用双拼槽钢式活络头
（活络头控制设计）（单位：kN）　　　　表 3-31

钢支撑规格	φ609mm-20m	φ609mm-25m	φ800mm-20m	φ800mm-25m
钢管	1513	870	2793	2499
螺栓（10.9 级）	1538	1538	2382	2382
双拼槽钢式活络头	499	499	1237	1237
最大承载能力	499	499	1237	1237

解析法 + 抱箍位于三分点 + 采用矩形钢板式活络头
（10.9 级螺栓或钢管控制设计）（单位：kN）　　　　表 3-32

钢支撑规格	φ609mm-20m	φ609mm-25m	φ800mm-20m	φ800mm-25m
钢管	1513	870	2793	2499
螺栓（10.9 级）	1538	1538	2382	2382
矩形钢板式活络头	1638	1638	5476	5476
最大承载能力	1513	870	2382	2382

解析法+12.9级螺栓+抱箍位于三分点+采用矩形钢板式活络头

（钢管控制设计）（单位：kN）　　　　　　　　表 3-33

钢支撑规格	φ609mm-20m	φ609mm-25m	φ800mm-20m	φ800mm-25m
钢管	1513	870	2793	2499
螺栓（12.9级）	1976	1976	3174	3174
矩形钢板式活络头	1638	1638	5476	5476
最大承载能力	1513	870	2793	2499

有限元法+抱箍位于跨中+采用双拼槽钢式活络头

（活络头控制设计）（单位：kN）　　　　　　　　表 3-34

钢支撑规格	φ609mm-20m	φ609mm-25m	φ800mm-20m	φ800mm-25m
钢管	2710	2410	4960	4780
螺栓（10.9级）	2360	2080	4460	3920
双拼槽钢式活络头	1182	1182	2229	2229
最大承载能力	1182	1182	2229	2229

有限元法+抱箍位于跨中+采用矩形钢板式活络头

（活络头控制设计）（单位：kN）　　　　　　　　表 3-35

钢支撑规格	φ609mm-20m	φ609mm-25m	φ800mm-20m	φ800mm-25m
钢管	2710	2410	4960	4780
螺栓（10.9级）	2360	2080	4460	3920
矩形钢板式活络头	1798	1798	2969	2969
最大承载能力	1798	1798	2969	2969

有限元法+抱箍位于三分点+双拼槽钢式活络头

（活络头控制设计）（单位：kN）　　　　　　　　表 3-36

钢支撑规格	φ609mm-20m	φ609mm-25m	φ800mm-20m	φ800mm-25m
钢管	2480	2280	4560	4440
螺栓（10.9级）	2100	1980	4240	3880
双拼槽钢式活络头	1182	1182	2229	2229
最大承载能力	1182	1182	2229	2229

有限元法 + 抱箍位于三分点 + 采用矩形钢板式活络头
（活络头控制设计）（单位：kN）　　　　表 3-37

钢支撑规格	ϕ609mm-20m	ϕ609mm-25m	ϕ800mm-20m	ϕ800mm-25m
钢管	2480	2280	4560	4440
螺栓（10.9 级）	2100	1980	4240	3880
矩形钢板式活络头	1798	1798	2969	2969
最大承载能力	1798	1798	2969	2969

由解析法结果可知，目前的双拼槽钢式活络头和 10.9 级螺栓的承载能力均低于管节，这些节点极易先于管节构件发生破坏，不能充分发挥构件的能力而造成浪费。而矩形钢板式活络头和 12.9 级螺栓的承载能力高于钢管管节，符合强节点弱构件的设计原则，值得在基坑工程中推广应用。

第 4 章
CHAPTER 4

软土长条形基坑围护结构侧向变形的主动控制

4.1 关键技术问题及解决方案

在软土地层中,基坑施工往往会引起极强的环境效应,导致邻近建(构)筑物产生不均匀沉降甚至开裂破坏,影响正常运营和使用。为此以刘建航院士为代表的广大学者提出了基坑工程的"时空效应"理论,有效地控制了基坑变形对周边环境的影响,极大地推动了软土基坑的发展。但随着社会的发展,传统的软土基坑施工技术越来越难以满足更加严苛的环境保护要求。为减少轴力损失对侧向变形的影响,研制了轴力伺服(补偿)系统来补偿损失的轴力,从而实现了轴力的主动控制。但是轴力伺服(补偿)系统控制的目标是支撑轴力而不是变形,因此在应用轴力伺服系统的案例中变形控制效果时好时坏,未能充分发挥出轴力伺服系统的优势。这就涉及到轴力作用下基坑力学场的演化问题,其中围护结构的侧向变形作为基坑力学场的一部分,是引发坑外地层位移、周边建(构)筑物以及管线变形的主要原因,因此轴力作用下围护结构力学状态的演化规律及其控制方法,是基坑力学场演化问题研究的核心。

4.1.1 关键技术问题

为实现轴力对变形的主动控制,除了需要解决理论计算中的土体参数、本构模型、外荷载、计算方法等理论与实践的差异性问题外,还需要解决以下问题:

(1)二维计算理论与三维施工方法的差异性

对于长条形基坑,设计时一般基于平面应变的假定把三维基坑简化为二维基坑,在二维模型下进行设计。根据平面应变假定,二维模型中的一道支撑轴力对应三维模型中该道支撑所有轴力同步施加到围护结构上,如图4-1所示,N为同步施加的钢支撑轴力值。但在长条形基坑中一般采用分块挖土、分块加撑的工艺,通过逐根施加的方法对若干根支撑施加轴力或复加轴力,如图4-2所示,$N_1 \sim N_{10}$为依次随挖随撑的钢支撑轴力值。只有当土体满足线弹性、小应变的条件且轴力无损失时,分次施加与整体施加支撑轴力对应的结果才一致,否则分次施加工况下,已施加的钢支撑轴力会受多种因素影响而产生轴力损失,导致理论计算与实践不相符。

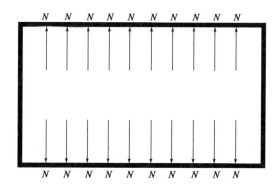

图4-1　支撑同步施加示意图
注:N为同步施加恒定轴力值。

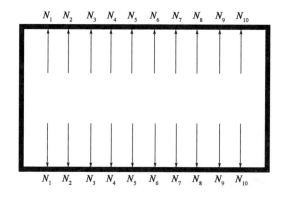

图4-2　随挖随撑示意图
注:$N_1 \sim N_{10}$为依次施加的可变轴力值。

(2)轴力与变形的对应性

由于支撑轴力受各方面因素影响,导致支撑中的有效轴力难以准确计量,因此在传统的基坑设计中,基于围护结构强度控制获得的轴力值与围护结构侧向变形之间没有必然关系,一般不考虑轴力对侧向变形的约束作用,仅把支撑预加轴力作为一项控制措施使用,预加轴力取整个开挖过程中钢支撑轴力包络效应最大值的 0.5~0.8 倍。

(3) 软土流变的不可控性

在软土长条形深基坑中,土体的流变特性对基坑变形有着重要影响,而且难以精确计算与控制,这是软土基坑施工控制的主要难题。分析表明,软土流变与其应力水平有关,应力水平越高流变越大,同时流变具有方向性,流变变形与土体受荷载方向相一致。由于支撑轴力与坑内被动区土体共同承担着坑内外的荷载差,在工况一定的情况下,支撑轴力越大、坑内被动区土体所承受的荷载就越小,相应的土体应力水平就越低,流变变形就越小;当支撑轴力足够大以至于超过作用于围护结构上的坑外荷载时,围护结构就会产生向坑外的变形和流变。

(4) 轴力控制方法的单一性

目前轴力伺服系统一般采用单一目标法来控制轴力,即施工前为每道支撑设定一个轴力控制目标与容许偏差范围,当监测到轴力变化超过容许偏差时调整支撑轴力,使得支撑轴力在整个基坑施工过程中维持不变。当理论计算模型与基坑的实际状态相一致时,根据理论计算得到的各道支撑轴力的目标值可以作为控制值,这时单一目标法是可行的。但是考虑到基坑的复杂性以及众多的影响因素,基坑的力学模型很难与实际状态相一致,甚至计算结果与实测结果有较大的差异,单一目标法难以满足围护结构侧向变形的主动控制需要。

4.1.2 解决方案

轴力伺服系统实现了支撑轴力的施加方式多样化,可以根据需要对任意数量的支撑实时施加轴力,且轴力保持不变,实现了二维计算理论与三维施工实践的统一,为基坑变形的主动控制奠定了硬件基础。通过在支撑上设置轴力伺服系统,使用大吨位千斤顶根据需要输出足够大的支撑轴力,使得围护结构在支撑轴力作用下向坑外产生的变形可以部分抵消甚至完全抵消流变产生的坑内变形,从而实现对流变和变形的有效控制。这种运用轴力伺服系统来控制围护结构侧向变形的过程即为基坑施工控制的具体体现,是变形主动控制解决方案的核心。

基坑设计以支护结构的安全为主要目标,一般采用基于围护结构荷载平衡的强度控制设计方法,不考虑轴力对围护结构侧向变形的影响,使得在基坑设计中确定的轴力值与围护结构侧向变形之间没有必然关系。变形控制与设计的侧重点有所不同,变形控制是以既有设计为蓝本,在模型数据与实践数据尽可能一致的基础上,基于精细化的施工过程动态模拟,综合运用分析与监测等手段,力求理论分析与实践结果的一致性。这就要求建立支撑轴力与围护结构侧向变形的对应关系,采用以围护结构变形控制为主、内力控制为辅的理论分析方法,实现精细化的变形控制。

在此基础上,通过研究轴力作用下围护结构力学状态的演化机理,形成一套基坑围护结构侧向变形的主动控制技术,实现伺服系统由支撑轴力的主动控制向围护结构变形的主动控制转变。

4.2 主动控制理论

尽管轴力伺服系统可根据保护对象的变形控制要求进行调控,但是我们应该看到影响围护结构侧向变形的因素很多,轴力仅仅是其中一个方面,单纯的轴力控制并不能完全解决围护结构侧向变形的控制,应当结合轴力伺服系统的优势,综合考虑各方面的因素建立全面基坑围护结构侧向变形控制理念。

4.2.1 主动控制理念

由于围护结构的侧向变形控制目标往往取决于周边环境对地层变形的适应能力,过于严苛的变形控制指标会对支撑轴力的控制要求提高,而钢支撑作为压杆稳定结构,其轴力大小是有限值的,过大的轴力会带来支撑失稳的风险,不利于基坑的安全。因此应当科学审慎地确定基坑周边的环境保护要求,确定合理的围护结构侧向变形控制指标和支撑轴力控制指标。

钢支撑采用轴力伺服系统时侧向变形控制效果较好,但系统安全性低于混凝土支撑,而混凝土支撑虽然安全性好,但其施工期间的无支撑暴露时间长,同时作为刚性约束点,不能进行轴力调整,不能与相邻支撑形成协同加载,侧向变形控制效果差。因此钢支撑与混凝土支撑的设置对于基坑安全与变形控制而言是一对矛盾,需要统筹系统安全与变形控制来确定二者的设置方式。另外,当围护结构处于长时间的无支撑暴露状态时,软土的流变特性会导致围护结构产生显著的变形。因此"时空效应"仍然是软土围护结构侧向变形控制的核心,是其主要控制手段,轴力伺服系统是在"时空效应"的基础上进一步提升变形控制的效果,是辅助手段,二者主次不可颠倒。

因此综合考虑各方面的因素,基坑围护结构侧向变形的主动控制理念是围护结构变形与支撑轴力双控、钢-混凝土支撑受力协调、环境保护与基坑安全并重、"时空效应"与伺服应用主辅分明。

4.2.2 主动控制原理

1) 连续介质固体力学基本方程

岩土工程作为可变形固体,其受到外荷载、温度变化及边界约束变动等作用时力学状态的研究,属于弹塑性力学的研究范畴。岩土中任意一点的应力和应变关系一般满足以下方程:

(1) 平衡方程(最基本的方程)

当外部荷载变化时单元的应力变化应满足平衡方程,见式(4-1),平衡方程对于任何力学都是必须满足的条件。单元体空间应力状态示意图如图 4-3 所示。

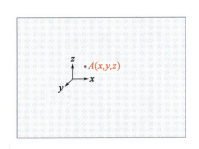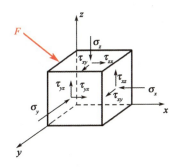

图 4-3 单元体空间应力状态示意图

$$\begin{cases} \dfrac{\partial \sigma_x}{\partial x} + \dfrac{\partial \tau_{xy}}{\partial y} + \dfrac{\partial \tau_{xz}}{\partial z} + F_x = 0 \\ \dfrac{\partial \tau_{yx}}{\partial x} + \dfrac{\partial \sigma_y}{\partial y} + \dfrac{\partial \tau_{yz}}{\partial z} + F_y = 0 \\ \dfrac{\partial \tau_{zx}}{\partial x} + \dfrac{\partial \tau_{zy}}{\partial y} + \dfrac{\partial \sigma_z}{\partial z} + F_z = 0 \end{cases} \quad (4\text{-}1)$$

(2) 几何方程(应变与变形的关系)

当外部荷载变化时,单元产生变形,变形与单元原尺度的比值为正应变,形状的变化称为剪应变,应变变化应满足几何方程,见式(4-2)。

$$\begin{cases} u = u(x,y,z) \\ v = v(x,y,z) \\ w = w(x,y,z) \end{cases} \begin{cases} \varepsilon_x = \dfrac{\partial u}{\partial x} \\ \varepsilon_y = \dfrac{\partial v}{\partial y} \\ \varepsilon_z = \dfrac{\partial w}{\partial z} \end{cases} \begin{cases} \gamma_{xy} = \dfrac{\partial u}{\partial y} + \dfrac{\partial v}{\partial x} \\ \gamma_{yz} = \dfrac{\partial v}{\partial z} + \dfrac{\partial w}{\partial y} \\ \gamma_{zx} = \dfrac{\partial w}{\partial x} + \dfrac{\partial u}{\partial z} \end{cases} \quad (4\text{-}2)$$

(3) 物理方程

将应力和应变都写成向量形式,则物理方程为(向量与矩阵的表示方法):

$$\{\sigma\} = [D]\{\varepsilon\} \quad \{\varepsilon\} = [D]^{-1}\{\sigma\} \tag{4-3}$$

对于任一分量,有以下几种假定的应力-应变关系,如图4-4所示。

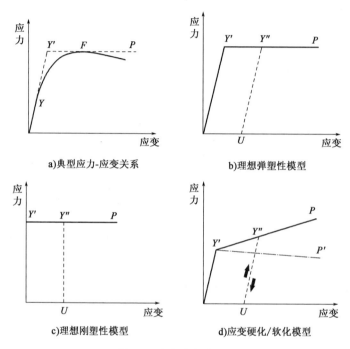

图 4-4 应力-应变关系图

(4) 破坏准则

在外部荷载施加后,单元体产生的各应力之间必须满足一定的关系,即有的应力组合是可能的,有的应力组合是不可能存在的,这与材料的特性有关系。应力只可能在某区域内变化。以土的抗剪强度(莫尔圆、强度线为界)为例,如图4-5所示,图中σ_1、σ_2分别为最大主应力和最小主应力。

(5) 变形协调方程

在研究物体变形时,一般取一个平行六面体进行分析,物体在变形时,各相邻的小单元不能是互相无关的,必然是相互有联系的,因此认为物体在变形前是连续的,变形后仍然是连续的,连续物体应变之间关系的数学表达式即"应变协调方程",见式(4-4),即表征一点应变状态的六个独立应变分量彼此间是不能相互独立的,应满足一定的条件。

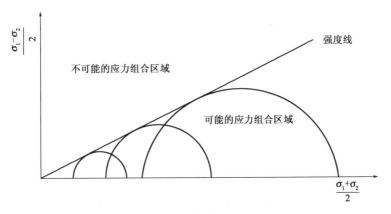

图 4-5　土体破坏准则

$$\begin{cases} \dfrac{\partial^2 \varepsilon_x}{\partial y^2} + \dfrac{\partial^2 \varepsilon_y}{\partial x^2} = \dfrac{\partial^2 \gamma_{xy}}{\partial x \partial y} \\[6pt] \dfrac{\partial^2 \varepsilon_y}{\partial z^2} + \dfrac{\partial^2 \varepsilon_z}{\partial y^2} = \dfrac{\partial^2 \gamma_{yz}}{\partial y \partial z} \\[6pt] \dfrac{\partial^2 \varepsilon_z}{\partial x^2} + \dfrac{\partial^2 \varepsilon_x}{\partial z^2} = \dfrac{\partial^2 \gamma_{zx}}{\partial z \partial x} \\[6pt] \dfrac{\partial}{\partial x}\left(\dfrac{\partial \gamma_{zx}}{\partial y} + \dfrac{\partial \gamma_{xy}}{\partial z} - \dfrac{\partial \gamma_{yz}}{\partial x} \right) = 2\dfrac{\partial^2 \varepsilon_x}{\partial y \partial z} \\[6pt] \dfrac{\partial}{\partial y}\left(\dfrac{\partial \gamma_{xy}}{\partial z} + \dfrac{\partial \gamma_{yz}}{\partial x} - \dfrac{\partial \gamma_{zx}}{\partial y} \right) = 2\dfrac{\partial^2 \varepsilon_y}{\partial z \partial x} \\[6pt] \dfrac{\partial}{\partial z}\left(\dfrac{\partial \gamma_{yx}}{\partial x} + \dfrac{\partial \gamma_{zx}}{\partial y} - \dfrac{\partial \gamma_{xy}}{\partial z} \right) = 2\dfrac{\partial^2 \varepsilon_z}{\partial x \partial y} \end{cases} \quad (4\text{-}4)$$

2) 基于变形协调方程的连续体影响性

方程意义的几何解释为:如将物体分割成无数个微分平行六面体,并使每一个微元体发生变形。这时如果表示微元体变形的六个应变分量不满足一定的关系,则在物体变形后,微元体之间就会出现"撕裂"或"套叠"等现象,从而破坏变形后物体的整体性和连续性。为使变形后的微元体能重新拼合成连续体,则应变分量就要满足一定的关系,这个关系就是应变协调方程。因此说,应变分量满足应变协调方程,是保证物体连续的一个必要条件。

其物理意义为:要保证不违反连续性假设,构成物体的介质在变形前后是连续的,并且物体内每一点的位移必定是确定的,即同一点不会产生两个或两个以上的位移。这就是说,相邻点发生微小位移后,仍为相邻点,否则物体在变形后将出现间隙或重叠现象。为满足介质变形的连续性,要求介质自身调整内力的分配使得变形满足连续的同时内力满足平衡条件,介质内力重分布一般通过调节自身变形将内力传递给相邻介质,让体系中的冗余介质能够参与整个体系的工作,如图4-6所示。

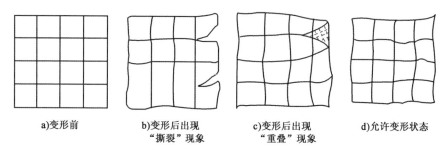

a)变形前　　b)变形后出现　　c)变形后出现　　d)允许变形状态
　　　　　　　"撕裂"现象　　　"重叠"现象

图4-6　变形协调方程物理意义示意图

因此对于连续体系,根据变形协调方程,某些构件力学参数的调整必然会影响到其他构件的力学参数以满足介质变形的连续性,即变形协调方程体现了连续体的影响性。由于连续体变形协调方程具有普适性,这种影响性同样适用于满足连续性假设的软土深基坑工程,是围护结构侧向变形的主动控制原理。

3) 连续体变形协调方程在基坑变形主动控制中的应用

基坑支撑围护体系的力学参数主要有支撑轴力、围护结构的弯矩与剪力、围护结构的变形、坑内外土体力学场等,但在基坑施工过程中能够主动改变的力学参数只有支撑轴力,因此连续体变形协调方程在基坑变形主动控制中的应用主要体现在四个方面:一是支撑轴力对围护结构弯矩 M、剪力 N 的影响,称之为轴力-内力影响性;二是轴力相干性,即支撑轴力的改变不仅影响围护结构变形,同时还影响其他支撑的轴力,这种影响称之为轴力相干性;三是支撑轴力的调整会改变围护结构的变形(f 为开挖卸荷产生的变形),即轴力对围护结构变形的影响,称之为轴力-变形影响性;四是支撑轴力对坑内土体流变的影响(f_r 为流变产生的变形),由于坑内土体与支撑共同平衡着坑外荷载,支撑轴力的改变必然会影响坑内土体的应力水平,而坑内土体的应力水平又与坑内土体的流变大小有关,称之为轴力-流变影响性。轴力对支护体系力学参数的影响可用轴力影响性方程表达,即 $K_{i,j} = \psi_i(x_j)$ $(i=1\cdots m, j=1\cdots n)$,式中 x_j 表示第 j 个主动轴力,ψ_i 为 x_j 对第 i 个力学参数的影响函数,$K_{i,j}$ 表示 x_j 对支护体系第 i 个力学参数的影响值,其中,力学参数可以是支护体系中除 x_j

之外的任意构件的弯矩 M、剪力 N、变形 f、流变 f_τ 和支撑轴力 F。由于基坑支护体系为多次超静定结构,方程可通过有限单元法求解。

轴力影响性原理图如图 4-7 所示。

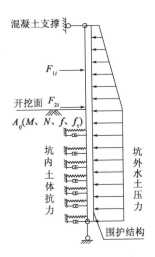

图 4-7　轴力影响性原理图

轴力-变形影响性、轴力相干性、轴力-流变影响性、轴力-内力影响性是连续体变形协调方程在围护结构侧向变形主动控制中的四大应用。

4.2.3　主动控制方法

在基坑施工过程中,围护结构上的荷载是逐步施加的,其间有围护结构侧向变形、土体流变、边界约束增减、体系转换等过程,前期结构的内力和变形,直接影响后期结构乃至竣工后结构的力学性能,这就需要对整个过程进行主动控制。

坑内土体开挖后产生的坑内外荷载差是围护结构产生侧向变形的原因,而荷载差又是由坑外荷载(坑外水土压力和其他荷载)、坑内土体抗力以及支撑轴力的不均衡共同作用所产生,其中除了坑内土体所提供的抗力是被动承受外,传统工艺下支撑轴力也是被动地承受坑外荷载,这种支撑轴力可称之为被动轴力。在应用轴力伺服系统后,支撑不再是单纯的被动受力,而是能够主动、实时调整轴力,这种轴力称之为主动轴力,是实现围护结构侧向变形控制的主要手段。

因此,围护结构侧向变形的主动控制方法就是运用现代控制理论和数值仿真技术,利用轴力影响性方程 $K_{i,j} = \psi_i(x_j)$ 求解获得主动轴力 x_j,通过施加

主动轴力 x_j 使结构的实际状态趋于理想状态,同时确保支撑轴力 F、围护结构内力(弯矩 M、剪力 N)处于安全范围内($F \leq [F]$,$M \leq [M]$,$N \leq [N]$),即变形(围护结构侧向变形 f、流变变形 f_τ)、轴力、内力的"三控",如图4-8所示。

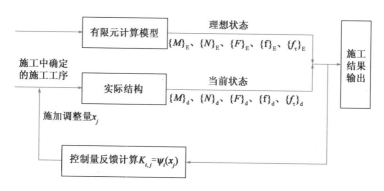

图 4-8　主动控制流程图

以基坑的某层土方开挖为例,比如根据计算值与实测值进行对比,发现实际值偏大,这时根据连续体的变形协调方程,如果要控制某个点的变形,可以对一道或几道的支撑轴力进行调整,从而影响该点的变形,达到控制要求。

如图4-9所示,基坑第二道钢支撑架设后,若第二道钢支撑深度处围护结构侧向变形 f 超过了分层控制值,则将第二道钢支撑轴力 F_2 增加至 F'_2,随之第二道钢支撑深度处围护结构侧向变形减小至 f',达到分层控制目标,此过程中应控制支撑轴力 $F'_2 \leq [F']$,围护结构内力 $M \leq [M]$、$N \leq [N]$。随着基坑的继续往下开挖,架设第三道钢支撑,若第三道钢支撑深度处围护结构侧向变形 f 超过了分层控制值,则将第三道钢支撑轴力 F_3 增加至 F'_3,则第三道钢支撑深度处围护结构侧向变形减小至 f'',达到分层控制目标,此过程也应根据"三控法"使得支撑轴力和围护结构内力满足结构自身安全要求。

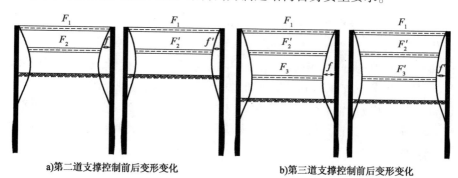

a) 第二道支撑控制前后变形变化　　　　b) 第三道支撑控制前后变形变化

图 4-9　围护结构侧向变形主动控制过程示意图

4.2.4 基于影响矩阵法的主动控制计算方法

根据连续体变形协调方程,当主动改变某道支撑轴力时,如 N_3 变为 N'_3 后,结构体系其他部分的力学状态也将发生变化(图 4-10)。

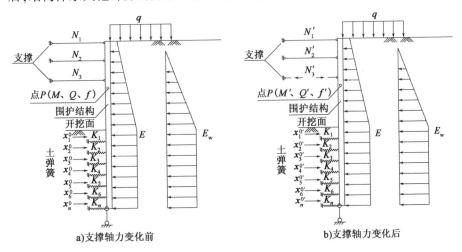

图 4-10 基坑围护结构的影响矩阵法计算模型

注:q 为地面超载;E 为坑外土压力;E_w 为坑外水压力;N_i 为钢支撑轴力;点 P 为围护结构上任一点;M、Q、f 分别为 P 点处的弯矩、剪力与变形;x_i^0 为坑内土压力。

对于线弹性体,根据轴力影响性方程 $K_{i,j} = \psi_i(x_j)$,主动轴力 x_j 可以利用影响矩阵法进行精确求解。其中,施调向量为支撑轴力 x_j,受调向量可以为支撑轴力、围护结构关心截面处的内力或位移(弯矩 M、剪力 N、变形 f、流变 f_τ 和支撑轴力 F)。令 $\{F\}_d$ 为当前各支撑的轴力,K 为影响矩阵,$K_{i,j}$ 为单位轴力作用时的影响值,即 $K_{i,j} = \psi_i(x_j$ 为单位力$)$;$\{X\}$ 为各支撑需施加的荷载,该荷载与各支撑已有的内力之和即为轴力施加控制值;$\{F\}_E$ 为理想状态(设计要求)的各支撑轴力,则有 $\{F\}_d + K\{X\} = \{F\}_E$。当结构状态处于非线性时,可通过对线弹性状态的迭代来实现非线性问题的求解。当可调整的轴力数量 n 等于目标求解量 m 时,上述关系式通过联立方程组可直接根据目标值求解出轴力值;当可调整的轴力数量 n 大于目标求解量 m 时,可通过引入约束条件将方程组归结为优化问题求解。

(1)影响矩阵法的基本概念

影响矩阵法需确定的矩阵为受调向量、施调向量和影响向量,其定义如下:

①受调向量:结构物中关心截面上 m 个独立元素所组成的列向量,这些元素一般由构件中的截面内力或位移(弯矩 M、剪力 N、变形 f、流变 f_τ 和支撑轴力 F)组成,它们在调值过程中接受调整,以期达到某种期望状态,受调向量记为:

$$D = (d_1, d_2, \cdots, d_m)^T \tag{4-5}$$

②施调向量:结构物中指定可实施调整以改变受调向量的 $l(l \leq m)$ 独立元素所组成的列向量,记为:

$$X = (x_1, x_2, \cdots, x_l)^T \tag{4-6}$$

③影响向量:施调向量中第 j 个元素 x_j 发生单位变化,引起受调向量 D 的变化向量,记为:

$$K_{i,j} = \psi_i(x_j) = (k_{1j}, k_{2j}, \cdots, k_{mj})^T \tag{4-7}$$

④影响矩阵:l 个施调向量分别发生单位变化,引起的 l 个影响向量依次排列形成的矩阵,记为:

$$[K] = [K_1 K_2 \cdots K_l] = \begin{bmatrix} k_{11} & \cdots & k_{1l} \\ \cdots & \cdots & \cdots \\ k_{m1} & \cdots & k_{ml} \end{bmatrix} \tag{4-8}$$

在影响矩阵中,元素可能是内力、位移等力学量中的一个,影响矩阵是这些力学量混合组成的。设结构中 n 个关心截面上期望的内力、位移组成的向量为 $\{E\}$,关心截面中现有相应向量为 $\{F\}_d$,调值计算就是通过改变 n 个施调元的力学量,使结构状态在关心截面处达到 $\{E\}$。此时,结构受调向量为:$\{D\} = \{E\} - \{F\}_d$。当结构满足线性叠加时,有:$[K]\{X\} = \{D\}$。对于线性结构,影响矩阵法计算精度较高。

而土弹簧的存在使得上述模型属于状态非线性,为了求解非线性结构,影响矩阵可通过迭代技术来获得精确的计算结果,迭代计算步骤如下:

①首先按线性结构进行第一次计算,根据 K 求得被调向量 $\{X\}_0$。

②将 $\{X\}_0$ 作用在结构上进行正装计算,求得 $\{X\}_0$ 作用下的期望值 $\{E\}_0$,从而计算出调整差值向量 $\{\Delta E\} = \{E\} - \{E\}_0$。

③以②中形成的结构为基础,计算新的影响矩阵 K,以 $\{\Delta E\}$ 作为调值向量,由 $[K]\{\Delta X\} = \{\Delta E\}$ 求得 $\{\Delta X\}$。

④令 $\{X\}_0 = \{X\}_0 + \{\Delta X\}$,重复②~③的计算,当 $\{\Delta E\}$ 小于指定误差 ε

时$\{X\}_0$就是实际被调向量$\{X\}$的近似解。

（2）影响矩阵法在基坑轴力调整与变形控制中的应用

在基坑工程中，施调向量为支撑轴力，受调向量可以为支撑轴力、围护结构关心截面处的内力或位移，也就是通过调整施调向量支撑轴力来实现支撑轴力、围护结构变形和内力的调整。

令$\{F\}_d$为前一次预加轴力施加后各个支撑的内力，第1次轴力施加时为0；K为影响矩阵；$\{X\}$为各支撑需施加的荷载，该荷载与各支撑已有的内力之和即为轴力施加控制值；$\{E\}$为设计要求的各支撑轴力，则有$\{F\}_d + [K]\{X\} = \{E\}$。

对于基坑顺筑开挖而言，由于$\{F\}_d = 0$，通过影响矩阵迭代求得的$\{X\}$即为支撑轴力。由于在基坑开挖过程中支撑体系是逐步形成的，影响矩阵K为上三角阵。当基坑开挖结束轴力再调整时，结构体系已基本形成，此时$\{F\}_d \neq 0$，影响矩阵K为满阵，其元素构成可按任意顺序形成，这种情况下$\{X\}$与支撑次序无关。但此时由影响矩阵K直接求得的$\{X\}$是轴力增量而不是轴力的施加值，而轴力施加值则需根据施工顺序重新求解。

只要外荷载一定，指定位置处的位移目标、内力目标确定，通过影响矩阵法就可实现对围护结构变形、内力以及支撑轴力的优化计算，从而实现基坑设计的变形、内力双控制。在围护结构自身内力满足要求的情况下，可把影响矩阵法中的受调向量进一步简化，即受调向量只考虑支撑处的围护结构侧向变形和钢支撑的轴力，施调量为钢支撑轴力。

4.2.5 主动控制策略

1）长条形基坑的施工力学模型

（1）长条形基坑的设计力学模型

对于长条形基坑，通常基于平面应变的假定把其简化为二维平面模型，对于基坑设计，这种分析模型是可行的。

如图4-11所示，长条形深基坑设计的力学纵向(z)尺寸远大于横向(x，y)尺寸，且与纵轴垂直的各截面都相同，其受到垂直于纵轴但不沿长度变化的外力（包括体积力X、Y、$Z = 0$）作用，而且约束条件也不沿长度变化。这时，可以把构件在纵向作为无限长看待。因此，任一横截面都可以视为对称面，其上各点就不会产生沿z向的位移，而沿x、y方向的位移也与坐标z无关。则有：

$$u = u(x,y), v = v(x,y), w = 0 \tag{4-9}$$

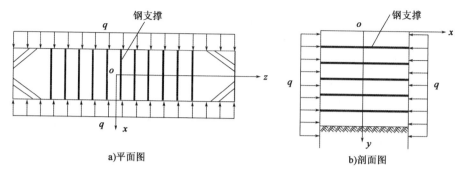

图 4-11 长条形深基坑设计的力学模型

显然,在这种条件下构件所有横截面上对应点(x、y坐标相同)的应力、应变和位移是相同的。这样,我们只需从构件中沿纵向截出单位厚度的薄片进行分析,用以代替整个构件的研究。

对于具有以下特征的构件,可作为平面应变问题看待。
①构件纵向(z轴方向)的尺寸远大于横向(x、y轴方向)尺寸。
②与纵向(z轴)垂直的各横截面的尺寸和形状均相同。
③所有外力均与纵轴(z轴)垂直,并且沿纵轴(z轴)没有变化。
④物体的约束(支承)条件不随z轴变化。

位移:按平面应变的定义,三个方向的位移函数为式(4-1)。

应变:由几何方程应变-位移关系,得:

$$\begin{cases} \varepsilon_x = \dfrac{\partial u}{\partial x} = \varphi_1(x,y), \gamma_{xy} = \dfrac{\partial u}{\partial y} + \dfrac{\partial v}{\partial x} = \varphi_2(x,y) \\ \varepsilon_y = \dfrac{\partial v}{\partial y} = \varphi_3(x,y), \gamma_{yz} = \dfrac{\partial v}{\partial z} + \dfrac{\partial w}{\partial y} = 0 \\ \varepsilon_z = \dfrac{\partial w}{\partial z} = 0, \gamma_{xz} = \dfrac{\partial u}{\partial z} + \dfrac{\partial w}{\partial x} = 0 \end{cases} \quad (4\text{-}10)$$

不等于零的三个应变分量是ε_x、ε_y和γ_{xy},而且应变仅发生在与坐标面xoy平行的平面内。将

$$\tau_{xz} = \dfrac{E}{2(1+\mu)}\gamma_{xz}, \tau_{yz} = \dfrac{E}{2(1+\mu)}\gamma_{yz} \quad (4\text{-}11)$$

代入物理方程,得到$\tau_{xz} = \tau_{yz} = 0$。

将$\varepsilon_z = 0$代入物理方程$\varepsilon_z = \dfrac{1}{E}[\sigma_z - \mu(\sigma_x + \sigma_y)]$,得到:

$$\sigma_z = \mu(\sigma_x + \sigma_y) \quad (4\text{-}12)$$

即在z轴方向没有应变,但其应力σ_z并不为零。

(2)长条形基坑的施工力学模型

在平面模型中基坑挖除一层土、架设一道撑的力学状态相当于三维基坑中整层土方同时开挖、支撑同时架设的状态。但对于实际基坑施工过程而言,这种整层土方同时开挖、支撑同时架设的状态是不存在的,平面应变模型不适合基坑施工力学状态的研究。

软土长条形深基坑一般采用钢支撑为主要支撑体系,采取分层、分段、分块的施工方法,长条形基坑的这种施工方式决定了其力学状态随着施工进行而发生变化。由于土方是分块开挖、支撑是逐根架设,因此在该层土方开挖的早期,土方开挖后的纵向尺寸与横向尺寸较接近,基坑的力学状态呈现出明显的空间特性;随着施工进行,土方开挖的纵向尺寸逐步大于横向尺寸,空间特性逐渐向平面应变的力学状态转变(图4-12);当土方开挖的纵向尺寸远大于横向尺寸时,基坑的力学状态由空间模型转变为平面应变模型。即基坑施工过程中的力学模型应当是三维空间模型,而不是平面应变模型,但平面应变模型具有计算简单的优势,因此基坑施工过程往往采用平面应变模型进行处理。

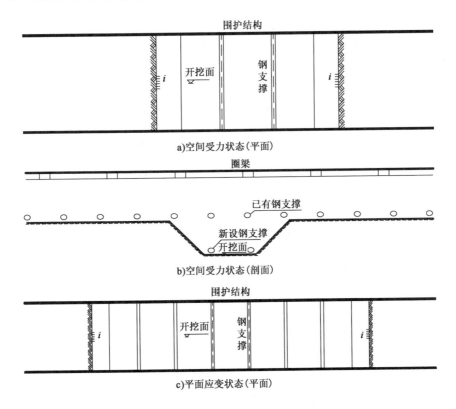

图 4-12

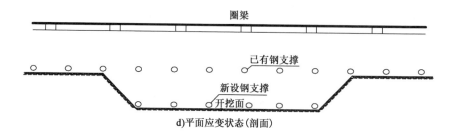

图 4-12　基坑从空间受力状态向平面应变状态转变过程

注：i 为边坡坡度。

(3) 基坑施工力学模型的特点

平面应变模型建立在以下两个假定条件之上。

① 根据平面应变假定，围护结构的剪切变形 $\tau_{xz} = \tau_{yz} = 0$，即相邻围护结构之间不传递荷载，如图 4-13a) 所示。

② 土体对围护结构的作用简化为土压力荷载后，土体间横向剪切变形 γ_{xz} 为零，围护结构只承担纵向自身宽度范围内的坑外土压力，相邻土体对其无影响，如图 4-13b) 所示。

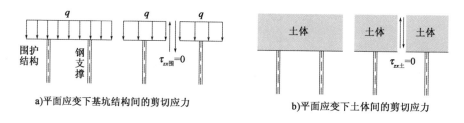

a) 平面应变下基坑结构间的剪切应力　　　　b) 平面应变下土体间的剪切应力

图 4-13　平面应变模型假定条件下受力形式

但在基坑施工的三维空间问题中，围护结构与土体的 γ_{xz} 不为零，从而使得围护结构与土体间能够传递 τ_{xz}，因此，施工过程中基坑的力学模型不符合平面应变假定(图 4-14)。

2) 基于施工力学模型的变形控制策略

(1) 对围护结构侧向变形控制策略的影响

围护结构与土体横向剪切变形的存在，对围护结构侧向变形控制效果产生两方面的影响。

① 开挖过程中基坑的力学状态与平面应变模型获得的轴力、变形不具有

对应关系,体现为理论与实践的不一致,即理论分析结果与实践监测数据出现较大偏差。

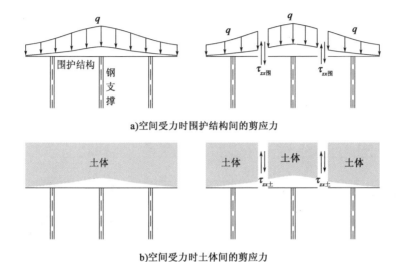

图 4-14 围护结构的空间力学状态

②围护结构与土体横向剪切变形的存在增大了支撑轴力对土体变形的影响范围,降低了轴力对侧向变形的控制效果。作用于围护结构上的支撑轴力越多,围护结构越接近平面应变状态,其力学响应受围护结构与土体横向剪切变形的影响越小,反之越大。

(2) 围护结构侧向变形控制策略

根据长条形基坑的施工力学模型可知,同一层内参与轴力调整的支撑数量越多越接近平面应变模型,变形控制效果越好,理论结果与实践监测数据越接近。因此当开挖过程中变形结果与控制目标不一致时,可通过调整尽可能多的支撑轴力来实现围护结构侧向变形的控制,如图4-15所示,图中 δ 为轴力未调整时的基坑变形,δ' 为局部支撑轴力调整后的基坑变形,δ'' 为整层支撑轴力调整后的基坑变形,有 $\delta'' < \delta' < \delta$。

3) 基于轴力相干性的轴力控制策略

轴力相干性作为软土长条形深基坑的重要力学特点,对于围护结构侧向变形的主动控制有着重要意义。首先要区分竖向相干性与水平相干性,这两种相干性所对应的轴力控制思路完全不同。

(1) 轴力相干性

由于围护结构具有两个方向的刚度,因此其轴力相干性也必然是双向的。

根据长条形基坑竖向分层、水平分段的施工特点,可把轴力空间相干性简化为竖向与水平相干性。竖向相干性主要体现在某根支撑轴力施加或调整时对上下各道支撑轴力的影响,竖向钢支撑轴力施加示意图如图 4-16 所示,钢支撑轴力的竖向相干性如图 4-17 所示。

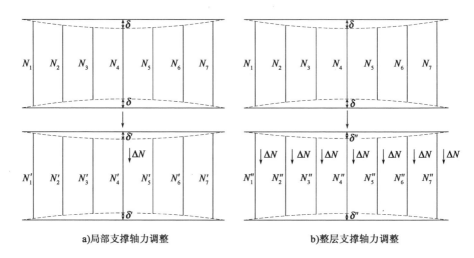

a) 局部支撑轴力调整　　　　　　　　b) 整层支撑轴力调整

图 4-15　基于变形的支撑轴力调整对比图

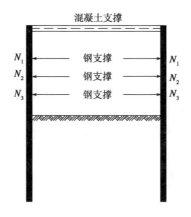

图 4-16　竖向钢支撑轴力施加示意图
注:$N_1 \sim N_3$ 为依次施加的可变轴力值。

而水平相干性主要体现在某根支撑轴力施加或调整时对同层其他支撑轴力的影响。水平向钢支撑轴力相干性见图 4-18,图中 i 为边坡坡度,N 为各道钢支撑轴力。

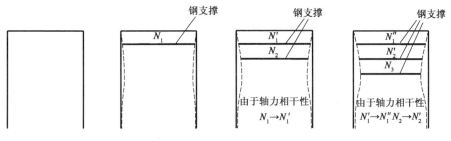

图 4-17　钢支撑轴力的竖向相干性

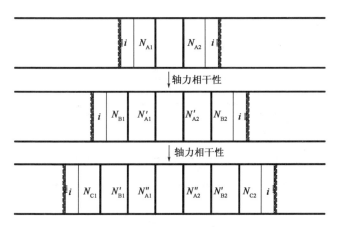

图 4-18　钢支撑轴力的水平相干性平面图

(2) 基于竖向相干性的轴力控制策略

对于竖向相干性,应当把由轴力相干性引起的轴力变化与其他因素引起的轴力损失区分开来,轴力变化因素的不同决定了轴力伺服系统的使用方式也不同。轴力相干性引起的轴力变化是围护结构、支撑系统的力学响应,轴力伺服系统应自动适应,允许轴力进行调整。即每道支撑轴力的目标不是固定不变的,而应随着工况的调整而变化,如果允许轴力补偿,则会引起轴力的反复调整,使得轴力失去控制,如图 4-19 所示。

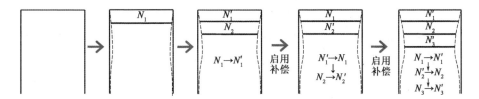

图 4-19　竖向钢支撑开启轴力补偿引起的轴力变化

而对于其他因素引起的轴力损失,轴力伺服系统应及时进行轴力补偿,确保支撑轴力的实际值与理论值一致。

(3) 基于水平相干性的轴力控制策略

对于水平相干性,轴力变化会导致其他支撑轴力的损失,使支撑轴力不满足平面应变假定,同时考虑到 γ_{xz} 不为零,基坑施工是一个力学状态从空间效应逐步向平面应变转变的过程。在同层土方开挖支撑过程中,应确保已安装支撑的轴力在该层土方施工过程中不变,确保该层土方全部挖出后的支撑轴力与计算轴力一致,使基坑最终的力学状态与平面应变状态一致。因此应当及时进行轴力补偿,如图 4-20 所示为水平向钢支撑启用轴力补偿引起的轴力变化。

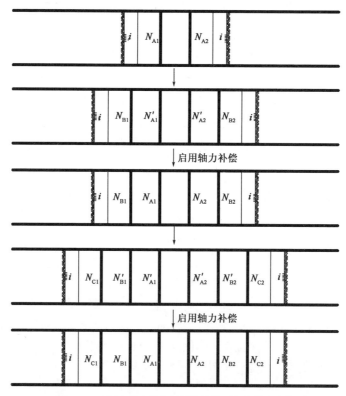

图 4-20 水平向钢支撑启用轴力补偿引起的轴力变化

上述分析对于轴力伺服系统的使用有着重要指导意义,即轴力伺服系统轴力补偿功能的开启应与当前工况下的目标轴力相匹配,不能随意启用。

4) 围护结构内力的控制策略

以基坑架设前两道钢支撑时围护结构的内力变化为例(首道撑为混凝土

支撑),图 4-21～图 4-27 为轴力与围护结构弯矩的对应关系图。由图可知,单纯轴力作用下弯矩是直线图,可以看作简支梁,土弹簧受拉退出工作,而水土压力作用下土弹簧发挥作用,弯矩图为曲线图,二者叠加即得到最终弯矩图,其中水土压力下的弯矩图是由增量法得到。当钢支撑轴力逐渐增大时,围护结构的正弯矩会减小至弯矩反向,如图 4-27 所示。

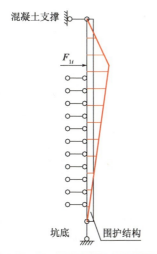

图 4-21 第一道钢支撑轴力作用下的结构弯矩图

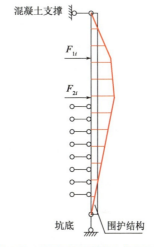

图 4-22 前两道钢支撑轴力作用下的结构弯矩图

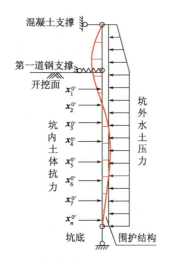

图 4-23 开挖到第一道钢支撑处水土压力作用下的结构弯矩图

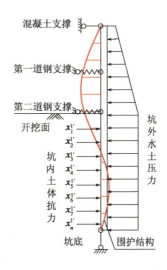

图 4-24 开挖到第二道钢支撑处水土压力作用下的结构弯矩图

图 4-28～图 4-34 为轴力与围护结构剪力的对应关系图。由图可知,单纯轴力作用与单纯水土压力作用下的围护结构剪力作用方向相反。在支撑轴力不断增大的过程中,围护结构剪力会经历先减小而后逐步增大的过程。

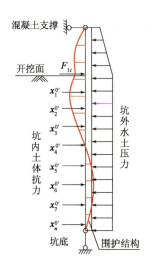

图 4-25　第一道钢支撑轴力与水土压力共同作用下的结构弯矩

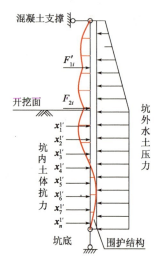

图 4-26　前两道钢支撑轴力与水土压力共同作用下的结构弯矩

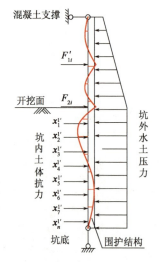

图 4-27　前两道钢支撑轴力逐渐增大后的结构弯矩变化

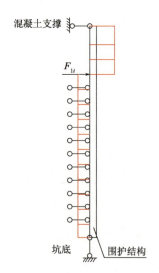

图 4-28　第一道钢支撑轴力作用下的结构剪力图

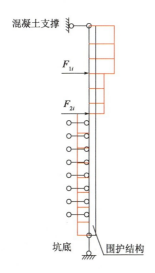

图 4-29 前两道钢支撑轴力作用下的结构剪力图

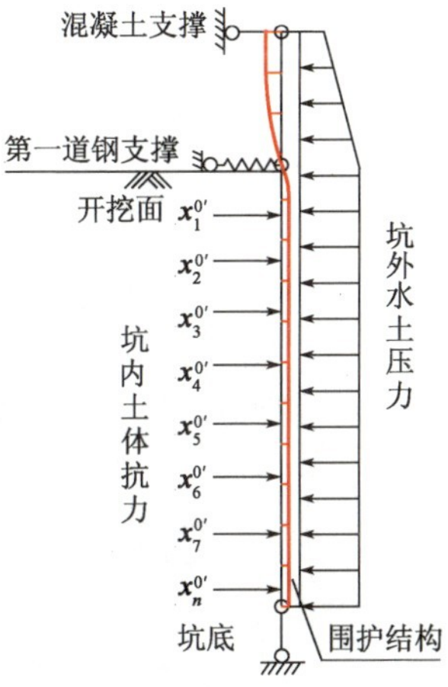

图 4-30 开挖到第一道钢支撑处水土压力作用下的结构剪力图

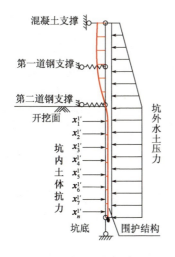

图 4-31 开挖到第二道钢支撑处水土压力作用下的结构剪力图

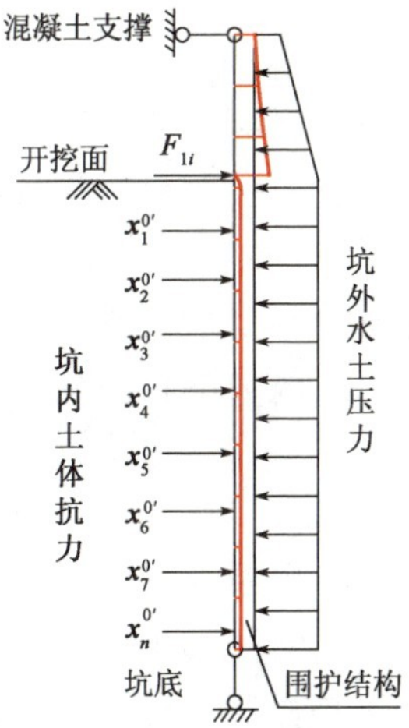

图 4-32 第一道钢支撑轴力与水土压力共同作用下的结构剪力

由轴力-围护结构内力变化关系图可知,随着支撑轴力的调整,围护结构的弯矩与剪力均会经历先减小再反向增大的过程。因而在应用轴力伺服系统的过程中,既要考虑变形控制目标与支撑的极限承载力,也要兼顾现有配筋下围护结构的内力容许范围。

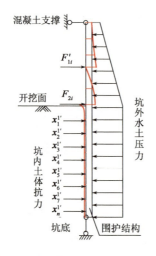 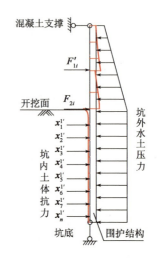

图 4-33　前两道钢支撑轴力与水土压力共同作用下的结构剪力　　图 4-34　前两道钢支撑轴力逐渐增大后的结构剪力变化

5）轴力伺服系统轴力目标的设定方法

（1）单一目标法

目前轴力伺服系统一般采用单一目标法来控制轴力，即施工前为每道支撑设定一个轴力控制目标与容许偏差范围，当监测到轴力变化超过容许偏差时实时调整支撑轴力，使得支撑轴力在整个基坑施工过程中维持不变。如果该轴力目标值与变形没有对应关系，那么会导致围护结构侧向变形控制效果较差或出现了较大的负向变形。

当理论计算模型与基坑的实际状态相一致时，根据理论计算得到的各道支撑轴力的目标值可以作为控制值，这时单一目标法是可行的。但是考虑到基坑的复杂性以及众多的影响因素，基坑的力学模型很难与实际状态一致，甚至计算结果与实测结果有较大的差异，单一目标法难以满足基坑围护结构侧向变形的主动控制需要。

（2）多目标动态控制法

根据轴力的相干性和软土长条形基坑的施工力学模型可知，轴力的控制目标应能根据实测结果进行动态调整，根据工况的不同设定相应的控制目标，此为轴力的多目标动态控制法。首先确定基坑的施工工况，建立基坑的仿真模型，获得不同工况下的支撑轴力，以此计算轴力值作为支撑轴力的初始目标值。即在每层土方的开挖支撑过程中，如果变形能够满足分级控制指标，那么就以初始轴力值作为该道支撑轴力伺服系统的轴力控制目标值;否则,在满足支撑和围护结构安全的前提下不断调整轴力控制的目标值,直到变形满足要求为止。轴力目标值确定后在该层土方开挖过程中轴力伺服系统启动补偿功能,克服由于水平相干性、支撑的非弹性变形与降温等引起的轴力损失。上层土方挖完、下层土方开挖前关闭上层对应的钢支撑轴力补偿功能,根据该层的变形控制目标实时调整该道支撑轴力的目标控制值直至满足要求,考虑到竖向相干性,上层支撑以变化后的轴力值作为控制目标,重新启动补偿功能。

在多目标动态控制法中,每道支撑的轴力控制目标根据围护结构侧向变形控制结果确定,并根据下道支撑的相干性结果予以动态调整,这样不仅可以提高变形控制效果还可以避免支撑轴力设置过大造成基坑负向变形偏大。

4.2.6 基于地层结构法的主动控制流程与计算方法

1) 基于地层结构法的主动控制流程

地层结构法将围护结构和地层视为整体,在满足变形协调条件的前提下分别计算围护支撑体系与地层的力学场,其中土体参数、本构模型、外荷载、相互作用机理等准确模拟是地层结构法成功应用的关键,尽管理论分析与实践表现仍具有差异性,但是目前已进行了大量的研究,通过实际工程的反分析、试验分析可以获得相对准确的值,使得理论分析与实践结果趋于一致。与荷载结构法相比,地层结构法充分考虑了地下结构与周围地层的相互作用,结合具体的施工过程可以充分模拟地下结构以及周围地层在每一个施工工况的结构内力以及周围地层的变形,更能符合工程实际。由于地层结构法能够较好地实现支撑轴力与围护结构侧向变形的对应关系,因此可以用于围护结构侧向变形的主动控制。

根据上述支撑轴力、围护结构内力与围护结构侧向变形的控制方法,基坑工程的主动控制流程如图 4-35 所示。

2) 基于地层结构法的主动控制计算方法

地层结构法是把土与结构相互作用的问题转化为弹塑性力学,连续体的变形协调方程仍然适用,但精确化地分析实现起来较为困难,可结合通用有限元程序,基于控制目标采用试算法获得近似结果,在工程误差的范围内满足主动控制的需要。

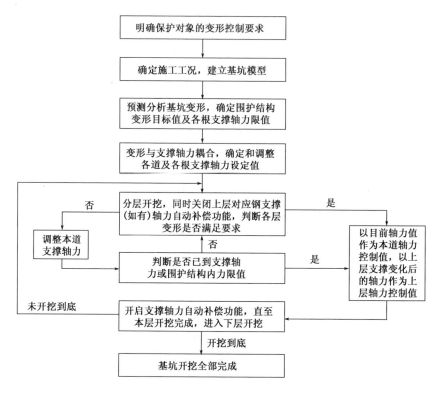

图 4-35　围护结构侧向变形主动控制流程图

（1）基于围护结构零位移的轴力计算方法

以支撑处的围护结构侧向变形为控制目标,设定其位移控制值为零,从而求得对应的轴力,并分析该状态下围护结构内力。零位移法又可以分为两种:

①静态零位移法

不考虑施工过程,把支撑刚度取大数,使其由弹性变成刚性。然后一次挖除所有土方并安装所有支撑,使得支撑处围护结构的侧向变形为零,所得的支撑轴力即为基于"静态零位移法"的支撑轴力。静态位移法示意如图4-36所示。

②动态零位移法

与静态位移法不同,分步开挖并安装支撑(支撑同样取大刚度),通过试算法寻找出钢支撑轴力,使得每次开挖加撑过程中支撑处的围护结构侧向变形均为零。动态位移法示意如图4-37所示。

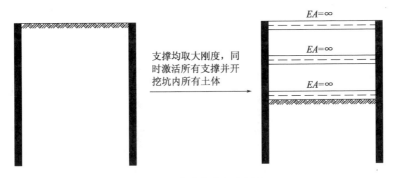

图 4-36 静态位移法示意图

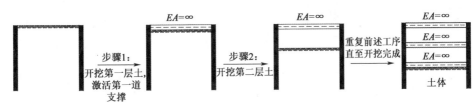

图 4-37 动态位移法示意图

零位移法可以利用地层结构法在现有通用分析程序求解,使用方便,但静态零位移法与施工过程不符,计算出的轴力不能满足需要,而动态零位移法虽然满足了施工需要,但是由于位移的严苛要求使得计算出的轴力过大,实用性不强。

(2)"三控"(内力、位移、钢支撑轴力)试算法

由于基坑工程零位移控制的代价过大,因此实践中均允许围护结构发生一定的变形,工程中往往根据环境保护需要,事先设定好变形控制指标 f',调整钢支撑轴力使得 $f \leqslant f'$。同时目前常用的钢支撑规格一般为 $\phi 609mm$ 和 $\phi 800mm$,它们的极限承载能力可以根据压杆稳定理论计算得到,即支撑的轴力是有限值的,调整钢支撑轴力的过程中应满足 $F \leqslant [F]$。在满足 $f \leqslant f'$、$F \leqslant [F]$ 的情况下,可利用地层结构法在通用有限元中采用试算法求得满足上述要求的轴力,并得到围护结构的内力且使得 $M \leqslant [M]$、$N \leqslant [N]$,从而实现内力、位移和钢支撑轴力的三控,这种方法称之为"三控法",如图 4-38 所示。

在不考虑流变变形的情况下,以上三种方法都可以通过调整轴力大小来实现对围护结构侧向变形与支撑轴力的控制。

(3)基于地层结构法的主动控制内容

根据围护结构侧向变形三维主动控制流程,其主动控制包含以下内容:

①确定分析软件与本构模型

选取能快速、准确完成基坑结构施工模拟分析的软件与本构模型,它是判别当前结构状态是否与实际相符合和对未来状态进行预测的必备工具。软件

和本构模型应能考虑复杂的因素,如土层的分层情况和土的性质、支撑系统分布及其性质、土层开挖和支护结构支设的施工过程等。

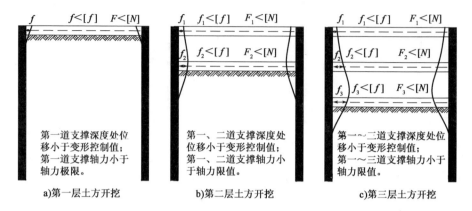

图 4-38 "三控法"示意图(第 n 层以此类推)

②建立模型-参数识别-修正模型

建立已完基坑和待建基坑的有限元模型,根据已完工程的结果反演待建基坑的地层参数,从而获得待建基坑修正后的有限元模型。参数识别与模型修正是施工控制的关键,前后两个基坑地质条件基本一致、施工工艺基本一致是根据已有基坑的结果来识别地层参数的前提条件。

③确定基坑的目标状态

围护结构变形与支撑轴力双控、钢-混凝土支撑受力协调、环境保护与基坑安全并重的深基坑围护结构侧向变形主动控制理念的实质是要求各个目标的状态具有合理性。基坑合理目标状态的确定是实现施工控制的主要内容,某个目标状态过高或者过低都会对其他目标的控制带来不利影响。应当通过科学合理的分析,结合周边环境,综合考虑各方面因素来确定基坑的合理目标状态。

④基于施工过程的动态模拟分析

根据拟定的施工方案对基坑的施工过程进行分析,获得支撑轴力与围护结构侧向变形,并将其与目标值对比,如果计算值与目标值之间的误差在容许范围内,则将计算的支撑轴力作为实施轴力,否则调整模型中的支撑轴力,进一步分析,直到围护结构侧向变形满足要求为止。当支撑轴力达到限值但围护结构侧向变形仍然无法满足要求时,以轴力限值作为施加轴力,围护结构侧向变形不再作为控制目标。

⑤控制实施

a. 以计算轴力为初始值、计算位移为目标值,根据每道工序的要求施加计算轴力,进行基坑开挖与支撑。

b. 根据监测获得相应工序的实测数据,并与目标状态相对比,根据二者差值情况对所施加的轴力进行调整,作出最佳调整方案,使实际状态、目标状态的差值控制在允许范围内。

⑥分析预测

在计入结构初始状态最优估计值、施工误差、量测误差、参数调整等信息后,通过模拟系统对基坑施工状态进行重新分析,从而确定出超前预测控制值。

轴力伺服系统具有的实时动态、多点同步功能为支撑轴力的全过程主动干预奠定了硬件基础,基于连续体变形协调方程所建立的主动控制机理为围护结构侧向变形的主动控制奠定了理论基础,在此基础上结合基坑工程自身的工艺特点、时空效应规律所建立的施工控制技术才能指导实践,实现围护结构侧向变形的精细化控制。

4.3 主动控制关键技术

4.3.1 工程概况

上海地铁14号线浦东南路站地处陆家嘴核心区域,基坑沿浦东大道东西向敷设,骑跨即墨路,结构形式为地下三层两柱三跨(负一层为单柱两跨),车站长度228.257m,宽度25.9~26.15m,深度22~24m,围护形式为1.0m厚46m深的地下连续墙。土体加固为$\phi 800mm$高压旋喷桩,裙边5m+抽条3m,加固范围为标准段坑底以下2.5m及全基坑第四道支撑底面以下2.5m。端头井7道支撑,标准段6道支撑,第1、4道支撑均为混凝土支撑(尺寸分别为:1000mm×800mm、1500mm×1200mm),倒数第二道支撑为$\phi 800mm \times 20mm$钢管支撑,其余为$\phi 609mm \times 16mm$钢管支撑,如图4-39、图4-40所示。

车站主体基坑坑底位于⑤$_1$层粉质黏土中,围护墙墙趾底位于第⑦$_2$层粉砂中。潜水水位0.90~2.30m,承压水水位3~12m,如图4-41所示。

拟建车站地层分布具有以下特点:浅部以淤泥质黏土③、④层为主,③$_夹$层灰色黏质粉土为③层中的夹层,局部砂质粉土。第⑤$_1$层灰色粉质黏土层分布较稳定,层顶埋深在16.80~17.5m。第⑥层粉质黏土层在车站全长分布,层顶埋深一般在23.5m左右;第⑦层根据土性可划分为2个亚层,沿车站均有分布。第⑦$_1$层砂质粉土层层顶埋深27.4~28.1m;第⑦$_2$层粉砂层顶埋深约35.1~37.0m。车站主体基坑坑底位于⑤$_1$层粉质黏土中,围护墙墙趾底位于第⑦$_2$层粉砂中。场地地基土物理特性见表4-1。

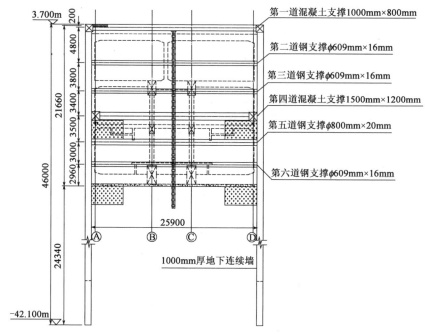

图 4-39　主体基坑标准段围护结构横剖面图(尺寸单位:mm)

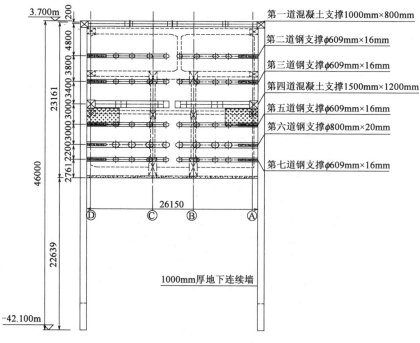

图 4-40　主体基坑标端头井段围护结构横剖面图(尺寸单位:mm)

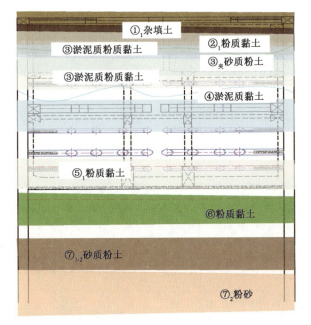

a)

b)褐黄～灰黄色粉质黏土

c)灰色淤泥质粉质黏土

d)灰色砂质黏土

e)暗绿～草黄色粉质黏土

图 4-41 地质剖面图及土体照片

场地地基土物理特性　　　　表 4-1

序号	土层名称	含水率 w (%)	相对密度 d_s	重度 γ (kN/m³)	孔隙比 E_0	压缩系数 $Q_{0.1-0.2}$ (MPa⁻¹)	压缩模量 $E_{s0.1-0.2}$ (MPa)	固结快剪 黏聚力 c (kPa)	固结快剪 内摩擦角 (°)	静止土压力系数 K_0	渗透系数 (m/d) 水平渗透系数 K_H	渗透系数 (m/d) 垂直渗透系数 K_V
②₁	粉质黏土	33.8	2.73	18.2	0.969	0.44	4.62	20	17.5	0.49	6.0×10^{-7}	3.9×10^{-7}
③	淤泥质粉质黏土	40.1	2.73	17.5	1.145	0.59	3.75	12	19.5	0.49	2.84×10^{-6}	1.62×10^{-6}
③夹	砂质粉土	30.4	2.70	18.6	0.861	0.18	10.78	6	29.0	0.39	1.20×10^{-5}	7.49×10^{-5}
④	淤泥质黏土	49.2	2.74	16.7	1.400	0.87	2.88	14	12.0	0.55	3.08×10^{-8}	2.20×10^{-7}
⑤₁	粉质黏土	35.1	2.73	18.0	1.010	0.51	4.11	16	17.0	0.53	1.29×10^{-6}	5.53×10^{-7}
⑥	粉质黏土	23.9	2.73	19.5	0.698	0.25	6.86	46	16.0	0.46	2.02×10^{-7}	1.71×10^{-7}
⑦₁₋₂	砂质粉土	30.5	2.70	18.5	0.866	0.18	10.52	2	31.5	0.37	4.98×10^{-4}	2.87×10^{-4}
⑦₂	粉砂	27.0	2.69	18.8	0.776	0.14	12.66	0	33.0	0.35	9.23×10^{-4}	6.50×10^{-4}

根据勘察资料及区域水文地质资料,本场地地下水分为两类:浅部黏性土层中的潜水和承压水。潜水稳定水位埋深 0.90～2.30m(绝对高程为1.13～2.56m)。潜水水位主要受潮汐、降水量、季节、气候等因素影响而变化。工程沿线揭示的承压水分布于⑦层粉砂中,⑦层是上海地区第一承压含水层,场区内

揭示的顶板埋深为 27.2～28.8m、顶板高程为 -23.88～-25.35m。承压水水位随季节呈幅度不等的周期性变化。根据长期水位观测,承压水埋深一般为 3～12m。拟建工程场地浅部地下水对混凝土具微腐蚀性,在干湿交替条件下对钢筋混凝土中的钢筋具弱腐蚀性。

浦东南路站东坑呈东西向布置,北侧有平行于基坑布置的上船大楼、浦东开发陈列馆等建筑物,南侧有平行于基坑布置的大壶春小区、永华大厦等建筑物,如图 4-42 所示。

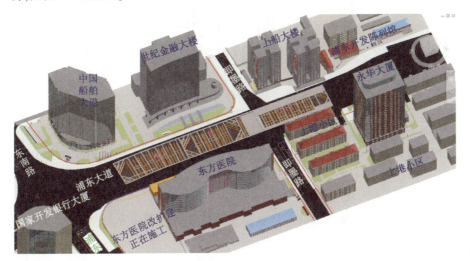

图 4-42　工程三维示意图

上船大楼地上 18 层,地下为层高 6.5m 的地下室,距离基坑最近处为 4.5m。楼房整体为钢筋混凝土结构,基础为 450mm×450mm 的小方桩,桩长为 22.0m,桩基底部位于粉质黏土中。桩基外侧设置搅拌桩和树根桩,如图 4-43 所示。

a) 平面图

图　4-43

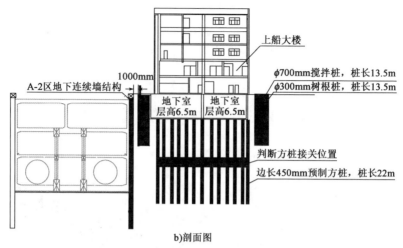

图 4-43 上船大楼平面图及剖面图

浦东开发陈列馆由地上 3 层的建筑组成，为砖混结构，天然地基浅基础，距离基坑最近处为 7.5m，为浦东新区区级保护建筑。大壶春小区建于 20 世纪 50 年代，原为 3 层砖木混合结构，后期加盖 2 层，楼房距离基坑 13m。目前仍有约 36 户居民未搬迁。

浦东南路站东坑南北两侧有众多大直径管线近距离靠近基坑，管线分布及基本信息见图 4-44、表 4-2 和表 4-3。

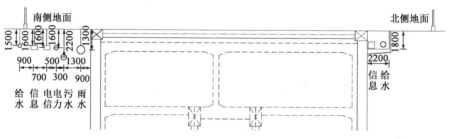

图 4-44 周边管线相对位置图（尺寸单位：mm）

南侧管线信息表　　　　　　　　表 4-2

管线名称	直径或孔数	埋深(m)	材质	走向	与基坑的距离(m)
雨水	DN1000	1.3	混凝土管	东西向	0.9
污水	DN600	2.2	混凝土管	东西向	2.2
上水	DN300	1.5	钢管	东西向	4.6
电力	21孔	1.6	波纹管		2.2
电信	36孔	1.6	波纹管		3.0
信息	6孔	1.6	波纹管		3.7

北侧管线信息表　　　　　　　表 4-3

管线名称	直径或孔数	埋深(m)	材质	走向	与基坑的距离(m)
上水	DN500	1.5	钢管	东西向	紧贴地下连续墙
信息	39 孔	1.5	波纹管	东西向	紧贴地下连续墙
雨水	DN1000	1.8	混凝土管	东西向	2.3
污水	DN600	2.3	混凝土管	东西向	2.5
燃气	DN300	1.5	混凝土管	东西向	0.8

4.3.2 软土地层的本构模型

1）本构模型的确定

基坑开挖是一个土与结构共同作用的复杂过程，土介质本构关系的模拟是实现土与结构共同作用的关键。基坑现场的土体应采用合适的本构模型进行模拟，并且能根据室内试验和原位测试等手段给出合理的参数。虽然土的本构模型有很多种，但广泛应用于基坑工程中的只有少数几种，如弹性模型、模尔-库仑模型（Mohr-Coulomb 模型）、修正剑桥模型、德鲁克-普拉格模型（Drucker-Prager 模型）、邓肯-张模型（Duncan-Chang 模型）、有限元硬化土模型（Hardening Soil 模型）、软土蠕变模型等。

基坑开挖是典型的卸载问题，且开挖会引起应力状态和应力路径的改变，分析中所选择的本构模型应能反映开挖过程中土体应力-应变变化的主要特征。弹性模型不能反映土体的塑性因而不适合用于基坑开挖问题的分析。而作为理想弹塑性模型的 Mohr-Coulomb 模型和 Drucker-Prager 模型，其卸载和加载模量相同，应用于基坑开挖时往往导致不合理的坑底回弹，只能用作基坑的初步分析。修正剑桥模型和 Hardening Soil 模型由于刚度依赖于应力水平和应力路径，应用于基坑开挖分析时能得到较理想弹塑性模型更合理的结果。从理论上讲，基坑开挖中土体本构模型最好应能同时反映土体在小应变时的非线性行为和土的塑性性质。反映土体在小应变时的非线性行为的本构模型能给出基坑在开挖过程中更为合理的变形（包括支护结构的变形和土体的变形），而反映土体塑性性质的本构模型对于正确模拟主动和被动土压力具有重要的意义。

采用应变硬化模型来模拟基坑开挖问题时，则能较好地预测基坑变形的情况，而修正剑桥模型、Hardening Soil（HS）模型均是硬化类型的本构模型，因而较理想弹塑性模型更适合于基坑开挖的分析。但 HS 模型虽适用于所有的土,它却不能用来解释黏性效应,即蠕变和应力松弛。事实上,所有的土都会产生一定的蠕变,主压缩后面都会跟随着某种程度的次压缩,软土蠕变和松弛采用软土蠕变模型(SSC 模型)。

当然,能反映土体在小应变时的变形特征的高级模型,如 MIT-E3 模型等应用于基坑开挖分析时具有更好的适用性,但高级模型的参数一般较多,且往往需要高质量的试验来确定参数,因而直接应用于工程实践尚存在一定的距离。在不考虑模型参数的影响下,根据模型本身的特点,可以大致判断各种本构模型在基坑开挖分析中的适用性,表 4-4 可以作为基坑分析时选择本构模型的参考。

各种本构模型在基坑开挖分析中的适用性　　　　表 4-4

本构模型的类型		不适用	适用于初步分析	适用于较精确的分析	适用于高级分析
弹性模型	弹性模型	√			
	横观各向同性弹性模型	√			
	DC 模型		√		
理想弹塑性模型	Tresca 模型		√		
	MC 模型		√		
	DP 模型		√		
硬化模型	MCC 模型			√	
	有限元 HS 模型			√	
	MIT-E3 模型				√
蠕变模型	SSC 模型			√	

(1) HS 模型

HS 模型由 Schanz 提出,该模型为等向硬化弹塑性模型,既可适用于软土也适用于较硬土层。HS 模型的基本思想与 Duncan-Chang 模型相似,即假设三轴排水试验的剪应力 q 与轴向应变 ε_1 成双曲线关系,但前者采用弹塑性来表达这种关系,而不是像 Duncan-Chang 模型那样采用变形模量的弹性关系来表达。此外模型考虑了土体的剪胀和中性加载,因而克服了 Duncan-Chang 模型的不足。与理想弹塑性模型不同的是,HS 模型在主应力空间中的屈服面不是固定不变,而是可以随着塑性应变扩张。该模型可以同时考虑剪切硬化和压缩硬化,并采用 Mohr-Coulomb 破坏准则,应用于基坑开挖分析时具有较好的精度,因此这里对其作简要介绍。

①三轴排水试验的应力应变关系

三轴排水试验的应力应变关系如图 4-45 所示。图中横轴为轴向应变 ε_1，纵轴为剪应力 $q = \sigma_1 - \sigma_3$。剪应力 q 与应变 ε_1 的双曲线关系可由下式表示：

$$\varepsilon_1 = \frac{1}{2E_{50}} \cdot \frac{q}{1-q/q_{ult}}, q < q_f \tag{4-13}$$

式中，q_{ult} 为剪切强度的渐近值；q_f 为极限剪应力；E_{50} 为主加载时依赖于围压水平的模量。

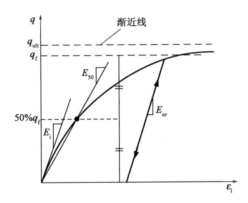

图 4-45　三轴排水试验应力应变关系

根据 Mohr-Coulomb 破坏准则，可导出极限剪应力 q_f 为：

$$q_f = (p + c\cot\varphi)\frac{6\sin\varphi}{3-\sin\varphi}, q_{ult} = \frac{q_f}{R_f} \tag{4-14}$$

式中，p 为围压；c 和 φ 分别为 Mohr-Coulomb 强度参数的黏聚力和摩擦角；R_f 为破坏比。

②主加载模量

主加载时的模量 E_{50} 可由下式表示：

$$E_{50} = E_{50}^{ref}\left(\frac{c\cos\varphi - \sigma_3\sin\varphi}{c\cos\varphi + p^{ref}\sin\varphi}\right)^m \tag{4-15}$$

式中，E_{50}^{ref} 为在参考围压 p^{ref} 时的参考模量（对应极限荷载 50% 时的割线模量），p^{ref} 可取为 100kPa；m 为刚度应力水平相关幂指数，对软土取 1.0，对砂土和粉土取 0.5 左右。

③卸荷再加荷模量

依赖于应力水平的卸荷再加荷模量 E_{ur} 可表示为：

$$E_{ur} = E_{ur}^{ref}\left(\frac{c\cos\varphi - \sigma_3\sin\varphi}{c\cos\varphi + p^{ref}\sin\varphi}\right)^m \tag{4-16}$$

式中，E_{ur}^{ref}为在参考围压p^{ref}时的参考杨氏模量。

④剪切屈服面与硬化规律

HS 模型区分剪切硬化和压缩硬化，剪切硬化用来模拟主偏量加载的塑性应变，而压缩硬化用来模拟主压缩引起的塑性应变。

剪切屈服面可表示为：

$$F = \bar{f} - \gamma^p = 0 \qquad (4\text{-}17)$$

式中，$\bar{f}$为应力的函数；γ^p为塑性应变的函数（应变硬化参数），两者可表示为：

$$\bar{f} = \frac{1}{E_{50}} \cdot \frac{q}{1 - q/q_{ult}} - \frac{2q}{E_{ur}}, \quad \gamma^p = \varepsilon_1^p - \varepsilon_2^p - \varepsilon_3^p \approx 2\varepsilon_1^p \qquad (4\text{-}18)$$

式中，ε_1^p、ε_2^p、ε_3^p分别为第一、第二、第三塑性主应变。

剪切屈服采用非相关联流动法则，采用下式的线性形式：

$$\dot{\varepsilon}_v^p = \dot{\gamma}^p \sin\varphi_m \qquad (4\text{-}19)$$

式中，$\dot{\varepsilon}_v^p$为塑性应变率；φ_m为机动剪胀角。

⑤帽盖屈服面与硬化规律

HS 模型中的主压缩屈服面采用帽盖型屈服面，用下式表示：

$$F^c = \frac{\tilde{q}^2}{\alpha} + p^2 - p_0^2 = 0 \qquad (4\text{-}20)$$

式中，α为与侧压力系数相关的模型参数；$\tilde{q}$为偏应力的度量；p_0为前期固结压力。

对于帽盖屈服面上的屈服情形，采用相关联流动法则。图 4-46 为 HS 模型在主应力空间中的整个屈服面的情况。剪切屈服轨迹和屈服帽盖均具有 Mohr-Coulomb 破坏准则那样的六角形形状。剪切屈服轨迹可一直扩展最终达到 Mohr-Coulomb 屈服面。

HS 模型共有 10 个参数，包括：

①3 个 Mohr-Coulomb 强度参数：有效黏聚力 c、有效内摩擦角 φ、剪胀角 φ_m。

②3 个基本刚度参数：三轴排水试验的参考割线刚度 E_{50}^{ref}、固结试验的参考切线刚度 E_{oed}^{ref}、刚度应力水平相关幂指数 m。

③4 个高级参数：卸荷再加荷模量 E_{ur}^{ref}、卸载再加载泊松比 v_{ur}、参考应力 p^{ref}、正常固结条件下的侧压力系数 K_0。

以上参数可以通过三轴试验和固结试验来确定。

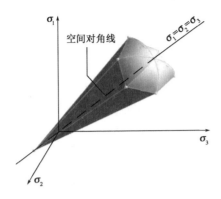

图 4-46　应力空间中 HS 模型屈服面

硬化模型适合于多种土类的破坏和变形行为的描述,并且适合于岩土工程中的多种应用,如堤坝填筑、地基承载力、边坡稳定分析及基坑开挖等。

(2) 软土蠕变模型(SSC 模型)

绝大多数的软土问题都可以用 HS 模型来分析,但是考虑蠕变,即次压缩的情况下不宜用该模型。所有的软土都有一定的蠕变性质,因此主压缩后面总是跟随着一定程度的次压缩。SSC 模型介绍如下。

① 一维蠕变的基本知识

Buisman(1936)是提出黏土蠕变法则的第一个人,他提出了在有效常应力下描述蠕变行为的方程为:

$$\varepsilon = \varepsilon_c - C_B \lg\left(\frac{t_c + t'}{t_c}\right) \tag{4-21}$$

式中,ε_c 为直到固结结束时的应变;t 为从加载开始量测的时间;t_c 为主固结结束时的时间;$t' = t - t_c$ 为有效蠕变时间;C_B 为材料常数。

基于 Bjerrum 1967 年发表的蠕变方面的工作,Garlanger 于 1972 年提出了一个蠕变方程:

$$e = e_c - C_\alpha \lg\left(\frac{\tau_c + t'}{\tau_c}\right) \tag{4-22}$$

式中,e 为孔隙比;τ_c 为固结时间;系数 $C_\alpha = C_B(1 + e_0)$,e_0 为初始孔隙比。

Garlanger 的公式和 Buisman 的公式的差别是细微的。工程应变 ε 被孔隙比 e 所取代,固结时间 t_c 由参数 τ_c 所取代。当选 $\tau_c = t_c$ 时,上述两个方程是相同的。在 $\tau_c \neq t_c$ 的情况下,随着有效蠕变时间 t' 的增加,两种阐述形式之间的差别会逐渐消失。

Butterfield 于 1979 年给出了另外一种稍微不同的描述次压缩的可能性:

$$\varepsilon^H = \varepsilon_C^H - C\ln\left(\frac{\tau_c + t'}{\tau_c}\right) \quad (4\text{-}23)$$

式中,ε_C^H为直到固结结束时的对数应变,ε^H是如下定义的对数应变:

$$\varepsilon^H = \ln\left(\frac{V}{V_0}\right) = \ln\left(\frac{1+e}{1+e_0}\right) \quad (4\text{-}24)$$

式中,V为体积;V_0为体积初始值;ε^H的上标H表示对数应变。对于小的应变,对数应变近似地等于工程应变,所以有:

$$C = \frac{C_\alpha}{(1+e_0)\ln 10} = \frac{C_B}{\ln 10} \quad (4\text{-}25)$$

Butterfield(1979)和 Den Haan(1994)的研究都表明,在大应变下,应采用对数应变取代传统的工程应变。

②关于变量 τ_c 和 ε_c

将 Butterfield 的压缩方程关于时间求微分,并省去下标'H'以简化记号后得到:

$$-\frac{1}{\dot\varepsilon} = \frac{\tau_c + t'}{C} \quad (4\text{-}26)$$

利用图 4-47 所示的传统方法和 Janbu 方法都可以确定常值加载下固结仪试验中的参数 C。

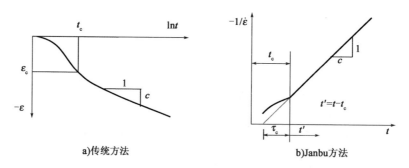

图 4-47 标准固结仪实验中的固结和蠕变行为

考虑经典文献的理论,可以由下式来描述固结结束时的应变 ε_c:

$$\varepsilon_c = \varepsilon_c^e + \varepsilon_c^c = -A\ln\left(\frac{\sigma'}{\sigma_{0'}}\right) - B\ln\left(\frac{\sigma_{pc}}{\sigma_{p0}}\right) \quad (4\text{-}27)$$

式中,ε_c^e、ε_c^c 分别为固结结束时的弹性应变和蠕变应变;$\sigma_{0'}$为加载前的初始有效压力;σ'为最终有效加载压力;σ_{p0} 和 σ_{pc} 分别为与加载以前和固结结束状态相对应的预固结压力。在许多关于固结仪试验的文献中,使用孔隙比 e

代替 ε,使用 lg 代替 ln,使用膨胀指标 C_r 代替 A,以及用压缩指标 C_c 代替 B,则有:

$$\varepsilon = \varepsilon^e + \varepsilon^c = -A\ln\left(\frac{\sigma'}{\sigma_0'}\right) - B\ln\left(\frac{\sigma_{pc}}{\sigma_{p0}}\right) - C\ln\left(\frac{\tau_c + t'}{\tau_c}\right) \quad (4\text{-}28)$$

式中,ε 为时间段 $\tau_c + t'$ 内有效应力从 σ_0' 增加到 σ' 的总对数应变,常数 $A = \dfrac{C_r}{(1+e_0)\ln 10}$,常数 $B = \dfrac{(C_c - C_r)}{(1+e_0)\ln 10}$。

③一维蠕变的微分法则

基于所有的无弹性应变都是时间相关的这一基本想法,总应变是一个弹性部分 ε^e 和一个时间相关的蠕变部分 ε^c 之和。对于固结仪加载条件下遇到的非破坏情形,不像传统的弹塑性模型那样去假定一个即时的塑性应变分量。除了这个基本的概念之外,软件采用了 Bjerrum 的观点,预固结应力完全依赖于在这个时间过程中积累起来的蠕变应变的量。从而得到预固结压力 σ_p 的时间依赖关系:

$$\varepsilon^c - \varepsilon_c^c = -B\ln\left(\frac{\sigma_p}{\sigma_{pc}}\right) = -C\ln\left(\frac{\tau_c + t'}{\tau_c}\right) \quad (4\text{-}29)$$

假设 $\tau_c - t_c \ll \tau$,并将 $\sigma_p = \sigma'$ 和 $t' = \tau - t_c$ 代入上式中,则有:

$$\tau_c = \tau\left(\frac{\sigma_{pc}}{\sigma'}\right)^{\frac{B}{C}} \quad (4\text{-}30)$$

因此,τ_c 既依赖于有效应力 σ',又依赖于固结结束时的预固结应力 σ_{pc},从而得到微分蠕变方程为:

$$\dot{\varepsilon} = \dot{\varepsilon}^e + \dot{\varepsilon}^c = -A\frac{\dot{\sigma}'}{\sigma'} - \frac{C}{\tau}\left(\frac{\sigma'}{\sigma_p}\right)^{\frac{B}{C}} \quad (4\text{-}31)$$

④三维蠕变模型

将一维模型推广到应力和应变的一般状态,定义一个名为 p^{eq} 的新的应力度量:

$$p^{eq} = p' + \frac{q^2}{M^2(p' + c\cot\varphi)} \quad (4\text{-}32)$$

式中,$M = \dfrac{6\sin\varphi_{cv}}{3 - \sin\varphi_{cv}}$,$\varphi_{cv}$ 为临界孔隙摩擦角。

应力度量 p^{eq} 在 p-q 平面的椭圆上为常数,如图 4-48 所示。

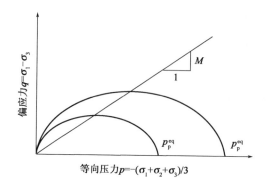

图 4-48　p-q 平面上 p^{eq} 椭圆图

为了将一维理论推广到一般三维理论,要注意固结仪试验中遇到的应力和应变的正常固结状态。在这种情况下有 $\sigma'_2 = \sigma'_3 = K_0^{NC} \sigma'_1$,从而有

$$\begin{cases} p^{eq} = \sigma' \left[\dfrac{1+2K_0^{NC}}{3} + \dfrac{3(1-K_0^{NC})^2}{M^2(1+2K_0^{NC})} \right] \\ p_p^{eq} = \sigma_p \left[\dfrac{1+2K_0^{NC}}{3} + \dfrac{3(1-K_0^{NC})^2}{M^2(1+2K_0^{NC})} \right] \end{cases} \quad (4\text{-}33)$$

式中,p_p^{eq} 为广义的预固结压力;K_0^{NC} 为正常固结状态的应力比;M 为相关参数。

省略掉一维蠕变方程的弹性应变,引入 p^{eq} 和 p_p^{eq} 的上述表达式,并将 ε 写成 ε_v 得出:

$$\begin{cases} -\dot{\varepsilon}_v^c = \dfrac{C}{\tau} \left(\dfrac{p^{eq}}{p_p^{eq}} \right)^{\frac{B}{C}} \\ p_p^{eq} = p_{p0}^{eq} \exp\left(\dfrac{-\varepsilon_v^c}{B} \right) \end{cases} \quad (4\text{-}34)$$

式中,$\dot{\varepsilon}_v^c$ 为体积蠕变应变的微分。

与一维模型中的参数 A、B 和 C 不同的是,我们现在改用材料参数 κ^*、λ^* 和 μ^*,这适合于临界状态土力学的框架。常数之间的转化遵从下式的规则:

$$\kappa^* = \dfrac{3(1-\nu_{ur})}{1+\nu_{ur}} A, B = \lambda^* - \kappa^*, \mu^* = C \quad (4\text{-}35)$$

使用了这些新参数后,推广后的蠕变方程变为:

$$-\dot{\varepsilon}_v^c = \dfrac{\mu^*}{\tau} \left(\dfrac{p^{eq}}{p_p^{eq}} \right)^{\frac{\lambda^*-\kappa^*}{\mu^*}}, p_p^{eq} = p_{p0}^{eq} \exp\left(\dfrac{-\varepsilon_v^c}{\lambda^*-\kappa^*} \right) \quad (4\text{-}36)$$

SSC 模型共有九个参数,包括:

①3 个 Mohr-Coulomb 强度参数：有效黏聚力 c、有效内摩擦角 φ、剪胀角 φ_m。

②3 个基本刚度参数：修正的膨胀指标 κ^*、修正的压缩指标 λ^*、修正的蠕变指标 μ^*。

③3 个高级参数：卸载-重加载情况下的泊松比 v_ur（缺省值 0.15）、正常固结状态的应力比 K_0^NC、相关参数 M。

以上参数可以通过等向压缩试验或者固结仪试验来确定。

2）参数识别

本构模型确定后，模型参数的选定是分析成功与否的关键，参数越接近实际，分析结果也就越与实践一致。由于土体参数获取困难，单纯试验获得的数据具有普遍性，应当根据相同或相似地层处、相同或相似工艺下的基坑施工结果对数值模型进行修正，即参数识别。

例如浦东南路站分三个坑施工，A-1 区、A-2 区、B 区。A-1 区与 B 区采用普通的钢支撑体系，将围护结构的侧向变形控制在 1.4‰H 以内；A-2 则采用轴力伺服系统，拟将侧向变形控制在 0.8‰H 内。针对 A-2 区的开挖情况，可先建立 A-1 坑的模型进行分析，根据分析结果修正模型参数，使计算结果与实际基本一致，修正后的模型参数用于 A-2 坑的分析。

结合勘察报告，以反分析法和上海地区相关经验取值得到 HS 模型及 SSC 模型所需的相关参数，见表 4-5、表 4-6。

HS 模型参数表　　　　　　表 4-5

地层名称	①₁ 杂填土	②₁ 粉质黏土	②₃ 淤泥质粉质黏土	③夹砂质粉土	④淤泥质黏土	⑤₁ 粉质黏土	⑥粉质黏土	⑦₁₋₂ 砂质粉土	⑦₂ 粉砂
本构模型	HS	HS	HS	HS	HS	HS	HS	HS	HS
排水类型	不排水	不排水	不排水	不排水	不排水	不排水	不排水	不排水	不排水
γ_unsat	18	18.2	17.5	18.6	16.7	18	19.5	18.5	18.8
k_x/k_y	0	0	0	0	0	0	0	0	0
E_{50}^ref	9700.0	9240.0	7500.0	21560.0	5760.0	8220.0	13720.0	21040.0	25320.0
$E_\mathrm{oed}^\mathrm{ref}$	4850.0	4620.0	3750.0	10780.0	2984.0	4110.0	6860.0	10520.0	12660.0

续上表

地层名称	①$_1$杂填土	②$_1$粉质黏土	③淤泥质粉质黏土	③$_夹$砂质粉土	④淤泥质黏土	⑤$_1$粉质黏土	⑥粉质黏土	⑦$_{1-2}$砂质粉土	⑦$_2$粉砂
E_{ur}^{ref}	48500.0	46200.0	37500.0	107800.0	28800.0	41100.0	68600.0	105200.0	126600.0
m	0.8	0.8	0.8	0.8	0.8	0.8	0.8	0.8	0.8
p_{ref}	100.0	100.0	100.0	100.0	100.0	100.0	100.0	100.0	100.0
v_{ur}	0.2	0.2	0.2	0.2	0.2	0.2	0.2	0.2	0.2
K_0^{nc}	0.7	0.7	0.7	0.5	0.8	0.7	0.7	0.5	0.5
c_{ref}	2.0	20.0	12.0	6.0	14.0	16.0	46.0	2.0	1.0
φ	20.0	17.5	19.5	29.0	12.0	17.0	16.0	31.5	33.0
ψ	0.0	0.0	0.0	0.0	0.0	0.0	0.0	0.0	0.0
R_f	0.9	0.9	0.9	0.9	0.9	0.9	0.9	0.9	0.9
R_{inter}	0.7	0.7	0.7	0.7	0.7	0.7	0.7	0.7	0.7

注：表中 γ_{unsat} 为水位以上的土体重度；k_x/k_y 分别为水平和竖向渗透系数；E_{50}^{ref} 为三轴固结排水试验割线模量；E_{oed}^{ref} 为三轴固结排水试验切线压缩模量；E_{ur}^{ref} 为三轴固结排水试验卸载-再加载模量；m 为模量应力相关幂指数；p_{ref} 为参考应力；v_{ur} 为泊松比；K_0^{nc} 为侧应力系数；c_{ref} 为黏聚力；φ 为内摩擦角；ψ 为剪胀角；R_f 为破坏比；R_{inter} 为界面强度折减因子。

SSC 模型参数表　　　　　　　　　　　　　　　　　　　　　　表 4-6

地层名称	①$_1$杂填土	②$_1$粉质黏土	③淤泥质粉质黏土	③$_夹$砂质粉土	④淤泥质黏土	⑤$_1$粉质黏土	⑥粉质黏土	⑦$_{1-2}$砂质粉土	⑦$_2$粉砂
本构模型	MC	SSC	SSC	MC	SSC	SSC	SSC	MC	MC
排水类型	不排水	不排水	不排水	不排水	不排水	不排水	不排水	不排水	不排水
γ_{unsat}	18	18.2	17.5	18.6	16.7	18	19.5	18.5	18.8
k_x/k_y	0	0	0	0	0	0	0	0	0
E^{ref}	15000	—	—	30000	—	—	—	300000	800000
c	2.0	20.0	12.0	6.0	14.0	16.0	46.0	2.0	1.0
φ	20.0	17.5	19.5	29.0	12.0	17.0	16.0	31.5	33.0
ψ	0.0	0.0	0.0	0.0	0.0	0.0	0.0	0.0	0.0
v	0.2	0.2	0.2	0.2	0.2	0.2	0.2	0.2	0.2
λ^*	—	0.060	0.047	—	0.066	0.054	0.038	—	—
κ^*	—	0.005	0.0039	—	0.0042	0.0035	0.0032	—	—
μ^*	—	0.0024	0.0019	—	0.0026	0.0022	0.0015	—	—
R_{inter}	0.7	0.7	0.7	0.7	0.7	0.7	0.7	0.7	0.7

注：表中长度单位为 m，力的单位为 kN；对无法获得 SSC 模型参数的土层①$_1$、③$_夹$、⑦$_{1-2}$ 及⑦$_2$，采用 MC 模型。

对于已经开挖完成的浦东南路站 A-1 坑和 B 坑,用有限元模型计算其围护结构侧向变形情况,得出的结果与基坑实际变形状态基本吻合,可以认为我们采用的相关结构参数与土层参数是有效可行的。

3) 模型的施工步序

以浦东南路站的基坑施工为研究对象,表 4-7 列出了基坑的施工流程。同时为了更深入地研究主动控制技术的适应性,建立了两层车站基坑的假想模型:以浦东南路站 A-2 坑三层车站基坑为依照建立同参数的两层车站基坑计算模型。其中,两层车站的基坑模型中,围护结构深度 33m,基坑深度 18m;开挖过程中设五道支撑,第一道支撑为 C40 混凝土支撑(1000mm×800mm),第二、三道为 ϕ609mm×16mm 钢管撑,第四、五道为 ϕ800mm×20mm 钢管撑。

基坑开挖流程见表 4-7。

基坑开挖流程表　　　　　　　表 4-7

开挖工序	两层车站	三层车站
工序 1	激活围护结构	
工序 2	开挖至第一道混凝土撑下 20cm(开挖 1)	
工序 3	激活第一道混凝土支撑	
工序 4	开挖至第二道钢支撑下(开挖 2)	
工序 5	激活第二道钢支撑	
工序 6	开挖至第三道钢支撑下(开挖 3)	
工序 7	激活第三道钢支撑	
工序 8	开挖至第四道钢支撑下(开挖 4)	
工序 9	激活第四道钢支撑	
工序 10	开挖至第五道钢支撑下(开挖 5)	
工序 11	激活第五道钢支撑	
工序 12	开挖到底(开挖 6)	开挖至第六道钢支撑下(开挖 6)
工序 13		激活第六道钢支撑
工序 14		开挖到底(开挖 7)

4.3.3　合理目标状态的确定

在坑底隆起一定的情况下,周边建(构)筑物的变形主要由围护结构的侧向变形引起,因此控制围护结构侧向变形是环境保护的主要内容,而围护结构侧向变形又与支撑体系的受力密切相关,钢支撑轴力越大对控制变形越有利,但轴力越大,越接近支撑的极限承载能力,则支撑体系的风险也就越大,相应的基坑风险也就越大。同时,轴力作用下围护结构的弯矩、剪力等也在发生变化,可能会超过其容许值;另外在坑外荷载一定的情况下,浅层的钢支撑轴力会造成首道混凝土支撑受拉开裂,引发基坑风险。因此基坑的变形控制目标要合理,既要控制围护结构侧向变形又要控制支撑轴力、围护结构内力不超过限值。

控制指标的合理状态主要体现在三个方面:

(1) 支撑轴力

支撑轴力的合理值是指在保证支撑系统具有一定安全性的前提下支撑可能承受的最大值。

① 混凝土支撑

混凝土支撑既可以受拉又可以受压,不得产生超过容许范围的拉应力或压应力。根据《混凝土结构设计规范》(GB 50010—2010)计算混凝土支撑的极限承载能力。混凝土在正截面受压承载力应符合如下规定:

$$N \leqslant 0.9\varphi(f_c A + f'_y A'_s) \tag{4-37}$$

式中,N 为轴向压力设计值;φ 为钢筋混凝土的稳定系数,根据构件长细比确定;f_c 为混凝土轴心抗压强度设计值,f'_y 为钢筋抗压强度设计值,A 为构件截面面积;A'_s 为全部纵向普通钢筋的截面面积。

轴心受拉构件的混凝土正截面受拉承载力应符合下列规定:

$$N \leqslant f_y A_s + f_{py} A_p \tag{4-38}$$

式中,N 为轴向拉力设计值;A_s、A_p 分别为纵向普通钢筋、预应力筋的全部截面面积;f_y、f_{py} 分别为普通钢筋、预应力筋的抗拉强度设计值。

第一道混凝土支撑截面尺寸为 1000mm×800mm,配筋为 12ϕ25mm,上下各 6 根;第四道混凝土支撑截面尺寸为 1200mm×1000mm,配筋为 20ϕ25mm,上下各 10 根。按照规范计算得到第一、四道混凝土支撑(C30)的极限受拉和受压能力见表 4-8。

根据欧拉公式 $F_{cr} = \dfrac{\pi^2 EI}{(\mu l)^2}$ 计算得到第一道混凝土支撑的临界力为 1.54×10^5 kN,第四道混凝土支撑的临界力为 3.48×10^5 kN。两道支撑的压稳临界力都远大于极限承载力,因此在极限承载范围内混凝土支撑不会发生失稳。

混凝土支撑的极限承载能力 表4-8

参　数	第一道混凝土支撑	第四道混凝土支撑
φ	0.58	0.58
$A(mm^2)$	0.8×10^6	1.2×10^6
$f_c(N/mm^2)$	14.3	14.3
$f'_y \backslash f_y(N/mm^2)$	360	360
$A'_s \backslash A_s(mm^2)$	5890	9816
极限受压值(kN)	7000	7778
极限受拉值(kN)	2120	3534

②钢支撑

钢支撑只能受压不能受拉，钢支撑所受轴力不得超过系统的极限承载力，对于25m左右宽的深基坑，在中间设置有可靠系梁的工况下 ϕ609mm 钢支撑的目标值初步确定在2200kN，ϕ800mm 钢支撑的目标值定在4000kN。

（2）围护结构侧向变形

在深基坑中围护结构侧向变形一般以基坑开挖深度的千分比来表示，$-a‰H \sim +b‰H$（+代表坑内方向），a、b 为某个定值。从理论上讲 a、b 值等于 0 是最合理的，但实际上由于围护结构是有刚度的，即使轴力足够大可以确保支撑处的围护结构侧向变形为零，但其他部位仍有变形。围护结构变形的指标需根据周边环境和支撑系统的轴力来确定。控制指标越严格，所需要的轴力往往就越大，实现的难度也就越大，因此控制指标的确定应当建立在科学研究、合理分析的基础上。如上海市《基坑工程技术标准》（DG/TJ 08-61—2018　J 11577—2018）规定环境保护等级为一级的基坑，围护结构最大侧向变形为 $0.18\%H$；《上海地铁基坑工程施工规程》（SZ-08—2000）规定环境保护等级为一级的基坑，围护结构最大侧向变形为 $0.14\%H$。当然可以根据基坑周边的环境保护要求提出更高的标准，比如对于采用轴力伺服系统的基坑，其侧向变形控制指标可以定为 $0.08\%H$。同时浅层支撑在较大的伺服系统轴力作用下，围护结构可能会发生向外的变形，对周边管线和建（构）筑物产生不利影响，也应加以控制，具体数值需要进一步研究。

（3）围护结构内力

支撑预加轴力势必会改变围护结构的受力状态，而合理的基坑变形控制目标需要确保围护结构受力在允许范围内。

①围护结构正截面受弯承载力验算

浦东南路站围护结构配筋如图4-49所示。

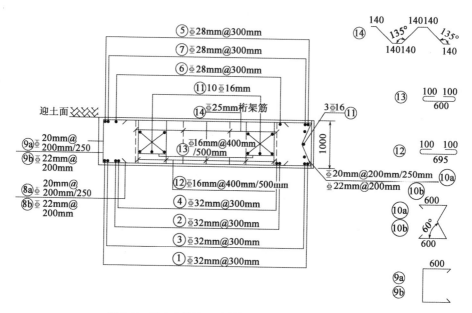

图 4-49　浦东南路站地下连续墙配筋图（尺寸单位：mm）

由规范可知矩形截面其正截面受弯构件应满足下式：

$$M \leq \alpha_1 f_c bx\left(h_0 - \frac{x}{2}\right) + f'_y A'_s (h_0 - a'_s) - (\sigma'_{p0} - f'_{py}) A'_p (h_0 - a'_p) \quad (4\text{-}39)$$

式中，M 为弯矩设计值；α_1 为系数，按《混凝土结构设计规范》(GB 50010—2010)(2015年版)第6.2.6条的规定计算；f_c 为混凝土轴心抗压强度设计值；A'_s 为受压区纵向普通钢筋的截面面积；A'_p 为受拉区、受压区纵向预应力钢筋的截面面积；σ'_{p0} 为受压区纵向预应力筋合力点处混凝土法向应力等于零时的预应力筋应力；b 为矩形截面的宽度或倒T形截面的腹板宽度；h_0 为截面有效高度；a'_s、a'_p 分别为受压区纵向普通钢筋合力点、预应力筋合力点至截面受压边缘的距离。

根据围护结构配筋情况进行正截面受弯计算，可得浦东南路站围护结构能承受的弯矩极限值，见表4-9。

围护结构弯矩和剪力极限值　　　　　　　　　　表4-9

结　构	弯矩极限值(kN·m)		剪力极限值(kN)
	迎土侧	背土侧	
围护结构	2684	3704	3132

②围护结构斜截面受剪承载力验算

仅考虑箍筋作用的斜截面受剪承载力计算见式(4-40)～式(4-42)，根据公式计算得到围护结构能承受的剪力极限值见表 4-9。

$$V \leqslant V_{CS} + V_P \tag{4-40}$$

$$V_{CS} = \alpha_{CV} f_t b h_0 + f_{yv} \frac{A_{sv}}{s} h_0 \tag{4-41}$$

$$V_P = 0.05 N_{p0} \tag{4-42}$$

式中，V_{CS} 为构件斜截面上混凝土和箍筋的受剪承载力设计值；V_P 为由预加力所提高的构件受剪承载力设计值；α_{CV} 为斜截面混凝土受剪承载力系数；A_{sv} 为配置在同一截面内箍筋各肢的全部截面面积；s 为沿构件长度方向的箍筋间距；f_{yv} 为箍筋的抗拉强度设计值；N_{p0} 为计算截面上混凝土法向预应力等于零时的预加力。

③围护结构抗冲切验算

使用轴力伺服系统时，因支撑上施加了较大的主动轴力，需对围护结构的抗冲切能力进行验算。根据《混凝土结构设计规范》(GB 50010—2010)，在局部荷载或集中反力作用下，不配置箍筋或弯起钢筋的板受冲切承载力应符合下式规定：

$$F_t \leqslant (0.7\beta_h f_t + 0.25\sigma_{pc,m}) \eta u_m h_0 \tag{4-43}$$

式中，F_t 为局部荷载设计值或集中反力设计值；β_h 为截面高度影响系数；f_t 为混凝土轴心抗拉强度设计值；$\sigma_{pc,m}$ 为计算截面周长上两个方向混凝土有效预压应力按长度的加权平均值；η 为系数；u_m 为计算截面的周长；h_0 为截面有效高度。

根据式(4-43)可得到常用围护结构冲切破坏时对应的支撑轴力，见表 4-10。

不同厚度围护结构的抗冲切强度　　　表 4-10

参数	φ609mm 钢支撑			φ800mm 钢支撑		
	围护宽度 800mm	围护宽度 1000mm	围护宽度 1200mm	围护宽度 800mm	围护宽度 1000mm	围护宽度 1200mm
h_0	766	955	1155	766	955	1155
u_m	6264	7020	7820	7064	7820	8620
α_s	40	40	40	40	40	40
β_s	2	2	2	2	2	2
η_1	1	1	1	1	1	1

续上表

参数	φ609mm 钢支撑			φ800mm 钢支撑		
	围护宽度 800mm	围护宽度 1000mm	围护宽度 1200mm	围护宽度 800mm	围护宽度 1000mm	围护宽度 1200mm
η_2	1.72	1.86	1.98	1.58	1.72	1.84
η	1	1	1	1	1	1
β_h	1	0.98	0.97	1	0.98	0.97
f_t	1.57	1.57	1.57	1.57	1.57	1.57
$[F_t]$	5273.2	7245.0	9595.4	5946.7	8070.7	10577.0

注:表中,α_s 为柱位置影响系数;β_s 为局部荷载或集中反力作用面积为矩形时的长边与短边尺寸的比值;η_1 为局部荷载或集中反力作用面积形状的影响系数,η_2 为计算截面周长与板截面有效高度之比的影响系数,η 取 η_1 与 η_2 中的较小值。

4.3.4 钢支撑轴力的确定方法

1) 基于零位移法的钢支撑轴力确定方法

采用伺服系统的钢支撑轴力可以根据需要实时调整,其调整的目的是在保证自身安全的前提下尽可能减小围护结构的侧向变形,即钢支撑轴力是基于变形控制的。理论上当轴力足够大时可以使得支撑处的围护结构侧向变形为零,以浦东南路站的 A-2 坑标准段为例,分别就"静态零位移法"与"动态零位移法"计算使围护结构保持零位移所需的支撑轴力。

(1)静态零位移法

建立三层车站基坑的二维有限元模型,开挖示意如图 4-50 所示。

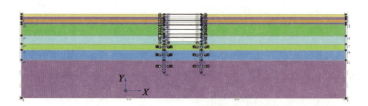

图 4-50 静态零位移法模型开挖示意图

在刚性支撑作用下,基坑的侧向变形如图 4-51 所示、围护结构的侧向变形如图 4-52 所示。在第六道支撑以上的开挖区内,围护结构侧向变形非常小,正负向都在 2mm 左右,基坑底部因无支撑围护结构侧向变形略大(9mm)。

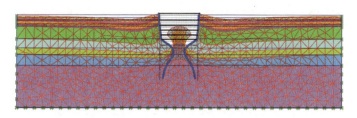

图 4-51　静态零位移法下基坑变形(放大 500 倍)

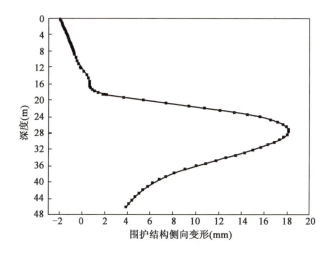

图 4-52　静态零位移法计算的围护结构侧向变形

由于基坑开挖过程是挖土变形后再施加支撑轴力,因此这一方法不能考虑施工过程,同时对于含有混凝土支撑的基坑,由于混凝土支撑无法施加预加轴力,在挖除下一层土前不受围护结构土压力作用,因此这种方法获得的轴力有一定的不合理性。

(2)动态零位移法

模型同静态零位移法,按实际施工过程设置开挖顺序。计算得到每道支撑处的位移都不超过 2mm(图 4-53、图 4-54),坑底(深 22m 处)因无支撑位移仍有 9mm。

在基坑"先挖后撑"的开挖过程中,想要使得位移为零,就必须将已经发生位移的土体再推回去,这部分推力即由支撑轴力提供。随着开挖深度加深,需要的推力也就越大。

通过静态零位移法和动态零位移法得到的支撑轴力见表 4-11。

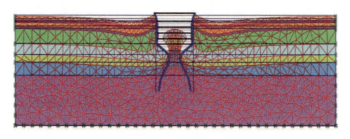

图 4-53　动态零位移法下基坑变形（放大 500 倍）

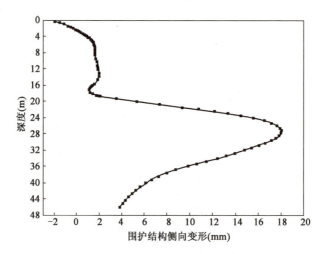

图 4-54　动态零位移法下围护结构侧向变形

两种零位移法下的轴力计算结果　　　　　　　　　表 4-11

计 算 位 置	静态零位移法轴力（kN/m）	动态零位移法轴力（kN/m）
第一道混凝土支撑	-23.870	—
第二道钢支撑	-225.600	-475
第三道钢支撑	-386.300	-1550
第四道混凝土支撑	-829.700	-1925
第五道钢支撑	449.400	-2750
第六道钢支撑	-3078.000	-3350

2）基于"三控法"的钢支撑轴力确定

由于浦东南路站周边环境保护要求较高，以 $0.8‰H$ 为变形控制目标，根据目前的钢支撑布置、轴力限值及围护结构的承载极限,以"三控法"研究满足变形控制需要的支撑轴力。换算到二维模型中,ϕ609mm 钢管撑的极限承载能力为 718kN/m,ϕ800mm 钢管撑为 1306kN/m。对照表 4-9、表 4-10 可知,此时围护结构受力未超过容许范围且无冲切破坏风险。分别就不同深度的基坑(地下两层车站、地下三层车站)进行轴力的优化计算。

(1)两层车站基坑的轴力计算

地下两层车站的基坑模型,围护结构深度 33m,基坑深度 18m;开挖过程中设五道支撑,第一道支撑为 C40 混凝土支撑,第二、三道为 ϕ609mm 钢管撑,第四、五道为 ϕ800mm 钢管撑。地质参数同浦东南路 A-2 坑,开挖流程见表 4-7。建立地下两层车站基坑的基本模型如图 4-55 所示。

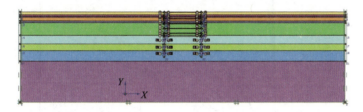

图 4-55　两层车站基坑模型

在地层结构法的基础上采用试算法得到两层车站基坑第二~五道钢支撑的轴力分别为 -400kN/m、-550kN/m、-800kN/m、-900kN/m。该轴力下围护结构的侧向变形情况如图 4-56、图 4-57 所示,土体最大变形已不在开挖区域内。

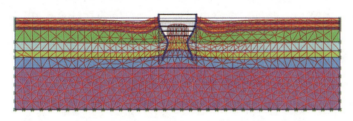

图 4-56　两层车站基坑变形(放大 500 倍)

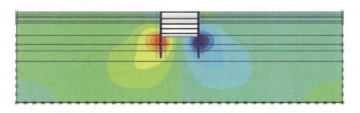

图 4-57　两层车站基坑侧向变形云图

开挖过程中围护结构的侧向变形变化如图 4-58 所示,可直观地看到基坑先挖后撑过程中围护结构侧向变形先大后小的变化情况。为保证围护结构侧向变形在控制目标内的同时尽量不出现负向变形,第二、三道支撑的轴力不宜过大,因而在整个开挖过程中,开挖至第四道支撑时围护结构侧向变形最大;随着第四、五道支撑激活并加上轴力,围护结构侧向变形减小;开挖到底时,围护结构最大侧向变形 1.2cm,能够达到 0.8‰H 的控制目标,但坑内围护结构出现很小的负向变形,约 0.7mm。

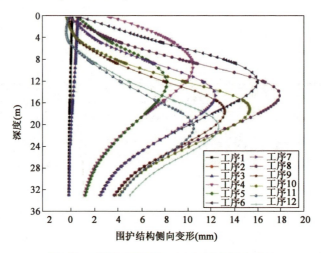

图 4-58　两层车站开挖过程中的围护结构侧向变形

开挖过程中,支撑轴力也随之变化。轴力变化见表 4-12,表中正值说明开挖模拟过程中第一道混凝土支撑中出现了拉力,由前文计算可知,第一道混凝土撑的极限受拉为 2120kN,按间距换算到单位宽度为 195.4kN/m,显然计算值未超过受拉容许值。

两层车站基坑开挖过程中支撑轴力变化(单位:kN/m)　　表 4-12

工　序	第一道 混凝土支撑	第二道 钢支撑	第三道 钢支撑	第四道 钢支撑	第五道 钢支撑
工序 3	-0.01				
工序 4	-96.26				
工序 5	7.23	-420.00			
工序 6	3.25	-516.20			
工序 7	29.80	-399.50	-550.00		

续上表

工　序	第一道混凝土支撑	第二道钢支撑	第三道钢支撑	第四道钢支撑	第五道钢支撑
工序 8	37.50	-436.40	-631.40		
工序 9	32.53	-359.60	-477.30	-800.00	
工序 10	40.53	-361.90	-493.80	-862.40	
工序 11	32.02	-337.80	-431.10	-658.20	-900.00
工序 12	34.35	-339.60	-437.80	-686.00	-959.30

注：表中工序见表4-7。

(2) 三层车站基坑的轴力计算

与两层车站基坑类似，得到第二~五道钢支撑的轴力分别为-420kN/m、-550kN/m、-1000kN/m、-880kN/m。该轴力下结构的变形情况如图4-59、图4-60所示。

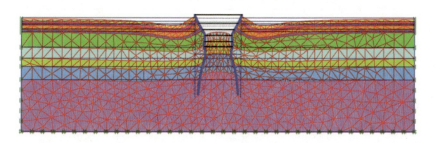

图4-59　三层车站基坑变形(放大500倍)

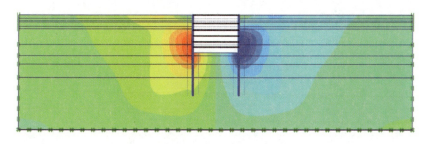

图4-60　三层车站基坑侧向变形云图

开挖过程中围护结构变形情况如图4-61所示。开挖到底时，围护结构最大侧向变形1.48cm，能够达到0.8‰H的控制目标，但坑内围护结构同样出现了负向变形，约0.55mm。开挖过程中支撑轴力的变化见表4-13。

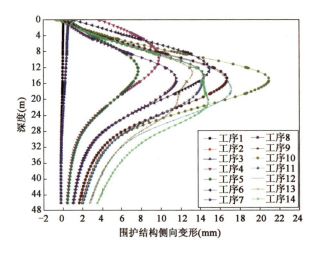

图 4-61 三层车站开挖过程中的围护结构侧向变形

三层车站基坑开挖过程中支撑轴力变化(单位:kN/m)　　表 4-13

工序	第一道混凝土支撑	第二道钢支撑	第三道钢支撑	第四道混凝土支撑	第五道钢支撑	第六道钢支撑
工序 3	−0.01					
工序 4	−115.80					
工序 5	3.47	−420				
工序 6	−13.90	−515.30				
工序 7	31.82	−408.10	−550.00			
工序 8	36.62	−449.70	−631.30			
工序 9	36.62	−449.70	−631.30	0.046		
工序 10	52.81	−463.80	−673.70	−202.80		
工序 11	41.96	−438.50	−611.40	97.89	−1000.00	
工序 12	47.58	−441.60	−623.70	19.15	−1097.00	
工序 13	40.86	−436.10	−604.00	145.50	−942.00	−880.00
工序 14	44.15	−436.90	−609.40	104.30	−1003.00	−941.50

由表4-13可知,第一道与第四道混凝土支撑都中出现了拉力,第一道混凝土支撑最大拉力52.81kN/m,在受拉容许范围内(195.4kN/m);第四道混凝土支撑最大拉力145.5kN/m,由前文计算可知,第四道混凝土支撑的极限受拉为2052kN,按间距换算到单位宽度为293.1kN/m,计算所得值并未超过受拉容许值。

4.3.5 支撑轴力对围护结构侧向变形的影响

在软土长条形基坑施工中,围护结构的最大侧向变形一般不发生在开挖面上方,而是发生在开挖面下方的一定深度范围内。由于最大侧向变形发生在坑底下方的土体中,无法直接对其进行控制。连续体变形协调方程为深层土体处的围护结构侧向变形主动控制提供了一种有效手段,即利用坑底上方支撑的主动轴力来调整深层土体处的围护结构侧向变形,从而实现基坑围护结构侧向变形的主动控制。

1) 两层车站基坑支撑轴力对围护结构侧向变形的影响

将四道钢支撑(第二、三、四、五道支撑)的轴力分8次施加,研究各道支撑处围护结构侧向变形随着钢支撑轴力增加的变化。支撑轴力控制在限值以下(ϕ609mm 钢管为2500kN、ϕ800mm 钢管为4000kN),分步施加值见表4-14。

两层车站基坑支撑分次施加轴力值(单位:kN/m)　　　　表4-14

轴力施加次数	第二道支撑	第三道支撑	第四道支撑	第五道支撑
第一次施加值	100	100	150	150
第二次施加值	200	200	300	300
第三次施加值	300	300	450	450
第四次施加值	400	400	600	600
第五次施加值	500	500	750	750
第六次施加值	600	600	900	900
第七次施加值	700	700	1050	1050
第八次施加值	800	800	1200	1200

支撑轴力增加对围护结构侧向变形的影响见图4-62。

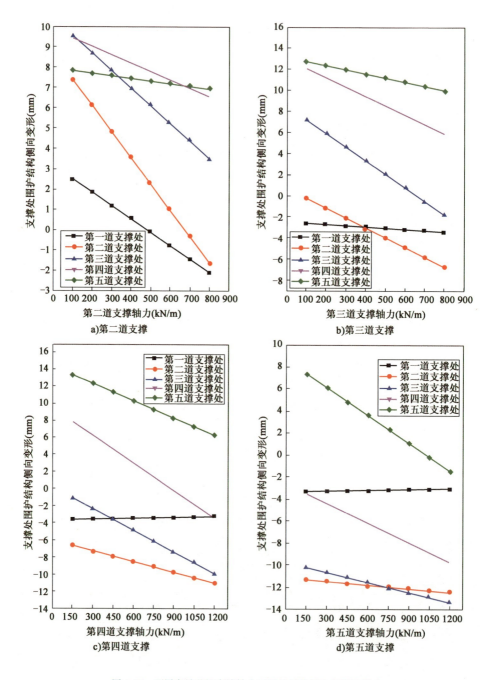

图 4-62 两层车站基坑支撑轴力对围护结构侧向变形的影响

由图 4-62 可知,支撑轴力能够影响不同深度处的围护结构侧向变形,距离主动轴力位置越远影响越小。上方的支撑轴力对下方围护结构侧向变形影响大,下方的支撑轴力对上方的围护结构侧向变形影响小,围护结构侧向变形随着支撑轴力的增加线性减小。第一道混凝土支撑处围护结构变形受钢支撑轴力变化的影响很小,第二道支撑轴力的增加对第三道支撑处的变形影响较大,但对第四、五道支撑处围护结构的变形影响相对较小;第三道支撑轴力的增加对第四道支撑处的变形影响较大,但对第二、五道支撑处围护结构的变形影响相对较小;第四、五道支撑轴力的增加则能显著减小其上下各一道支撑处的变形,对于第一、二道支撑处的变形影响不大。即钢支撑轴力能够影响不同深度处的围护结构侧向变形,距离主动轴力位置越远影响越小。

2) 三层车站基坑支撑轴力对围护结构侧向变形的影响

将四道钢支撑(第二、三、四、五道支撑)的轴力分 8 次施加,最终轴力采用极限钢支撑轴力,研究各道支撑处围护结构侧向变形随着钢支撑轴力增加的变化。基坑支撑施加轴力值见表 4-15。

三层车站基坑支撑分次施加轴力值(单位:kN/m)　　表 4-15

轴力施加次数	第二道支撑	第三道支撑	第四道支撑	第五道支撑
第一次施加值	100	100	150	150
第二次施加值	200	200	300	300
第三次施加值	300	300	450	450
第四次施加值	400	400	600	600
第五次施加值	500	500	750	750
第六次施加值	600	600	900	900
第七次施加值	700	700	1050	1050
第八次施加值	800	800	1200	1200

图 4-63 所示为三层车站基坑模型中支撑轴力增加对围护结构侧向变形的影响,由图可知,同样地,第一道混凝土支撑处围护结构变形受钢支撑轴力变化的影响很小,第二道支撑轴力的增加对第三道支撑处的变形影响较大,但对第四、五道支撑处围护结构的变形影响相对较小;第三道支撑轴力的增加对第四道支撑处的变形影响较大,但对第二、五道支撑处围护结构的变形影响相对较小;第四、五道支撑轴力的增加则能显著减小其上下各一道支撑处的变形,对于第一、二道支撑处的变形影响不大。即支撑轴力能够影响不同深度处的围护结构侧向变形,距离主动轴力位置越远影响越小。上方的支撑轴力对下

方围护结构侧向变形影响大,下方的支撑轴力对上方的围护结构侧向变形影响小,围护结构侧向变形则随着支撑轴力的增加线性减小。

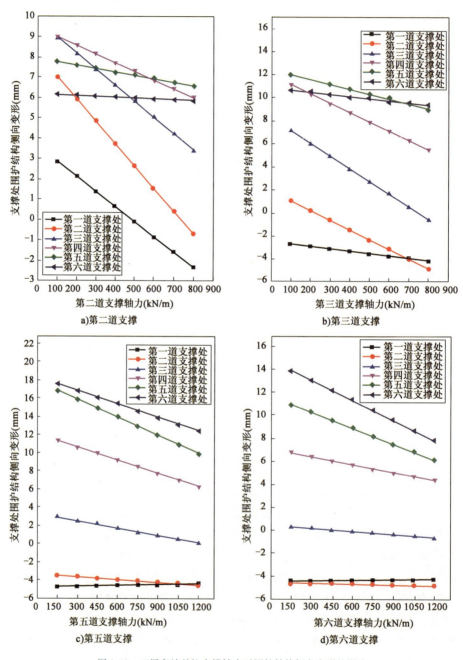

图4-63 三层车站基坑支撑轴力对围护结构侧向变形的影响

在前文分析中,支撑轴力与围护结构侧向变形为线性变化关系,皆因在土压力与支撑共同作用下,围护结构仅发生了小变形。以一个简单例子说明 HS 模型下力与变形的关系,土层参数同表4-5,计算模型如图4-64所示,仅有竖向力作用,计算加载与卸载过程中底板上 a 点处的沉降变化。分步加载值见表4-16。

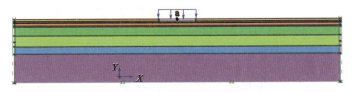

图 4-64　竖向力作用计算模型图

分步加载值　　　　　　　　　　　　　　表 4-16

轴力加载步骤	加 载 路 径		卸 载 路 径 1	
	荷载值(kN/m^2)	a点沉降(mm)	荷载值(kN/m^2)	a点沉降(mm)
分步1	10	6.17		
分步2	20	8.78	160	114.56
分步3	40	14.59	80	102.88
分步4	80	28.82	40	96.61
分步5	160	114.56	20	93.31
分步6	200	124.07	10	91.64

注:加载到 $200kN/m^2$ 时土体已破坏。

根据计算结果绘制竖向力作用下加载/卸载-沉降曲线如图4-65所示,在一定荷载变化范围内,a 点处沉降随竖向力线性变化,与前文支撑轴力-围护结构侧向变形变化关系一致。

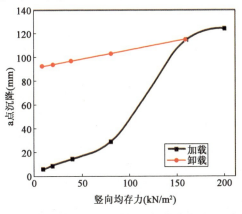

图 4-65　底板 a 点处加载/卸载-位移图

3）基于轴力-变形影响性的围护结构侧向变形控制原则

上述分析中支撑轴力与围护结构侧向变形为线性变化关系,皆因在土压力与支撑共同作用下,围护结构仅发生了小变形。当变形较大时,上述关系体现为非线性。

基于支撑轴力对围护结构侧向变形的影响分析可以得到围护结构侧向变形控制的三个原则:"就近原则""尽早原则"与"分区控制原则"。

(1)"就近原则"是指通过调整距离变形位置最近的支撑轴力来控制变形效率最高,这为轴力伺服系统如何有效控制基坑围护结构侧向变形指明了方向。特别是软土长条形基坑,如果最大侧向变形发生在开挖面以下,只有调整开挖面上方最近一道支撑的轴力方能有效控制围护结构侧向变形。因此当基坑挖到坑底时,坑底下方围护结构侧向变形的控制就取决于基坑最后一道支撑的轴力,该道支撑必须具有足够的强度与安全储备,因此最后一道支撑采用$\phi 800$mm 钢支撑代替 $\phi 609$mm 钢支撑,可大大提高变形的可控性。

(2)"尽早原则"是指围护结构的侧向变形控制越早越好、越早越容易,自挖土支撑开始就严格控制围护结构侧向变形,早期侧向变形控制得越小后期变形控制目标越容易实现。这进一步说明了实施严格的侧向变形分级控制是必要的。

(3)"分区控制原则":由上述影响分析可知,支撑轴力的变化对相邻的第一道支撑处的围护结构侧向变形影响最大,第二道次之,第三道以后影响较小,而且支撑的深度越深,其影响范围与程度越小,轴力伺服系统可以分成若干区域单独设置。

4.3.6 支撑轴力对围护结构内力的影响

1）两层车站基坑支撑轴力对围护结构内力的影响

采用荷载结构模型对两层车站不同支撑轴力下的围护结构内力进行分析计算,设置轴力从零逐步增长至计算值,支撑轴力变化范围见表4-17。

不同工况下施加的支撑轴力　　　　表4-17

预加应力百分比(%)	50	60	70	80	90	100
第二道钢支撑预加轴力(kN)	-200	-240	-280	-320	-360	-400
第三道钢支撑预加轴力(kN)	-250	-300	-350	-400	-450	-500
第四道钢支撑预加轴力(kN)	-400	-480	-560	-640	-720	-800
第五道钢支撑预加轴力(kN)	-450	-540	-630	-720	-810	-900

在支撑轴力百分比从 0 增长至 100% 的过程中,两层车站围护结构的受力情况如图 4-66~图 4-69 所示。随着支撑轴力的增长,围护结构的正、负弯矩、正剪力都在逐渐减小,而负向剪力逐渐增大。

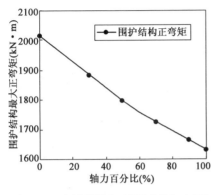

图 4-66　不同支撑轴力下的围护结构正弯矩　　图 4-67　不同支撑轴力下的围护结构负弯矩

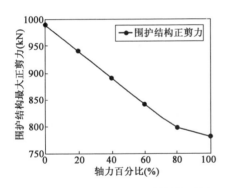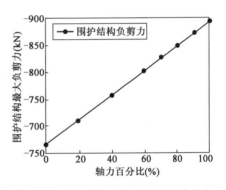

图 4-68　不同支撑轴力下的围护结构正剪力　　图 4-69　不同支撑轴力下的围护结构负剪力

与第 4.3.2 节中围护结构所能承受的极限强度对比可知,两层车站支撑轴力在计算所得轴力范围内变化时,围护结构受力不会超过允许承载范围。

2) 三层车站基坑支撑轴力对围护结构内力的影响

三层车站的钢支撑轴力施加情况见表 4-18。

不同工况下施加的支撑轴力　　表 4-18

预加应力百分比(%)	50	60	70	80	90	100
第二道钢支撑预加轴力(kN)	-210	-252	-294	-336	-378	-420
第三道钢支撑预加轴力(kN)	-275	-330	-385	-440	-495	-550
第五道钢支撑预加轴力(kN)	-500	-600	-700	-800	-900	-1000
第六道钢支撑预加轴力(kN)	-440	-528	-616	-704	-792	-880

在支撑轴力百分比从0增长至100%的过程中,三层车站围护结构的受力情况如图4-70~图4-73所示。在支撑轴力逐渐增长至100%的过程中,围护结构的负弯矩、正剪力在逐渐减小,而正弯矩、负向剪力逐渐增大;但弯矩与剪力随支撑轴力变化的波动整体较小。

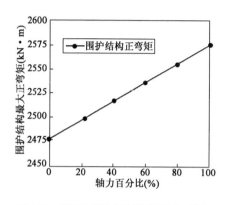

图4-70　不同支撑轴力下的围护结构正弯矩

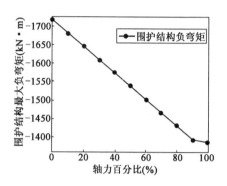

图4-71　不同支撑轴力下的围护结构负弯矩

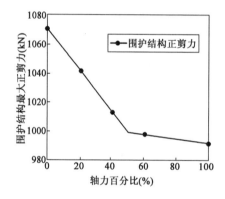

图4-72　不同支撑轴力下的围护结构正剪力

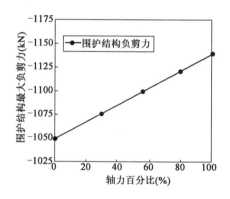

图4-73　不同支撑轴力下的围护结构负剪力

与第4.3.2节中围护结构的极限强度对比同样可知,三层车站支撑轴力在计算所得轴力范围内变化时,围护结构受力也不会超过允许承载范围。

4.3.7　支撑轴力的竖向相干性分析

根据连续体变形协调方程可知,轴力具有相干性,竖向相干性主要体现在某根支撑轴力调整时对上下层各根支撑轴力的影响。

1) 加撑工况下的竖向相干性

(1) 两层车站基坑

地下两层车站案例中下层土方开挖、支撑轴力施加对上层轴力的影响见表4-19。由表中数据可知,新增支撑轴力会引起既有支撑轴力的降低,且距离新增支撑越近影响越大,越远影响越小。除第一道支撑轴力受拉逐渐变大外,其他各道支撑的轴力均随着新增支撑的施加而逐步减小;而土方开挖卸荷导致开挖面上方的支撑轴力增加,与开挖面距离越近则支撑轴力增长越多。即开挖卸荷会导致开挖面上方的钢支撑支撑轴力增加荷载,第一道混凝土支撑随着开挖的进行总体上也为其增加荷载。

两层车站基坑开挖过程中支撑轴力变化(单位:kN/m)　　表4-19

工　序	第一道 混凝土支撑	第二道 钢支撑	第三道 钢支撑	第四道 钢支撑	第五道 钢支撑
工序3	-0.01				
工序4	-96.26				
工序5	7.23	-420.00			
工序6	3.25	-516.20			
工序7	29.80	-399.50	-550.00		
工序8	37.50	-436.40	-631.40		
工序9	32.53	-359.60	-477.30	-800.00	
工序10	40.53	-361.90	-493.80	-862.40	
工序11	32.02	-337.80	-431.10	-658.20	-900.00
工序12	34.35	-339.60	-437.80	-686.00	-959.30

注:表中工序见表4-7。

(2) 三层车站基坑

地下三层车站案例中下层土方开挖、支撑轴力施加对上层轴力的影响见表4-20。

三层车站基坑开挖过程中支撑轴力变化(单位:kN/m)　　表4-20

工　序	第一道 混凝土支撑	第二道 钢支撑	第三道 钢支撑	第四道 混凝土支撑	第五道 钢支撑	第六道 钢支撑
工序3	-0.01					
工序4	-115.8					

续上表

工 序	第一道 混凝土支撑	第二道 钢支撑	第三道 钢支撑	第四道 混凝土支撑	第五道 钢支撑	第六道 钢支撑
工序 5	3.47	−420				
工序 6	−13.9	−515.3				
工序 7	31.82	−408.1	−550			
工序 8	36.62	−449.7	−631.3			
工序 9	36.62	−449.7	−631.3	0.046		
工序 10	52.81	−463.8	−673.7	−202.8		
工序 11	41.96	−438.5	−611.4	97.89	−1000	
工序 12	47.58	−441.6	−623.7	19.15	−1097	
工序 13	40.86	−436.1	−604	145.5	−942	−880
工序 14	44.15	−436.9	−609.4	104.3	−1003	−941.5

注：表中工序见表 4-7。

2）拆撑工况下的竖向相干性

(1) 两层车站基坑

将拆除下道支撑对上道支撑轴力的影响汇总，见表 4-21。由表中数据可知，拆除下道支撑时上层钢支撑轴力变大，且距离拆除钢支撑越近影响越大，越远影响越小。随着拆撑的进行，钢支撑轴力逐步加大，而第一道混凝土支撑的轴力则是由受拉变为受压。

两层车站基坑拆撑引起的支撑轴力变化（单位：kN/m）　　表 4-21

工 序	第一道 混凝土支撑	第二道 钢支撑	第三道 钢支撑	第四道 钢支撑	第五道 钢支撑
激活底板	79.0	−396.0	−509.3	−798.6	−1117.2
拆除第五道支撑	87.7	−412.0	−550.3	−918.2	
拆除第四道支撑	91.3	−499.6	−723.6		
激活中板	75.0	−513.3	−732.6		
拆除第三道支撑	34.7	−553.9			
拆除第二道支撑	−271.0				

(2) 三层车站基坑

同样将拆除下道支撑对上道支撑轴力的影响汇总,见表 4-22 中。由表中数据可知,拆除下道支撑时上层钢支撑轴力变大,且距离拆除钢支撑越近影响越大,越远影响越小。随着拆撑的进行钢支撑轴力逐步加大,而第一道混凝土支撑的轴力则是由受拉变为受压;第四道混凝土支撑轴力由受拉逐渐增大至受压。

三层车站基坑拆撑引起的支撑轴力变化(单位:kN/m) 表 4-22

工 序	第一道混凝土支撑	第二道钢支撑	第三道钢支撑	第四道混凝土支撑	第五道钢支撑	第六道钢支撑
激活底板	103.0	−508.5	−710.3	235.1	−1165.5	−1095.2
拆除第六道支撑	114.3	−513.5	−727.6	32.6	−1275.1	
拆除第五道支撑	143.9	−546.5	−808.2	−721.3		
激活下中板	139.9	−552.1	−816.5	−760.9		
拆除第四道支撑	130.2	−571.4	−845.8			
拆除第三道支撑	−26.3	−723.9				
激活上中板	−52.3					
拆除第二道支撑	−399.3					

3) 基于竖向相干性的伺服系统轴力设置原则

轴力相干性对于确定伺服系统的轴力有着重要意义。轴力伺服系统一般设置有轴力自动调整功能,即当轴力大于或小于 5% 时会启动轴力补偿功能,使其维持在设定的目标值,其目的是补偿支撑的轴力损失。但轴力相干性所引起的轴力变化与之不同,需要正确区分与对待。

由基坑的施工过程可知,在土压力一定时为维持结构平衡所施加的各道支撑轴力之间具有相关性,即相互关联的各道轴力所组成的轴力组维持了结构的平衡。各道轴力随着工况的不同而变化,维系着结构的动态平衡,即每道支撑轴力值的目标不是固定不变的,而应随着工况的调整而变化。因此轴力补偿功能应与当前工况下的目标轴力相匹配,特别是该功能的自动启用会造成支撑轴力的持续调整而破坏既有的结构平衡。

因此在顺筑开挖过程中,支撑轴力的目标值须与施工工况相匹配,工况不发生变化时开启轴力自动补偿功能以应对轴力损失;工况发生变化时应关闭该功能,重新设定轴力的控制目标后再启动自动补偿功能,使得轴力值能够适应工况变化所引起的轴力变化。

4.3.8 钢支撑轴力对土体流变的影响

在软土长条形基坑中,由坑内土体的流变引起的围护结构侧向变形在整个变形中占有重要地位,而软土流变与土体的应力水平密切相关,同等条件下土体所受应力水平越高,流变变形越大,反之越小。由于坑内土体与支撑共同平衡着坑外荷载,因此支撑轴力越大坑内土体应力越小,流变引起的变形就越小。软土蠕变模型(SSC)可近似模拟软土的流变,因此采用该模型研究支撑轴力对流变的影响。

蠕变模型下两层车站与三层车站基坑施工工序见表4-23。

蠕变模型下的基坑施工工序　　　　　　　　表4-23

工　序	两层车站	三层车站
工序1	激活围护结构(2d)	
工序2	围护结构养护(40d)	
工序3	第一道混凝土支撑(1h)	
工序4	第一道混凝土支撑养护(14d)	
工序5	开挖至第二道支撑下(开挖1)(16h)	
工序6	激活第二道钢支撑(6h)	
工序7	停歇(7d)	
工序8	开挖至第三道支撑下(开挖2)(16h)	
工序9	激活第三道钢支撑(6h)	
工序10	停歇(7d)	
工序11	开挖至第四道支撑下(开挖3)(16h)	
工序12	激活第四道钢支撑(1h)	激活第四道混凝土支撑(1h)
工序13	停歇(7d)	第四道混凝土支撑养护(7d)
工序14	开挖至第五道支撑下(开挖4)(16h)	
工序15	激活第五道钢支撑(6h)	
工序16	停歇(7d)	
工序17	开挖到底(开挖5)(16h)	开挖至第六道支撑下(开挖5)(16h)
工序18		激活第六道钢支撑(6h)
工序19		停歇(7d)
工序20		开挖到底(开挖6)(16h)

1) 两层车站基坑不同轴力控制方式对流变的影响

对地下两层车站基坑,计算以下四种工况:
(1)工况1:采用三控法获得的轴力;
(2)工况2:第4、5道钢支撑采用三控法获得的轴力,第2、3道钢支撑的轴力取设计预加值的50%(考虑到施工过程中以千斤顶施加轴力可能有的轴力损失情况);
(3)工况3:全部钢支撑轴力都取设计预加值的50%;
(4)工况4:全部钢支撑都无预加轴力(预加轴力已在施工过程中损失)。
四种工况下支撑轴力见表4-24。

两层车站不同工况下支撑轴力(单位:kN/m)　　表4-24

支撑序号	工况1	工况2	工况3	工况4
第二道支撑	−420	−155	−155	—
第三道支撑	−550	−155	−155	—
第四道支撑	−800	−800	−185	—
第五道支撑	−900	−900	−100	—

将蠕变模型与HS模型下地下两层车站四种工况的计算结果绘制如图4-74所示。

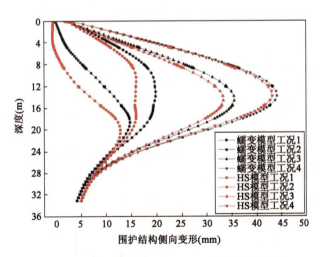

图4-74　地下两层车站四种工况下围护结构侧向变形

围护结构最大侧向变形及其与基坑深度的比值见表4-25。

地下两层车站基坑不同工况下围护结构侧向变形 表4-25

分析工况	本构模型	最大侧向变形(mm)	最大侧向变形与基坑深度的比值(‰)
工况1	蠕变模型	14.77	0.82
	HS模型	11.91	0.66
工况2	蠕变模型	19.87	1.10
	HS模型	16.05	0.89
工况3	蠕变模型	35.54	1.98
	HS模型	33.34	1.85
工况4	蠕变模型	44.14	2.45
	HS模型	43.19	2.40

考虑每层土的有支撑暴露时间为7d的情况下,工况1的围护结构最大侧向变形由11.91mm增加至14.77mm,增加了24%;工况2的围护结构最大侧向变形也增加明显,无法满足0.8‰H的变形控制要求;工况3与工况4的围护结构最大侧向变形已超过一级基坑的基本控制要求(1.4‰H),特别是工况4超出明显,达到工况1的3倍,可见时间效应明显,同时说明轴力对流变变形控制有着显著作用。

实际工程中,有支撑暴露时间往往大于7d,由于软土蠕变引起的变形远大于计算变形,这时轴力伺服系统的作用更加关键。

2)三层车站基坑不同轴力控制方式对流变的影响

针对地下三层车站基坑,考虑软土蠕变模型,同样分为四种工况:

(1)工况1:采用三控法获得的轴力;

(2)工况2:第5、6道钢支撑采用三控法获得的轴力,而第2、3道钢支撑的轴力取设计预加值的50%;

(3)工况3:全部钢支撑轴力都取设计预加值的50%;

(4)工况4:全部钢支撑上无预加轴力(预加轴力已在施工过程中损失)。

四种工况下支撑轴力见表4-26。

三层车站四种工况下支撑轴力(单位:kN/m) 表4-26

支撑编号	工况1	工况2	工况3	工况4
第2道支撑	-420	-125	-125	—
第3道支撑	-550	-192.5	-192.5	—
第5道支撑	-1000	-1000	-280	—
第6道支撑	-900	-900	-170	—

蠕变模型与 HS 模型下地下三层车站四种工况的计算结果如图 4-75 所示。

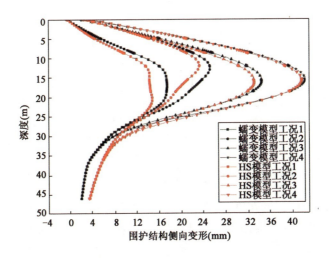

图 4-75　地下三层车站四种工况下围护结构侧向变形

围护结构最大侧向变形及其与基坑深度的比值见表 4-27。

地下三层车站基坑不同工况下围护结构侧向变形　　表 4-27

分析工况	本构模型	最大侧向变形(mm)	最大侧向变形与基坑深度的比值(‰)
工况 1	蠕变模型	17.51	0.81
	HS 模型	14.81	0.68
工况 2	蠕变模型	25.21	1.16
	HS 模型	23.32	1.07
工况 3	蠕变模型	34.45	1.59
	HS 模型	33.32	1.53
工况 4	蠕变模型	42.2	1.95
	HS 模型	41.61	1.92

工况 1 的围护结构最大侧向变形由 14.81mm 增加至 17.51mm，增加了 18%；工况 2 的围护结构最大侧向变形增加明显，而全不采用轴力伺服系统的两种工况下，同样不能满足基坑变形控制基本要求。工况 3 与工况 4 的围护结构最大侧向变形已超过一级基坑的基本控制要求（1.4‰H），特别是工况 4 超出明显，是工况 1 的两倍多，可见时间效应明显，同时说明轴力对流变控制

有着显著作用。

实际工程中,有支撑暴露时间往往大于7d,由于软土蠕变引起的变形远大于计算变形,这时轴力伺服系统的作用更加关键。

3)基于轴力-流变影响性的围护结构侧向变形主动控制方法

由上述分析可知轴力对流变变形控制有着显著作用,因此可根据流变增量来不断调整轴力,使得轴力作用下坑内土体流变趋于收敛。由此得到软土流变的控制方法——轴力-流变增量法,即在确保支撑安全的情况下基于流变增量的收敛性,根据监测数据中的流变增量来调整轴力伺服系统的控制轴力,直至其收敛。

4.3.9 轴力伺服系统的设置方式对围护结构侧向变形控制的影响

由上述分析可知,在轴力施加有效的情况下,支撑轴力对基坑围护结构侧向变形有着明显的约束作用。因此可通过应用轴力伺服系统来控制围护结构侧向变形,但是深基坑往往有多道钢支撑,围护结构侧向变形的大小与支撑的设置方式相关,因此有必要研究不同设置方式下的围护结构侧向变形控制效果。

1)不同轴力伺服系统设置方式下两层车站基坑的围护结构侧向变形控制效果

为了模拟采用轴力伺服系统后对围护结构侧向变形可能产生的影响,以第4.3.1-3)节的两层车站基坑为依托,选择钢支撑轴力控制的不同工况分别建立有限元模型。

(1)工况1:钢支撑全部采用轴力伺服系统。

(2)工况2:一半钢支撑采用轴力伺服系统,有四种子工况,分别为第二、三道支撑采用轴力伺服系统,第四、五道支撑采用轴力伺服系统,第二、五道支撑采用轴力伺服系统和第三、四道支撑采用轴力伺服系统。

(3)工况3:钢支撑间隔采用轴力伺服系统,有两种子工况,分别为第二、四道支撑采用轴力伺服系统和第三、五道支撑采用轴力伺服系统。

(4)工况4:单一某道钢支撑采用轴力伺服系统,有四种子工况,对第二、三、四、五道支撑分别补偿轴力。

(5)工况5:不采用轴力伺服系统。

上述五种工况中,采用轴力伺服系统的支撑取三控法获得的轴力(表4-28),未采用的支撑取设计提供的轴力预加值,本构模型选用HS模型。

第4章 软土长条形基坑围护结构侧向变形的主动控制

两层车站基坑采用轴力伺服系统的支撑三控法

轴力表(单位:kN/m)   表 4-28

轴力	第一道混凝土支撑	第二道钢支撑	第三道钢支撑	第四道钢支撑	第五道钢支撑
三控法轴力	—	−420	−550	−800	−900
预加值	—	−310	−310	−370	−200

得到各种情况的围护结构侧向变形见表 4-29 和图 4-76。

两层车站基坑不同工况下围护结构侧向变形   表 4-29

分析工况		最大侧向变形(mm)	最大侧向变形与基坑深度的比值(‰)
全部采用轴力伺服系统		11.91	0.66
一半采用轴力伺服系统	子工况 1	21.37	1.19
	子工况 2	13.86	0.77
	子工况 3	18.02	1.00
	子工况 4	16.53	0.92
间隔采用轴力伺服系统	子工况 1	19.39	1.08
	子工况 2	15.25	0.85
单一某道采用轴力伺服系统	子工况 1	23.92	1.33
	子工况 2	22.13	1.23
	子工况 3	20.10	1.12
	子工况 4	17.24	0.96
不采用轴力伺服系统		24.84	1.38

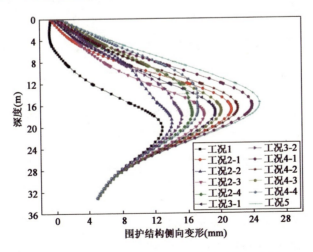

图 4-76　两层车站基坑不同工况下围护结构侧向变形

显然,全部钢支撑采用轴力伺服系统的工况下,围护结构的侧向变形能够显著减小;一半采用轴力伺服系统的工况下,底部两道支撑采用轴力伺服系统时侧向变形的减小更明显;间隔采用轴力伺服系统的两种工况,第三、五道支撑采用轴力伺服系统时侧向变形的减小更明显;而在单一某道钢支撑上采用轴力伺服系统的四种工况中,在第五道钢支撑上采用轴力伺服系统时侧向变形相对更小。总体来说,钢支撑全部采用轴力伺服系统的效果最好,一半使用的次之,间隔使用的再次在,单一某道使用的效果最差。

2)不同轴力伺服系统设置方式下三层车站基坑的围护结构侧向变形控制效果

以浦东南路站的地下三层车站基坑为例,针对同基坑钢支撑轴力补偿的不同工况分别建立有限元模型。

(1)工况1:钢支撑全部采用轴力伺服系统。

(2)工况2:一半钢支撑采用轴力伺服系统,有四种子工况,分别为第二、三道支撑采用轴力伺服系统,第五、六道支撑采用轴力伺服系统,第三、五道支撑采用轴力伺服系统和第二、六道支撑采用轴力伺服系统。

(3)工况3:钢支撑间隔采用轴力伺服系统,有两种子工况,即第二、五道支撑采用轴力伺服系统和第三、六道支撑采用轴力伺服系统。

(4)工况4:单一某道钢支撑采用轴力伺服系统,有四种子工况,即第二、三、五、六道支撑分别补偿轴力。

上述四种工况中,采用轴力伺服系统的支撑取三控法获得的轴力,未采用的支撑取设计提供的轴力预加值(表4-30),本构模型选用HS模型。

三层车站基坑采用轴力伺服系统的支撑三控法轴力表(单位:kN/m) 表4-30

轴力	第一道混凝土支撑	第二道钢支撑	第三道钢支撑	第四道钢支撑	第五道钢支撑	第六道钢支撑
三控法轴力	—	−420	−550	—	−1000	−900
预加值	—	−250	−385	—	−560	−340

将不同工况下的计算结果进行整理,见表4-31、图4-77,结果表明支撑全部采用轴力伺服系统的效果最好。

地下三层车站基坑不同工况下围护结构侧向变形情况　　表4-31

分析工况		最大侧向变形（mm）	最大侧向变形与基坑深度的比值(‰)
全部采用轴力伺服系统		14.81	0.68
一半采用轴力伺服系统	子工况1	22.65	1.19
	子工况2	18.41	0.77
	子工况3	19.77	1.00
	子工况4	20.12	0.92
间隔采用轴力伺服系统	子工况1	20.16	1.08
	子工况2	19.67	0.85
单一某道采用轴力伺服系统	子工况1	24.09	1.33
	子工况2	23.67	1.23
	子工况3	21.15	1.12
	子工况4	21.77	0.96
不采用轴力伺服系统		25.28	1.16

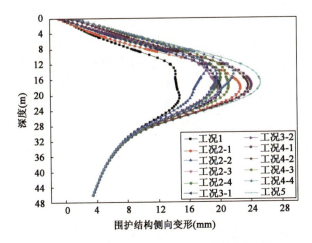

图4-77　三层车站基坑不同工况下的围护侧向变形

4.3.10　超深基坑轴力伺服系统支撑设置方式

1）分区设置原则

由上述分析可知，轴力伺服系统的控制效果与其设置方式、设置数量密切相关，参与调整的弹性支撑数量越多控制效果越好，在设置数量一定的情况下通过优化设置方式也能提高变形控制效果。

考虑到钢支撑的可靠性,在超深基坑中一般需要设置一定数量的混凝土支撑,采用混凝土撑把连续设置的钢支撑分割成若干个相对独立的区域,形成分区设置,提高了基坑系统的安全度。但是混凝土支撑施工会增加围护结构侧向变形,同时作为刚性约束点,混凝土支撑轴力不能进行调整,不能与相邻支撑形成协同加载,这又影响了变形控制效果。因此钢支撑与混凝土支撑的分区设置方式对于基坑安全与变形控制而言是一对矛盾,有必要建立可以兼顾二者的轴力伺服系统分区设置原则。

根据轴力-变形的影响性分析可知,支撑轴力的变化对相邻的第一道支撑处围护侧向变形影响最大,第二道次之,第三道以后影响较小,而且支撑的深度越深,其影响范围与程度越小,这为轴力伺服系统的分区控制提供了依据。基于此,超深基坑轴力伺服系统的分区设置原则既能通过多道轴力伺服支撑系统的连续布置来有效控制围护结构侧向变形,又能确保两道混凝土支撑之间的轴力伺服系统全部失效后基坑与周边环境的安全性。下面将分别讨论在不同分区设置方式下的变形控制与基坑安全。

2)分区设置方式

(1)混凝土支撑隔一设一

对于深基坑而言,第一道必须设置混凝土支撑,隔一设一即第一道混凝土支撑、第二道钢支撑、第三道混凝土支撑、第四道钢支撑……根据基坑深度以此类推。

(2)混凝土支撑隔二设一

对于深基坑而言,第一道必须设置混凝土支撑,隔二设一即第一道混凝土支撑,第二、三道钢支撑,第四道混凝土支撑,第五、六道钢支撑……根据基坑深度以此类推。

(3)混凝土支撑隔三设一

对于深基坑而言,第一道必须设置混凝土支撑,隔三设一,即第一道混凝土支撑,第二、三、四道钢支撑,第五道混凝土支撑,第六、七、八道钢支撑……根据基坑深度以此类推。

三种混凝土支撑设置方式如图 4-78 所示。

混凝土支撑隔一设一不利于钢支撑的协同加载,变形控制效果最差;混凝土支撑隔二设一与隔三设一变形控制效果较好,实际应用中需综合考虑基坑实际深度与围护结构深度来选择。从变形控制角度看,混凝土支撑越少变形越小,但钢支撑失效后基坑失稳的风险也越大。

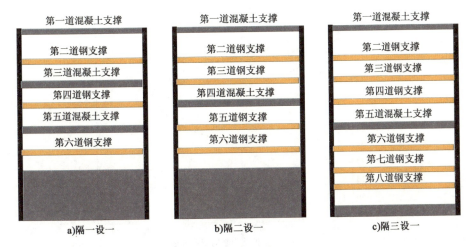

图 4-78 钢-混凝土支撑设置示意图

从控制风险的角度,混凝土支撑的设置标准可从基坑安全与周边环境保护着手,即当混凝土支撑间的钢支撑全部失效时基坑仍安全,且周边环境可控。对于 1m 围护结构,隔二设一是矛盾的平衡点;而对于 1.2m 围护结构,隔三设一也是可行的。

仍以三层车站基坑为例,在模型中对隔一设一、隔二设一及隔三设一分别计算,对比不同设置方式下基坑变形情况,计算模型如图 4-50 所示,参数见表 4-5。

为对比三种设置方式下基坑的变形控制效果,以隔二设一的支撑轴力为基准施加轴力,具体见表 4-32。

钢-混凝土支撑不同设置方式下支撑轴力(单位:kN/m)　　表 4-32

支撑编号	隔一设一	隔二设一	隔三设一
第一道支撑	—	—	—
第二道支撑	-420	-420	-420
第三道支撑	—	-550	-550
第四道支撑	-550	—	-1000
第五道支撑	—	-1000	—
第六道支撑	-1000	-880	-880

三种设置方式下围护结构侧向变形如图 4-79 所示。由变形曲线可知,隔一设一的控制效果最差,隔二设一与隔三设一控制效果差距不大,后者后期变形增长较大。

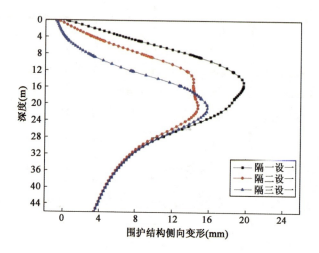

图 4-79 钢-混凝土支撑不同设置方式下围护结构侧向变形

混凝土支撑间钢支撑失效后围护结构侧向变形如图 4-80 所示。钢支撑失效后,隔二设一的设置方式下围护结构侧向变形增长最小,隔三设一的设置方式下围护结构侧向变形远大于隔二设一和隔一设一。

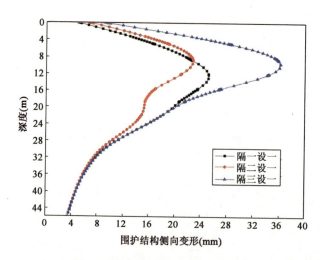

图 4-80 钢撑失效后围护结构侧向变形

钢-混凝土支撑三种不同设置方式下钢支撑失效后围护结构最大侧向变形增长情况见表 4-33。隔三设一时围护结构侧向变形增长率已达 128%,远超隔一设一与隔二设一。

钢支撑失效后围护结构侧向变形增长情况 　　　表4-33

参　　数	隔一设一	隔二设一	隔三设一
变形增长(mm)	5.49	8.01	20.32
增长率(%)	28	54	128

钢-混凝土支撑三种不同设置方式下钢支撑失效前后混凝土支撑轴力变化见表4-34。钢支撑失效后，混凝土支撑都为受压状态，且压力增加显著。隔一设一与隔二设一增幅相近，隔三设一则增幅较大。

钢支撑失效前后混凝土支撑轴力变化(单位:kN/m) 　　表4-34

支撑设置方式	支撑序号	开挖完成	钢支撑失效后
隔一设一	第一道混凝土支撑	8.588	-168.3
	第三道混凝土支撑	-116.7	-586.1
	第五道混凝土支撑	-305.1	-544.4
隔二设一	第一道混凝土支撑	44.15	-238.1
	第四道混凝土支撑	104.3	-355.3
隔三设一	第一道混凝土支撑	52.84	-324.8
	第五道混凝土支撑	-66.31	-952.9

钢支撑失效前后围护结构的剪力、弯矩情况如图4-81、图4-82所示。由图可知，三种设置方式下，围护结构剪力的变化趋势基本一致，隔一设一与隔二设一弯矩变化也基本一致，而隔三设一的布置方式下围护结构剪力最大，弯矩值及其变化也最大。

由本节分析可知，对于本文中的三层车站基坑而言，钢支撑失效前后，综合考虑变形控制效果和围护结构剪力、弯矩变化情况，采用隔二设一的方式是最好的选择。实际应用中，应当根据基坑深度、围护结构深度(厚度)、支撑位置等参数另行分析。

4.3.11　基于变形分层控制要求的主动控制方法——"尽早"原则

软土长条形深基坑围护结构侧向变形的特点要求对侧向变形进行分层控制，即每一层土的侧向变形均控制在指标值内，如果前几层挖土控制不当导致基坑已经发生了比较大的侧向变形，试图在最后几道设置轴力伺服系统把侧向变形控制住，那无疑会大大增加侧向变形控制难度。

以地下两层车站基坑为例，考虑软土蠕变模型，每层有支撑暴露时间设置为7d、14d、30d，第二、三道钢支撑-不采用预加力，第四、五道采用$\phi800mm$支撑的情况下，研究极限轴力情况下的控制效果以及达到$0.8‰H$时所需要的轴力。

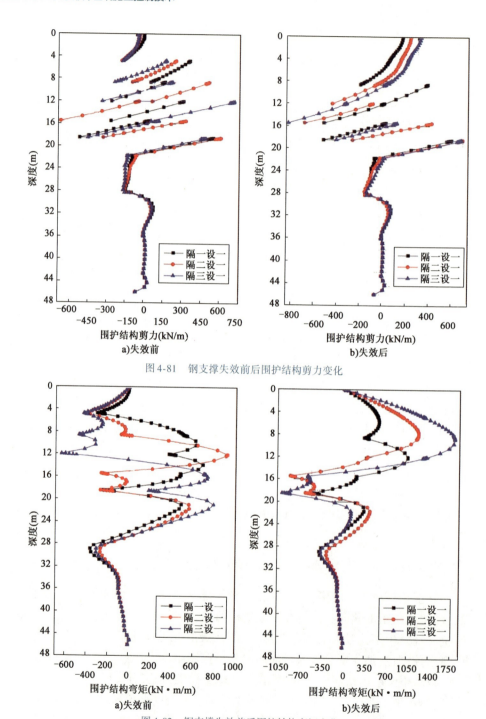

图 4-81 钢支撑失效前后围护结构剪力变化

图 4-82 钢支撑失效前后围护结构弯矩变化

因第二、三道支撑未施加轴力,开挖第三层土之前围护结构侧向变形已经很大,如图 4-83 所示。由此可知,随着暴露时间的增长,围护结构侧向变形也逐渐增大,最大时可达到 25mm。此时为达到 $0.8‰H$ 的变形控制目标,第四、五道支撑的轴力需足够大。

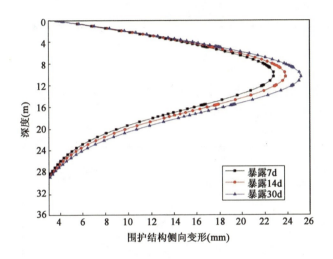

图 4-83　激活前两道支撑后围护结构侧向变形

通过反复试算得到三种不同暴露时间下达到变形控制目标所需的轴力,见表 4-35。

不同暴露时间下所需的支撑轴力(单位:kN/m)　　表 4-35

支撑序号	暴露 7d	暴露 14d	暴露 30d
第二道支撑	—	—	—
第三道支撑	—	—	—
第四道支撑	-1950	-1975	-2000
第五道支撑	-1300	-1300	-1400

以暴露 30d 的工况为例,从开挖完成的基坑侧向变形云图(图 4-84)可以看到,第四、五道支撑轴力足够大时,可以控制继续开挖引起的侧向变形增长,但由于第二、三道支撑未施加轴力,基坑上部侧向变形会相应减小,但仍是侧向变形最大的位置。

图 4-84　基坑侧向变形云图

三种工况下开挖完成后围护结构侧向变形如图 4-85 所示,各工况下围护结构的最大侧向变形值见表 4-36。

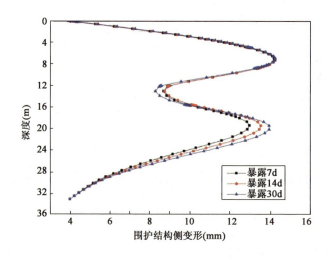

图 4-85　不同暴露情况下围护结构侧向变形

不同暴露时间下围护结构最大侧向变形(单位:mm)　　表 4-36

计算参数	暴露 7d	暴露 14d	暴露 30d
围护结构最大变形	14.18	14.22	14.22
变形控制目标	14.4		

由上述分析可知,当围护结构前期发生既有变形后,试图通过后期支撑轴力把侧向变形顶回去所需的代价是极大的,也是不可行的。这就要求一方面严格实施变形的分级控制,另一方面做好时空效应与轴力伺服系统的协调应

用,在整个变形控制过程中应以时空效应的充分应用为主,尽可能减小因流变发生的侧向变形,切不可寄希望于通过后期的轴力把前期的侧向变形顶回去。侧向变形分层控制的要求与侧向变形控制的"尽早"原则相一致,是"尽早"原则的细化。

4.3.12 基于围护结构变形模式的支撑设置——"就近"原则

当采用轴力伺服系统进行围护结构侧向变形控制时,在小变形控制指标下,围护结构侧向变形模式发生了变化。以浦东南路站为例,最大侧向变形位置原来在坑底以上第四道支撑与第五道支撑之间,采用轴力伺服系统后,最大变形点发生在坑底或坑底以下,如图4-86~图4-89所示。

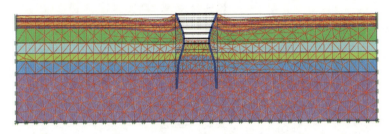

图4-86 不设轴力伺服系统基坑侧向变形情况

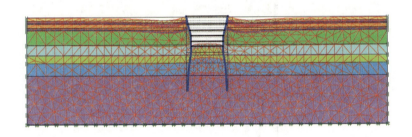

图4-87 全轴力伺服系统下基坑侧向变形情况

最大侧向变形点位置的调整也要求对钢支撑的设置进行调整,以便实现对侧向变形的控制,在不采用轴力伺服系统的情况下,最下层支撑对侧向变形的控制不明显,因而最后一道钢支撑一般采用 $\phi 609mm$ 规格。采用轴力伺服系统后为了控制最大侧向变形,要求最下支撑的轴力达到3000~3300kN,显然 $\phi 609mm$ 支撑的承载能力不满足该要求,应采用 $\phi 800mm$ 支撑,这实际上是基坑围护结构侧向变形控制"就近"原则的具体应用。

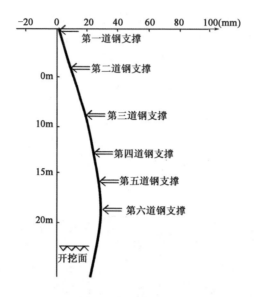

图 4-88 不设轴力伺服系统围护结构侧向变形实测图

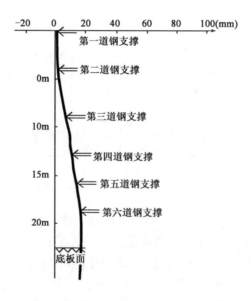

图 4-89 全轴力伺服系统下围护结构侧向变形实测图

4.4 主动控制理论的工程应用

4.4.1 基于邻近建(构)筑物保护要求的变形控制标准

1)基于管线保护要求的围护结构侧向变形控制标准

邻近基坑开挖的管线风险主要包括三个方面。
① 管线本身的结构问题

管线由于其管材质量差、运行环境恶劣、年久失修、城市建设的历史扰动等原因造成在基坑施工时管线本身存在安全上的问题。管线本身存在的结构性能降低导致其抵抗土体变形的能力降低,大大增加了基坑施工的风险。

② 邻近基坑施工的控制问题

邻近基坑开挖施工扰动使得位于扰动区域内的地下管线发生弯曲、压缩、拉伸、剪切、翘曲和扭转等复杂的变形。当地下管线的应力或变形超过允许应力或变形,管线将发生破坏。

③ 管线破坏后可能会引发的次生灾害问题

管线破坏后可能引发的次生灾害问题是基坑施工的潜在风险,也是最严重的风险。管线破坏后的直接危害在于经济损失以及对城市生活的影响,间接危害在乎管线内物质的泄露带来的其他风险。对于供水管道,当其破坏后可能会引起地表大面积的坍塌,导致基坑失稳、塌陷等,对地表设施及基坑施工本身都将造成极大的影响。对于煤气管道,泄露后的煤气在土壤中扩散,当遇到明火易引起爆炸,可能会导致地面人员伤亡、地表设施损坏。

(1)刚性管线的允许曲率半径

采用焊接或机械连接的煤气管、上水管以及钢筋混凝土管保护的重要通信电缆有一定的刚度,一般均属刚性管道。当土体移动不大时,它们可以正常使用,但土体移动幅度超过一定极限时管道就发生断裂破坏。

采用弹性地计量法,计算时将管道视为弹性地基上的梁。当沉降超过一定幅度,管道中弯曲拉应力 σ > 允许值 $[\sigma]$ 时,管道材料将发生拉裂破坏,可得:

$$R_p \leqslant \frac{E_p \cdot D_p}{2\sigma_p} \tag{4-44}$$

当现场按曲率半径判断管线安全性时,管道允许曲率半径为:

$$[R_p] \leqslant \frac{E_p \cdot D_p}{2[\sigma_p]} \quad (4\text{-}45)$$

式中，$[\sigma_p]$ 为管道的允许应力（机械接头的管道为管材许用用力，焊接接头的管道为焊接接头的抗拉承载应力）；$[R_p]$ 为允许曲率半径；D_p 为管道直径；E_p 为管道的弹性模量。

（2）柔性管线的允许曲率半径

柔性管道的接头构造均设有可适应一定接缝张开度的接缝填料。对于这类管道可从管节接缝张开值、管节纵向受弯曲及横向受力等方面分析每节管道可能承受的管道地基差异沉降值或沉降曲线的曲率。

如图4-90所示，管线地基沉降曲率半径为 R，管道管节长度为 l_p，管道外径为 D_p。

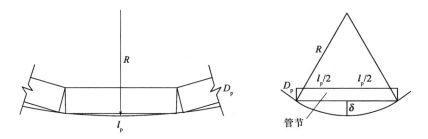

图 4-90　管节接缝张开值 Δ 与管线曲率半径几何关系

① 按管节接缝张开值 Δ 确定

按接缝张开值确定的允许曲率半径为：

$$R_p^\Delta \leqslant \frac{l_p \cdot D_p}{[\Delta]} \quad (4\text{-}46)$$

② 按管道纵向受弯应力 $[\sigma_p]$ 确定

按管材允许应力确定的允许曲率半径为：

$$R_p^\sigma \leqslant \frac{K \cdot D_p \cdot l_p^4}{384[\sigma_p]W_p} \quad (4\text{-}47)$$

式中，K 为地基弹簧刚度；W_p 为管道抗弯截面模量；$[\sigma_p]$ 为管道的允许应力。

③ 按管道横向受压时管壁允许应力 $[\sigma]$ 确定

允许的曲率半径为：

$$R_p^H > \frac{1.5K \cdot D_p^2 \cdot l_p^2}{64 t^2 [\sigma] m} \tag{4-48}$$

式中，m 为管龄系数，一般小于 0.3；t 为管道厚度。

刚性管线的允许曲率半径不仅要考虑管道整体的允许受力，也要考虑管节的允许受力。刚性管线变形控制指标为：

$$[R_r] = \max([R_p],[R_p^z],[R_p^H])f \tag{4-49}$$

柔性管线变形控制指标为：

$$[R_f] = \max([R_p^\Delta],[R_p^z],[R_p^H])f \tag{4-50}$$

（3）本基坑周围管线沉降允许值与基坑变形控制标准

常见的地下管线有给水、排水、煤气、热力、工业管道和地下电缆，有关管线的规格见表4-37～表4-39。一般管道直径为 0.02～2m，壁厚为 5～100mm。

给水管道规格　　表4-37

公称口径	DN15	DN20	DN25	DN40	DN50	DN100	DN150
实外径(mm)	21.25	26.75	33.50	48.00	60.00	114.00	165.00
公称口径	DN200	DN300	DN400	DN600	DN800	DN1000	DN1200
实外径(mm)	220.0	322.80	425.60	630.80	836.00	1041.00	1246.00

排水管道规格（单位：mm）　　表4-38

参　数	内　径								
	250	300	400	500	600	700	800	900	1000	2000
管长 L	2000	2000	2000	2000	2000	2000	2000	2000	2000	2000
壁厚 t	30	35	45	50	60	65	70	80	85	105
备注	无筋	无筋	无筋	无筋	有筋	有筋	有筋	有筋	有筋	有筋

煤气管道规格（单位：mm）　　表4-39

外径	630	529	426	325	273	219	159
壁厚	8	7	7	6	6	6	5
外径	133	108	89	76	57	45	32
壁厚	5	5	4.5	4	3.5	3.5	3.5

根据工程资料及管道通用尺寸表，确定本工程重点管线沉降计算参数。允许沉降曲率计算结果见表4-40，建议各管线的允许变形曲率半径为混凝土雨水管 4500m，混凝土污水管 3000m，混凝土燃气管 1500m，南侧上水管 1500m，北侧上水管允许曲率半径 2000m。

管线沉降曲率半径的允许值建议表　　　　　　表4-40

位置	管线	材料	曲率半径允许值(m)			
			按刚性管线	按柔性管线	按纵向应力	按横向应力
南侧	雨水	混凝土管		4160		
	污水	混凝土管		2520		
	上水	钢管	173	1280	705	
北侧	上水	钢管	275.6	2040	434.8	
	雨水	混凝土管		4160		
	污水	混凝土管		2520		
	燃气	混凝土管		1280		

注:本计算结果根据理论公式及标准规格参数计算所得,现场需根据管线实际情况进行合理调整确定。

但应该指出,上述数值仅仅是建议值。由于现场管线的实际情况千变万化,还需相关单位对管线进行详细的现场查验,提供准确资料后,才能最终确定管线允许值。

燃气管线距离基坑围护结构仅 0.8m,小于 0.75H(1.725m),紧邻围护结构有多根大直径压力水管(包括 DN500 的上水管、DN1000 的雨水管等),根据管线沉降现状分析,多处管线的最大沉降值已严重超标,如上水管线最大沉降量已达 33.35mm,因此邻近基坑开挖极易引起管线开裂、泄露等风险。基于基坑周围地下管线的种类、规格、分布情况、保护标准及其沉降现状,建议本基坑围护结构的最大侧向变形控制在 0.1%H(20mm)以内。

2)基于周边建筑物保护要求的围护结构侧向变形控制标准

A-2 区基坑与上船大厦的最近距离仅有 4.5m,大厦位于基坑开挖的强影响区。同时由于大厦自重大,加剧了基坑开挖所引起的侧向变形,进而导致大厦沉降变大。基坑开挖所引起的土体深层位移会对大厦方桩产生不利影响,尤其是对桩基接头部位,影响更为不利。本节选取合适的计算断面,建立有限元数值分析模型,研究 A-2 基坑分步开挖对上船大厦的影响,通过分析大厦的变形控制要求,进而确定相应的围护结构侧向变形控制指标和控制措施。

(1)计算模型

①计算断面选取

依然取 A-2 基坑标准断面,该断面处上船大厦与基坑距离 4.5m,上港小区距离基坑 13m。拟开挖基坑在计算断面处,开挖深度为 21.7m,设置六道支撑,第一、四道支撑均为混凝土支撑(1000mm×800mm、1200mm×1000mm),第二、三道为 $\phi 609mm \times 16mm$ 钢支撑,第五、六道为 $\phi 800mm \times 20mm$ 钢支撑。基坑及建筑物几何尺寸、材料属性根据工程资料选取。

② 模型参数

建立数值分析模型见图 4-91、图 4-92,考虑所涉及的建筑物较多,模型两侧取 5 倍开挖深度以消除边界效应。每层楼的重量按 10kPa 换算。结构构件(支护体系、上船大厦及大壶春小区)采用弹性模型,土体采用考虑时间效应的软土蠕变模型(SSC 模型),地质参数见表 4-6,底部为固定边界,两侧约束水平向。

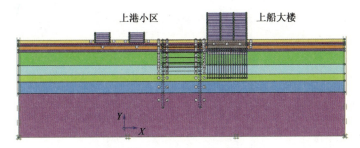

图 4-91　考虑周边建筑物的模型图

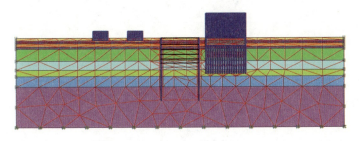

图 4-92　考虑邻近建筑物的模型网格图

③ 计算工况

基坑开挖工序见表 4-41。

蠕变模型下考虑两侧超载的基坑开挖工序　　表 4-41

工　序	工　序　名　称
工序 1	激活地下方桩(4d)
工序 2	激活地下室(15d)
工序 3	激活上部结构(120d)
工序 4	稳定固结(20 年)
工序 5	激活围护结构(2d)

续上表

工 序	工序名称
工序6	围护结构养护(40d)
工序7	第一道混凝土支撑并养护(14d)
工序8	开挖至第二道支撑下(开挖1)(16h)
工序9	激活第二道钢支撑(6h)
工序10	停歇(7d)
工序11	开挖至第三道支撑下(开挖2)(16h)
工序12	激活第三道钢支撑(6h)
工序13	停歇(7d)
工序14	开挖至第四道支撑下(开挖3)(16h)
工序15	激活第四道混凝土支撑并养护(7d)
工序16	开挖至第五道支撑下(开挖4)(16h)
工序17	激活第五道钢支撑(6h)
工序18	停歇(7d)
工序19	开挖至第六道支撑下(开挖5)(16h)
工序20	激活第六道钢支撑(6h)
工序21	停歇(7d)
工序22	开挖到底(开挖6)(16h)

分析对比两种计算工况,即工况1(不考虑预加轴力)和工况2(考虑施加预加轴力),预加轴力取设计预加值,见表4-42。

钢支撑预加轴力(单位:kN)　　　　表4-42

支撑序号	第一道	第二道	第三道	第四道	第五道	第六道
预应力	0	−250	−385	0	−560	−384

(2)计算结果分析

①模型整体位移对比分析

图4-93、图4-94分别为两种工况下的整体位移图(放大80倍),分析发现,钢支撑不施加预加轴力时,基坑开挖到底部后,左、右围护结构的最大侧向变形发生在第五道支撑附近,并且上船大厦靠近基坑一侧的沉降明显更大;当在钢支撑上施加了预加轴力后,大厦一侧的地层位移及桩基变形得到了一定程度的控制,但其值依然较大。而上港小区因地下无支护,在基坑开挖过程中沉降非常显著。

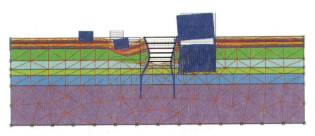

图 4-93　工况 1 整体位移图

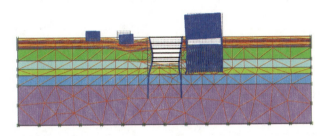

图 4-94　工况 2 整体位移图

② 围护结构侧向变形分析

根据上海市《基坑工程技术标准》(DG/TJ 08-61—2018　J 11577—2018),可确定本工程基坑围护结构侧向变形控制指标为 0.18%H(39mm),坑外地面最大沉降量控制指标为 0.15%H(32.6mm)。但考虑到上船大厦与基坑距离很近(最近处仅 4.5m),大厦已发生一定程度的先期变形和沉降,考虑承压水及围护结构渗漏等风险,将车站基坑围护结构侧向变形控制在 0.8‰H(17.4mm)左右,以确保基坑自身、周围建筑物及管线的安全。

图 4-95 为两个工况下左、右围护结构的侧向变形曲线,工况 1 情况下靠近大厦的右侧围护结构最大侧向变形为 31.2mm,发生在坑底附近,且在顶部出现很大的负向位移(29mm);靠近小区的左侧围护结构因小区无地下支护,最大侧向变形达到 86.9mm。该工况条件下,基坑两侧围护结构的侧向变形都超过了控制指标(0.8‰H)的要求。采用常规钢支撑预加轴力(工况 2)后对围护结构侧向变形有一定程度的控制作用,但围护结构最大侧向变形也达到了 46.7mm,仍然不能满足 17.4mm 的变形控制要求。

③ 大厦桩基变形与内力分析

如图 4-96 所示,没有采用钢支撑预加轴力的工况下,大厦桩基发生明显侧移,顶部最大侧移接近 10mm,底部最大侧移约为 30mm,桩底与桩顶侧移差约为 20mm;钢支撑施加轴力的工况下,底部位移控制在 24mm 以内,顶部与底部侧移差约 15mm,桩体受弯状态得到一定程度的改善。

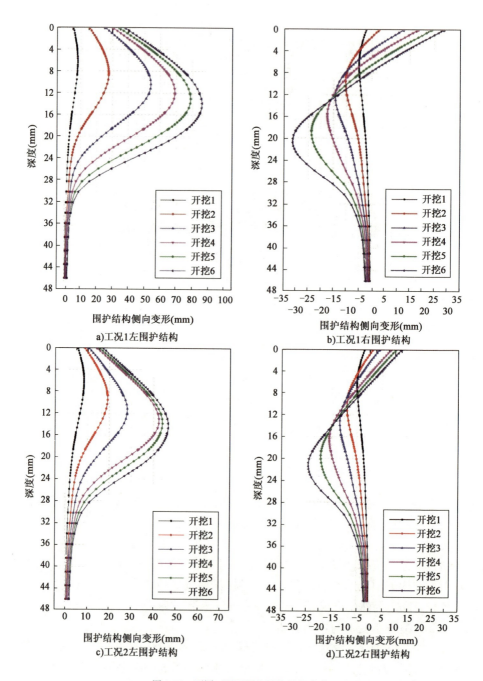

图 4-95 不同工况下围护结构侧向变形

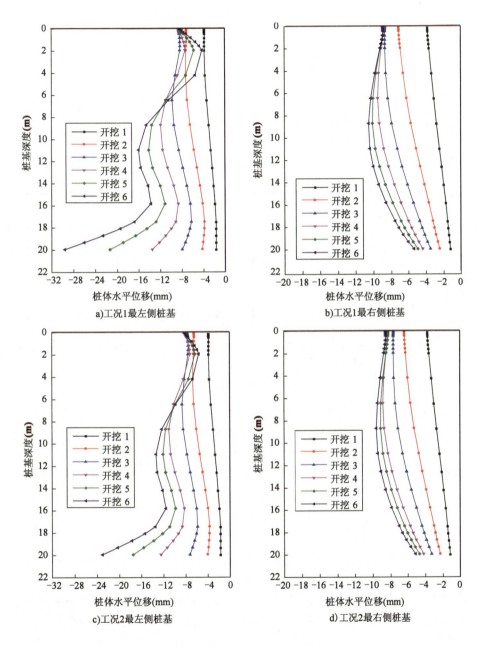

图4-96 不同工况下大厦桩基变形分析

根据450mm×450mm预制方桩的标准规格,计算得到方桩的抗裂弯矩为98.0kN·m,极限弯矩为162.0kN·m,考虑到方桩为服役期构件,已经存在一定程度的先期变形和内力,且预制桩存在接头这一薄弱部位,因此,桩基的附加弯矩允许值将不足162.0kN·m。

工况1条件下,开挖到坑底时,大厦最左侧桩基所承受的最大弯矩值为289.5 kN·m(单位厚度弯矩值193kN·m/m×桩基间距1.5m),超过弯矩允许值。钢支撑施加预加轴力后,最左侧桩基弯矩最大值为259kN·m,同样超过弯矩的允许值,即在常规控制措施下,桩基仍然有因桩身受力过大产生断裂的风险(图4-97)。

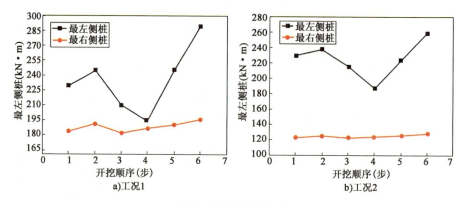

图4-97　桩基最大弯矩值

④大厦整体倾斜分析

参考《建筑地基基础设计规范》(GB 50007—2011)确定的建筑物允许倾斜值指标,确定本工程大厦的整体倾斜控制指标为3‰。如图4-98所示,不施加预加轴力的情况下,大厦的倾斜率为0.85‰,呈现向坑内倾倒的趋势,考虑当前已发生的倾斜量0.45‰,预计基坑开挖完成后,总的倾斜值接近1.3‰。施加预加轴力后,大厦的整体倾斜率控制在1.16‰。

⑤大厦底板沉降分析

如图4-99所示,不施加预加轴力的工况下,基坑开挖到底时,底板最大沉降接近30mm。靠近基坑的一侧大厦底板沉降较大,远离基坑的一侧沉降较小,不均匀沉降接近25mm;施加预加轴力后,底板最大沉降控制在20mm以内,不均匀沉降为17mm,即常规施工措施对大厦沉降及不均匀沉降控制有一定作用,但大厦目前已发生10~15mm的不均匀沉降,且沉降控制与桩基安全状态密切相关,因此,需要采取进一步措施控制基坑变形,进而确保大厦沉降在可控范围内,保证大厦在施工期间及施工后的安全。

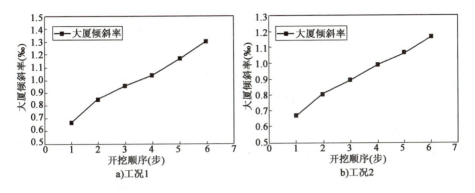

图 4-98　大厦倾斜分析结果

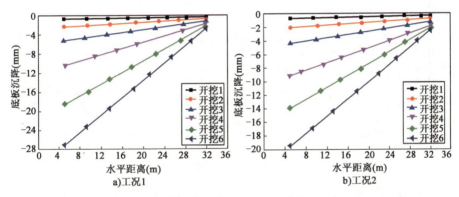

图 4-99　大厦底板沉降分析结果

⑥小区底板沉降分析

在无预加轴力的工况下,小区最大沉降 90mm,沉降差达到 20mm (图 4-100);在施加常规预加轴力后,沉降显著减小。但小区房子目前最大沉降已经达到 -14.18mm,不均匀沉降达到 12.75mm,呈现明显的南北不均匀沉降,基坑开挖后不均匀沉降更加严重,且房子建成使用时间已久,因此需要通过严格控制围护结构的侧向变形来保护小区房子结构安全,根据基坑变形控制标准及小区房子结构变形现状,建议确定基坑围护结构侧向变形控制在 $0.1\%H$(20mm)以内。

3)主要分析结论

通过工程调研、实测数据整理分析、理论计算以及有限元数值分析,得出主要结论如下。

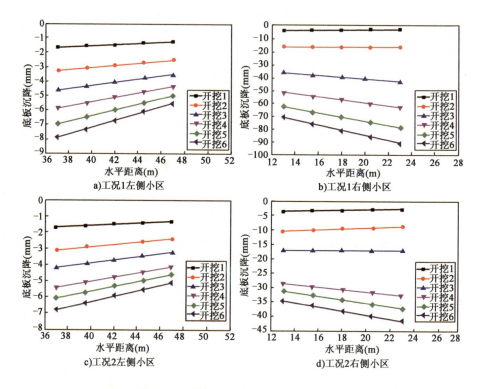

图4-100　不同工况下房子底板沉降分析结果

(1) 主要管线及建筑物沉降现状分析

①通过对基坑周边管线沉降分析发现，尽管各管线差异沉降较小，变形曲率半径尚在允许范围内，但是除燃气管线外，其余管线最大累计沉降值均已严重超标，仍存在管线开裂、渗漏等重大风险，需要在下一步基坑开挖施工中进行严密监测并及时采取措施。

②通过对基坑周围三栋主要建筑物（上船大厦、大壶春小区、浦东开发陈列馆）沉降分析发现，尽管差异沉降尚未超标，但绝对值偏大。因此，在下一步开挖期间需采取更加严格措施控制基坑变形，从而确保建筑物安全。

(2) 周边重要建筑物、管线及围护结构的允许变形建议

①根据现有研究及规范，结合本基坑工程实际情况，确定周边建筑物变形控制指标：a. 最大累计沉降值小于40mm；b. 角变量小于0.002；c. 挠度比小于1/2500。

②考虑到上船大厦与基坑距离很近（最近处仅4.5m），大厦已发生一定程度的先期变形和沉降，考虑承压水及围护结构渗漏等风险，要求将车站基坑

围护结构侧向变形要求控制在 $0.1\%H(20\text{mm})$ 内,以确保基坑自身、周围建筑物及管线的安全。

③大壶春小区与基坑围护结构的最近距离为 13m,小于 $1.5H(34.5\text{m})$,处于基坑施工的强影响区;根据小区沉降现状分析发现,小区房子最大沉降已达 -14.18mm,不均匀沉降达 12.75mm,呈现明显的南北不均匀沉降。数值分析结果发现,基坑开挖后小区房子的最大沉降及不均匀沉降均有所加剧,且房子建成使用时间已久,结构严重老化,承载性能明显下降,因此需要通过严格控制围护结构的侧向变形,以保障小区房子的使用性能及结构安全,也要求本基坑围护结构最大侧向变形控制在 $0.1\%H(20\text{mm})$ 以内。

(3)邻近车站基坑上船大厦及桩基变形分析

①不考虑支撑预加轴力的情况下,基坑靠近大厦一侧的围护结构产生 31.2mm 的侧向变形;大厦桩基倾斜率(像坑内方向)$1.3‰$,桩底侧移最大值达 30mm,桩基产生的附加弯矩为 289.5 kN·m,超过了弯矩允许值;大厦底板最大沉降超过 80mm,不均匀沉降接近 20mm。

②考虑按常规方法施加支撑预加轴力或坑底加固措施后,基坑开挖引起的变形得到一定程度的控制。靠近大厦一侧的围护结构侧向变形控制在 30mm 以内,大厦底板最大沉降减少至 20mm 以内,大厦桩基侧移控制在 30mm 之内。但桩基的附加内力减少不明显,最大弯矩值达到 172.5 kN·m,同样超过了弯矩允许值,因此常规预应力支撑措施及土体加固仍不能确保桩基安全。

(4)采用轴力伺服系统施加轴力

分析发现,常规支撑预加轴力措施仍不能确保桩基安全,因此,为了将围护结构及桩基侧向变形控制在 20mm 以内,采用了"轴力伺服系统",该系统可以克服传统钢支撑容易出现轴力损失,无法实时控制变形发展等缺点,可以将钢支撑的轴力由被动受压和松弛的变形转变为主动加压调控变形,根据紧邻深基坑保护对象的变形控制要求,主动进行基坑围护结构的侧向变形调控,以满足紧邻深基坑保护对象的安全使用。

4.4.2 施工过程仿真分析

1)轴力伺服系统的竖向设置方法与轴力施加值的确定

(1)轴力控制目标
①混凝土支撑
混凝土支撑的极限承载能力见表4-43。

混凝土支撑的极限承载能力 表 4-43

支撑序号	支撑尺寸(m)	极限受拉能力(kN)	极限受压能力(kN)
第一道混凝土支撑	1.0×0.8	2120	7000
第四道混凝土支撑	1.2×1.0	3534	7778

②钢支撑

ϕ609mm 钢支撑的报警值初步确定在 2200kN，ϕ800mm 钢支撑的报警值定在 4000kN。

(2) 围护结构侧向变形控制目标

基于对周边建筑物的保护，且考虑到周边建筑物对基坑的影响，在满足轴力控制目标的前提下，侧向变形控制目标调整为 0.8‰H，负向变形控制指标暂按最大 5mm 控制。

(3) 计算工况

针对东坑的超载情况采用流变模型，分析在有两侧超载的情况下各种工况下的变形，无支撑暴露时间取 7d。

计算包括如下三种工况：

①工况 1：钢支撑采用轴力伺服系统，轴力采用试算法确定，即根据轴力控制目标与变形控制目标，通过不断试算获得满足轴力限值时的变形最小值；

②工况 2：第五、六道钢支撑采用轴力伺服系统，预加轴力采用 ϕ800mm 钢支撑限值，第二、三道钢支撑不采用轴力伺服系统，考虑轴力损失，预加轴力取 50% 设计预加值；

③工况 3：全部钢支撑都不采用轴力伺服系统，预加轴力考虑轴力损失，取 50% 设计值。

为了对比显示采用轴力伺服系统的效果，将采用设计预加值轴力及不考虑预应力的两个工况记为工况 4、工况 5。

各工况的预加轴力计算如下。

①工况 1 支撑轴力

由三控法计算得到基坑各道钢支撑的预加轴力，见表 4-44。

工况 1 各支撑预加轴力 表 4-44

支撑序号	规格	计算轴力(kN/m)
第二道钢支撑	ϕ609mm 钢管撑	-600
第三道钢支撑	ϕ609mm 钢管撑	-700
第五道钢支撑	ϕ800mm 钢管撑	-1200
第六道钢支撑	ϕ800mm 钢管撑	-1000

原定第六道支撑为 $\phi 609\mathrm{mm}$ 钢管撑,根据计算轴力改为 $\phi 800\mathrm{mm}$ 钢管撑。

② 工况 2 支撑轴力

第五、六道钢支撑采用预加轴力采用 $\phi 800\mathrm{mm}$ 钢支撑限值,第二、三道钢支撑预加轴力取设计值的 50%,见表 4-45。

工况 2 各支撑轴力　　　　　　　　表 4-45

支撑序号	规　　格	计算轴力(kN/m)
第二道钢支撑	$\phi 609\mathrm{mm}$ 钢管撑	-125
第三道钢支撑	$\phi 609\mathrm{mm}$ 钢管撑	-192.5
第五道钢支撑	$\phi 800\mathrm{mm}$ 钢管撑	-1300
第六道钢支撑	$\phi 800\mathrm{mm}$ 钢管撑	-1300

③ 工况 3 支撑轴力

支撑预加轴力均取设计值的 50%,见表 4-46。

工况 3 各支撑轴力　　　　　　　　表 4-46

支撑序号	规　　格	计算轴力(kN/m)
第二道钢支撑	$\phi 609\mathrm{mm}$ 钢管撑	-125
第三道钢支撑	$\phi 609\mathrm{mm}$ 钢管撑	-192.5
第五道钢支撑	$\phi 800\mathrm{mm}$ 钢管撑	-280
第六道钢支撑	$\phi 800\mathrm{mm}$ 钢管撑	-170

2) 计算结果

(1) 围护结构侧向变形分析

考虑周边建筑物影响的围护结构最大侧向变形及其与基坑深度的比值见表 4-47。

考虑周边建筑物影响的围护结构最大侧向变形及其与基坑深度的比值　　表 4-47

工况	上港小区侧		上船大楼侧	
	围护结构最大侧向变形(mm)	最大侧向变形与基坑深度的比值(‰)	围护结构最大侧向变形(mm)	最大侧向变形与基坑深度的比值(‰)
工况 1	18.84	0.87	17.00	0.78
工况 2	49.50	2.28	15.77	0.73
工况 3	65.86	3.03	27.46	1.27
工况 4	85.85	3.96	31.16	1.44
工况 5	46.71	2.15	24.23	1.12

三种工况下上港小区及上船大楼侧围护结构侧向变形情况如图 4-101、图 4-102 所示。

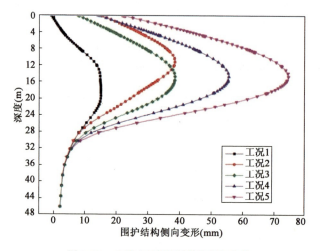

图 4-101　上港小区侧围护结构侧向变形

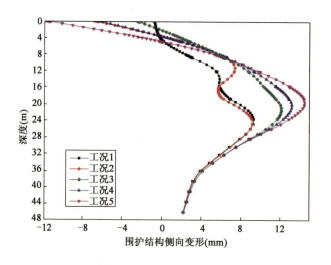

图 4-102　上船大楼侧围护结构侧向变形

由上述图表可知使用轴力伺服系统的效果显著。对于上港小区侧围护结构,只有四道钢支撑全部采用轴力伺服系统时才能达到 0.8‰H 的变形控制目标,仅五六道撑采用轴力伺服系统(轴力取支撑极限值)与全部采用设计预加值的效果相比差别不大;而对于上船大楼侧围护结构,仅五六道支撑采用轴力伺服系统就已经能够满足要求。

工况 1 支撑在开挖过程中的轴力变化见表 4-48。在全采用轴力伺服系统的基坑开挖过程中,第一道混凝土支撑最大拉力 48.47kN/m,远小于受拉容许值195.4kN/m;第四道混凝土支撑在整个开挖过程中未出现拉力。而在间歇期内(工序10、13、18、21),由于土的蠕变作用,支撑轴力也相应变化。

全采用轴力伺服系统时支撑轴力的变化(单位:kN/m)　　表4-48

工　序	第一道 混凝土支撑	第二道 钢支撑	第三道 钢支撑	第四道 混凝土支撑	第五道 钢支撑	第六道 钢支撑
工序7	-0.017					
工序8	-146.900					
工序9	-4.281	-600.000				
工序10	-3.506	-601.400				
工序11	-24.000	-680.900				
工序12	17.940	-593.300	-700.000			
工序13	20.220	-593.000	-702.400			
工序14	18.130	-627.000	-765.500			
工序15	26.590	-633.400	-785.000	-96.910		
工序16	38.830	-652.000	-833.700	-334.600		
工序17	42.320	-627.900	-784.500	-109.200	-1200.00	
工序18	43.760	-626.600	-783.600	-110.400	-1205.00	
工序19	43.360	-630.000	-791.400	-156.100	-1264.00	
工序20	47.470	-620.000	-772.600	-61.390	-1154.00	-1000.000
工序21	48.470	-619.500	-772.500	-61.500	-1154.00	-1002.000
工序22	46.870	-623.200	-778.600	-90.250	-1191.00	-1040.000

(2)大厦桩基变形与内力分析

五种工况下大厦桩基变形情况见图4-103。由图可知,工况一、二左右两侧桩基变形几乎一致,桩端侧移量远小于其他三种工况。

图4-104、图4-105为五种工况下桩基的弯矩情况。在五种工况下,最右侧桩基的最大弯矩几乎无变化;而最左侧桩基在使用轴力伺服系统后,弯矩显著降低,整个开挖过程中都未超过弯矩容许值162.0kN·m。

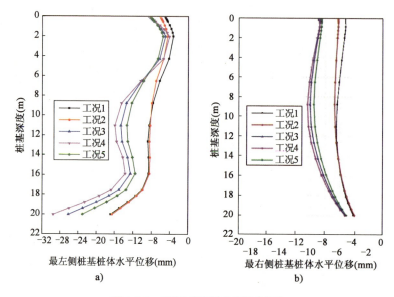

图4-103 五种工况下桩基的侧移变化

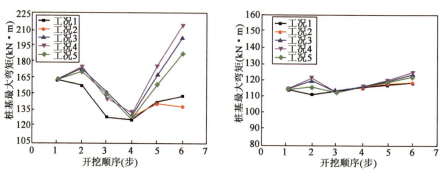

图4-104 五种工况下最左侧桩基的弯矩变化　　图4-105 五种工况下最右侧桩基最大弯矩变化

(3) 大厦整体倾斜分析

五种工况下大厦整体倾斜率见图4-106。

五种工况下大厦倾斜率都能满足3‰的要求,尤其使用轴力伺服系统后,倾斜率一直低于1‰。

(4) 大厦底板沉降分析

由图4-107可知,使用轴力伺服系统后大厦底板沉降得到显著改善,减少近14mm。

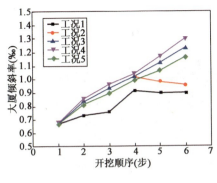

图4-106 五种工况下大厦倾斜率　　　　图4-107 五种工况下大厦底板沉降

(5) 小区底板沉降分析

图4-108、图4-109显示了五种工况下小区底板的沉降情况。可以看到，采用轴力伺服系统后，下部无支撑的小区沉降得到了显著改善，最大沉降1.3cm，与现场实测数据相符。

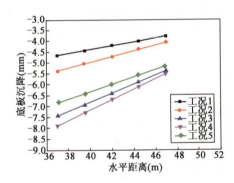
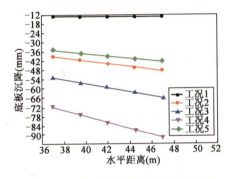

图4-108 五种工况下小区左侧楼底板沉降　　　图4-109 五种工况下小区右侧楼底板沉降

3) 围护结构负向变形控制及对周边环境的影响

由前述分析可知，支撑轴力较小时围护结构侧向变形过大，周边建筑沉降明显；而加大支撑轴力后，减小围护结构侧向变形与地表沉降的同时，围护结构可能出现负向变形，第一、四道混凝土支撑可能出现拉力。由于基坑的空间效应，角部区域部分支撑的轴力如果按照二维模型的计算结果施工可能偏大，造成围护结构的负向变形，进而可能对周边环境造成不利影响，为此有必要对围护结构负向变形下周边环境的安全性进行分析。

在原模型中第三道支撑与第四道支撑间建一板单元(图4-110)，将第二、

三道支撑改为 ϕ800mm 钢管撑，按实际施工流程开挖至板后，激活板单元并撤除第二、三道支撑上预加的轴力。

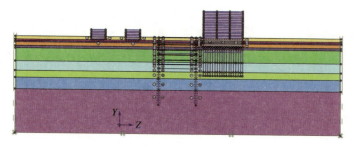

图 4-110　考虑邻近建筑物的计算模型

就四种不同的支撑轴力探讨撤除轴力前后围护结构变形及地表沉降的变化。支撑轴力见表 4-49。

不同工况采用的支撑轴力（单位：kN/m）　　　　表 4-49

支撑序号	工况 1	工况 2	工况 3	工况 4
第二道支撑	-250	-420	-800	-1200
第三道支撑	-385	-550	-800	-1200

4）撤力前后围护结构两侧的变形

图 4-111、图 4-112 为撤力前、撤力后左侧（上港小区所在一侧）围护结构的侧向变形情况。

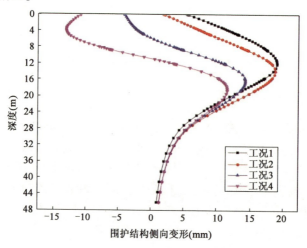

图 4-111　撤力前上港小区侧围护结构侧向变形

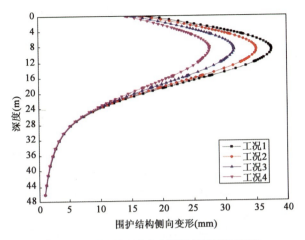

图4-112 撤力后上港小区侧围护结构侧向变形

由图4-111可知,支撑轴力撤除后,围护结构侧向变形显著增大。从工况1到工况4,支撑轴力逐渐增大,围护结构也逐渐向坑外移动,出现负向变形且负向变形不断增大,相应地,第一道混凝土支撑受到的拉力也会增大。但轴力越大,撤除轴力之后围护结构的侧向变形移却是越小(图4-112)。

从变形控制角度看,应在支撑容许承载范围内尽可能加大轴力;但从混凝土支撑的受力及破坏特性来看,支撑轴力能够满足荷载平衡即可。为同时满足两者要求,以撤力前后围护结构侧向变形差与基坑深度的比值为变形控制变量,从而得到满足变形控制目标且使得围护结构侧向变形最小的轴力。撤力前后上港小区侧围护结构侧向变形差如图4-113所示,左侧结构最大侧向变形差见表4-50。

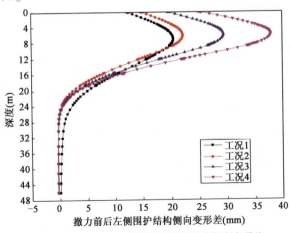

图4-113 撤力前后上港小区侧围护结构侧向变形差

左侧围护结构最大侧向变形差　　　　　　　　　　表 4-50

工况	左侧围护结构最大侧向变形差(mm)	最大侧向变形差与基坑深度的比值(‰)
工况 1	20.5	0.93
工况 2	22.2	1.02
工况 3	29.4	1.35
工况 4	37.8	1.74

同样得到右侧围护结构在撤力前后的侧向变形情况(图 4-114、图 4-115),并将右侧围护结构撤力前后的最大侧向变形差列于表 4-51 中。相比于上港小区侧,下部有桩基础的上船大楼侧,围护结构侧向变形受支撑轴力变化的影响相对较小(图 4-116)。四种工况中,最大侧向变形差与基坑深度的比值都能满足变形控制目标。

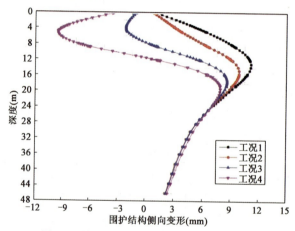

图 4-114　撤力前上船大楼侧围护结构侧向变形

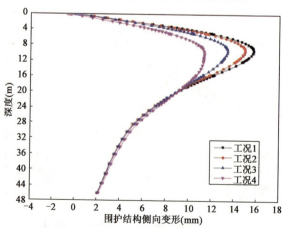

图 4-115　撤力后上船大楼侧围护结构侧向变形

右侧围护结构最大侧向变形差 表4-51

工 况	右侧围护结构最大侧向变形差 (mm)	最大侧向变形差与基坑深度的比值 (‰)
工况1	6.5	0.30
工况2	8.8	0.41
工况3	13.3	0.61
工况4	19.0	0.88

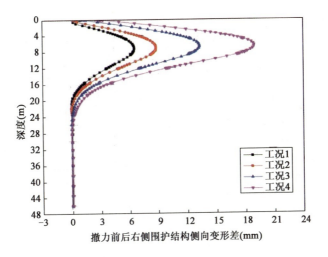

图4-116 撤力前后上船大楼侧围护结构侧向变形差

5)撤力前后两侧地表沉降变化

撤力前后基坑左侧(上港小区侧)地表沉降及沉降差如图4-117～图4-119所示,基坑右侧(上船大楼侧)地表沉降及沉降差如图4-120～图4-122所示。可见,支撑轴力撤除后,基坑两侧沉降都会增大。撤力前后上港小区侧最大沉降差12mm,上船大楼侧1mm。对上港小区侧而言,第二、三道支撑轴力越大,则撤力后地表沉降越小,工况1与工况4撤力后的地表沉降最大差值6mm;对上船大楼侧而言,轴力引起的沉降变化很小,工况1与工况4撤力后的地表沉降最大差值不到1mm。

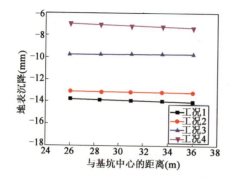

图 4-117 撤力前上港小区侧地表沉降

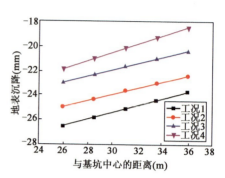

图 4-118 撤力后上港小区侧地表沉降

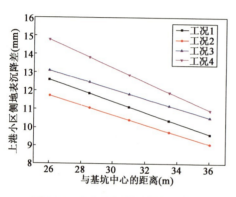

图 4-119 撤力前后上港小区侧沉降差

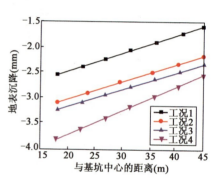

图 4-120 撤力前上船大楼侧地表沉降

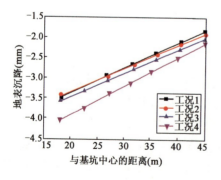

图 4-121 撤力后上船大楼侧地表沉降

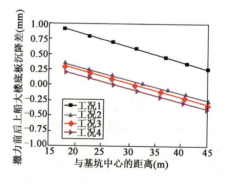

图 4-122 撤力前后上船大楼侧沉降差

4.4.3 主动控制实施过程

1) 基坑开挖过程

A-2 坑由于长度不大,故采用分层分段开挖方式,即每一层土方按照开挖能力分成若干作业段进行开挖,待上层土方开挖完成后再进行下一层土方开挖,直至全部开挖完成。

现取基坑均匀分布的三个横断面为代表,即测斜点 P23(邻近东端头井)、P25(基坑长边中间)、P28(西侧盖挖区域)所在的断面,阐述基坑开挖过程中的施工控制过程,A-2 坑平面示意如图 4-123 所示。

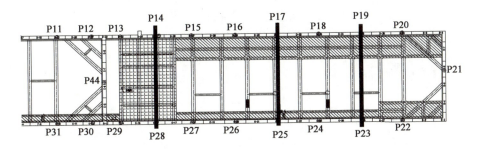

图 4-123　A-2 坑平面示意图

三个断面的各层土方开挖时间见表 4-52。各道支撑架设初始轴力见表 4-53。

A-2 坑各断面土方开挖与支撑架设时间表　　表 4-52

断面 (测斜点)	第二层土 开挖日期	第三层土 开挖日期	第四层土 开挖日期	第五层土 开挖日期	第六层土 开挖日期	第七层土 开挖日期
P23	05月07日	05月16日	05月20日	06月05日	06月11日	06月16日
P25	05月05日	05月14日	05月19日	06月03日	06月19日	06月19日
P28	04月30日	05月11日	05月15日	05月31日	06月17日	06月23日

A-2 坑各断面支撑架设初始轴力表(单位:kN)　　表 4-53

支撑序号	P23 断面初始轴力	P25 断面初始轴力	P28 断面初始轴力
第二道支撑	1260	1260	1050
第三道支撑	1800	1650	1400

续上表

支 撑 序 号	P23 断面初始轴力	P25 断面初始轴力	P28 断面初始轴力
第四道(临时)支撑	1500	1500	—
第五道支撑	3500	3100	3000
第六道支撑	3000	3200	2000

2) 主动控制实施过程

根据开挖工况和计算轴力进行基坑开挖和轴力施加,可以获得每层土的实际状态。根据监测获得相应工序的实测数据,并与目标状态相对比,获得目标状态与实际状态间的误差。根据差值对所施加的轴力进行调整,作出最佳调整方案,使实际状态、目标状态的差值控制在允许范围内。

依次对每个断面的每层土方开挖和每道支撑的架设和轴力调整进行分析。

(1) P23 断面(表4-54)

P23 测斜点所在断面施工控制过程表　　　表4-54

序号	日　　期	施 工 内 容	施工控制内容	围护结构测斜
1	2017 年 05 月 07 日	第二层土方开挖,第二道支撑架设	第二道初始轴力 1260kN	第二道支撑处 1.8mm
2	2017 年 05 月 08 日	同层其他段土方开挖	轴力未调整	第二道支撑处 1.9mm
3	2017 年 05 月 09 日	同层其他段土方开挖	第二道轴力增加 400kN	第二道支撑处 2.2mm
4	2017 年 05 月 10 日	同层其他段土方开挖	轴力未调整	第二道支撑处 3.4mm
5	2017 年 05 月 11 日	同层其他段土方开挖	第二道轴力增加 150kN	第二道支撑处 3.4mm
6	2017 年 05 月 12 日—2017 年 05 月 15 日	同层其他段土方开挖	轴力未调整	第二道支撑处 3.3mm
7	2017 年 05 月 16 日	第三层土方开挖,第三道支撑架设	第三道初始轴力 1800kN	第三道支撑处 5.5mm
8	2017 年 05 月 17 日—2017 年 05 月 18 日	同层其他段土方开挖	轴力未调整	第三道支撑处 5.7mm
9	2017 年 05 月 19 日	同层其他段土方开挖	第三道轴力增加 100kN	第三道支撑处 6.7mm

续上表

序号	日 期	施工内容	施工控制内容	围护结构测斜
10	2017年05月20日	第四层土方开挖，第四道临时支撑架设	第三道轴力增加200kN；第四道初始轴力1500kN	第三道支撑处7.3mm；第四道支撑处11.0mm
11	2017年05月21日—2017年05月24日	同层其他段土方开挖	轴力未调整	第三道支撑处7.5mm；第四道支撑处11.5mm
12	2017年05月25日	同层其他段土方开挖	第三道轴力增加300kN	第三道支撑处7.7mm；第四道支撑处11.8mm
13	2017年05月26日—2017年05月29日	同层其他段土方开挖	轴力未调整	第三道支撑处7.9mm；第四道支撑处12.0mm
14	2017年05月30日	同层其他段土方开挖	第三道轴力增加200kN	第三道支撑处7.7mm；第四道支撑处11.8mm
15	2017年05月31日—2017年06月04日	同层其他段土方开挖	轴力未调整	第三道支撑处9.8mm；第四道支撑处15.6mm
16	2017年06月05日	第五层土方开挖，第五道支撑架设	第五道初始轴力3500kN	第五道支撑处17.1mm
17	2017年06月06日—2017年06月10日	同层其他段土方开挖	轴力未调整	第五道支撑处17.2mm
18	2017年06月11日	第六层土方开挖，第六道支撑架设	第六道初始轴力3200kN	第五道支撑16.2mm；第六道支撑处17.4mm
19	2017年06月12日	同层其他段土方开挖	第五道轴力增加200kN	第五道支撑处14.8mm；第六道支撑处16.3mm
20	2017年06月13日—2017年06月14日	同层其他段土方开挖	轴力未调整	第五道支撑处13.8mm；第六道支撑处15.5mm
21	2017年06月15日	第七层土方开挖	轴力未调整	第六道支撑17.1mm；坑底处17.6mm

（2）P25断面（表4-55）

P25测斜点所在断面施工控制过程表　　　　表4-55

序号	日　　期	施工内容	施工控制内容	围护结构测斜
1	2017年05月05日	第二层土方开挖，第二道支撑架设	第二道初始轴力1260kN	第二道支撑处2.3mm
2	2017年05月06日—2017年05月08日	同层其他段土方开挖	轴力未调整	第二道支撑处3.8mm
3	2017年05月09日	同层其他段土方开挖	第二道轴力增加400kN	第二道支撑处3.4mm
4	2017年05月10日	同层其他段土方开挖	轴力未调整	第二道支撑处4.0mm
5	2017年05月11日	同层其他段土方开挖	第二道轴力增加150kN	第二道支撑处3.8mm
6	2017年05月12日—2017年05月13日	同层其他段土方开挖	轴力未调整	第二道支撑处4.2mm
7	2017年05月14日	第三层土方开挖，第三道支撑架设	第三道初始轴力1650kN	第三道支撑处5.5mm
8	2017年05月15日	同层其他段土方开挖	变形较大，第三道轴力增加200kN	第三道支撑处5.2mm
9	2017年05月16日	同层其他段土方开挖	变形较大，第三道轴力增加100kN	第三道支撑处5.7mm
10	2017年05月17日—2017年05月18日	同层其他段土方开挖	轴力未调整	第三道支撑处6.3mm
11	2017年05月19日	第四层土方开挖，第四道临时支撑架设	第四道初始轴力1500kN	第三道支撑6.2mm；第四道支撑10.1mm
12	2017年05月20日—2017年06月02日	同层其他段土方开挖	轴力未调整	第三道支撑7.8mm；第四道支撑14.6mm
13	2017年06月03日	第五层土方开挖，第五道支撑架设	第五道初始轴力3100kN	第五道支撑18.1mm
14	2017年06月04日	同层其他段土方开挖	轴力未调整	第五道支撑16.0mm

续上表

序号	日　期	施工内容	施工控制内容	围护结构测斜
15	2017年06月05日	同层其他段土方开挖	第五道轴力增加400kN	第五道支撑14.8mm
16	2017年06月06日	同层其他段土方开挖	第五道轴力增加100kN	第五道支撑14.5mm
17	2017年06月07日—2017年06月11日	同层其他段土方开挖	轴力未调整	第五道支撑15.5mm
18	2017年06月12日	同层其他段土方开挖	第五道轴力增加100kN	第五道支撑15.0mm
19	2017年06月13日—2017年06月18日	同层其他段土方开挖	轴力未调整	第五道支撑15.6mm
20	2017年06月19日	第六层土方开挖，第六道支撑架设	第六道初始轴力3200kN	第五道支15.3mm；第六道支撑18.1mm
21	2017年06月20日	第七层土方开挖	轴力未调整	第六道支18.1mm；坑底处18.1mm

(3) P28断面(表4-56)

P28测斜点所在断面施工控制过程表　　　表4-56

序号	日　期	施工内容	施工控制内容	围护结构测斜
1	2017年04月30日	第二层土方开挖，第二道支撑架设	第二道初始轴力1050kN	第二道支撑处-0.6mm
2	2017年04月30日—2017年05月08日	同层其他段土方开挖	轴力未调整	第二道支撑处-0.3mm
3	2017年05月09日	同层其他段土方开挖	第二道轴力增加300kN	第二道支撑处-0.2mm
4	2017年05月10日	同层其他段土方开挖	轴力未调整	第二道支撑处-0.3mm
5	2017年05月11日	第三层土方开挖，第三道支撑架设	第三道初始轴力1400kN	第二道支撑处0mm；第三道支撑处0.3mm
6	2017年05月12日	同层其他段土方开挖	第二道轴力增加200kN；第三道轴力增加200kN	第二道支撑处-1.9mm；第三道支撑处-1.8mm

续上表

序号	日　　期	施工内容	施工控制内容	围护结构测斜
7	2017年05月13日	同层其他段土方开挖	第二道轴力增加200kN；第三道轴力增加200kN	第二道支撑处-2.0mm；第三道支撑处-2.1mm
8	2017年05月14日	同层其他段土方开挖	轴力未调整	第二道支撑处-1.7mm；第三道支撑处-1.5mm
9	2017年05月15日	第四层土方开挖，第四道混凝土支撑开始制作	轴力未调整	第三道支撑处-1.9mm；第四道支撑处0.3mm
10	2017年05月16日—2017年05月19日	同层其他段土方开挖	轴力未调整	第三道支撑处-1.1mm；第四道支撑处1.2mm
11	2017年05月20日	第四道混凝土支撑制作完成，同层其他段土方开挖	轴力未调整	第三道支撑处-0.5mm；第四道支撑处2.8mm
12	2017年05月21日	同层其他段土方开挖	第三道轴力增加200kN	第三道支撑处0.1mm；第四道支撑处4.1mm
13	2017年05月22日—2017年05月24日	同层其他段土方开挖	轴力未调整	第三道支撑处0.3mm；第四道支撑处4.3mm
14	2017年05月25日	同层其他段土方开挖	第三道轴力增加150kN	第三道支撑处0.5mm；第四道支撑处4.6mm
15	2017年05月26日—2017年05月30日	同层其他段土方开挖	轴力未调整	第三道支撑处2.4mm；第四道支撑处7.5mm
16	2017年05月31日	第五层土方开挖，第五道支撑架设	第五道初始轴力3000kN	第五道支撑处10.0mm
17	2017年06月01日—2017年06月07日	同层其他段土方开挖	轴力未调整	第五道支撑处16.7mm
18	2017年06月08日	同层其他段土方开挖	第五道轴力增加1000kN	第五道支撑处17.0mm
19	2017年06月09日	同层其他段土方开挖	轴力未调整	第五道支撑处16.9mm
20	2017年06月10日	同层其他段土方开挖	第五道轴力增加300kN	第五道支撑处17.3mm

续上表

序号	日期	施工内容	施工控制内容	围护结构测斜
21	2017年06月11日—2017年06月16日	同层其他段土方开挖	轴力未调整	第五道支撑处17.0mm
22	2017年06月17日	第六层土方开挖，第六道支撑架设	第六道初始轴力2000kN	第六道支撑18.3mm
23	2017年06月18日	同层其他段土方开挖	轴力未调整	第六道支撑处17.7mm
24	2017年06月19日	同层其他段土方开挖	第六道轴力增加300kN	第六道支撑处18.6mm
25	2017年06月20日	同层其他段土方开挖	第六道轴力增加400kN	第六道支撑处17.8mm
26	2017年06月21日—2017年06月22日	同层其他段土方开挖	轴力未调整	第六道支撑处17.4mm
27	2017年06月23日	第七层土方开挖	轴力未调整	第六道支撑17.9mm；坑底处17.6mm

3) 主动控制实施结果

（1）侧向变形控制的时程曲线

①P23测点断面（图4-124、图4-125）

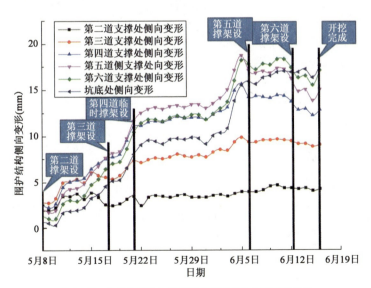

图4-124　各道支撑与坑底处围护结构侧向变形时程曲线

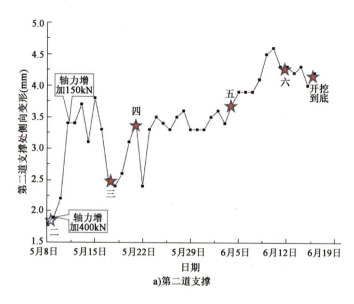

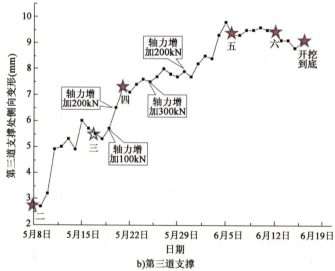

图 4-125

第4章 软土长条形基坑围护结构侧向变形的主动控制

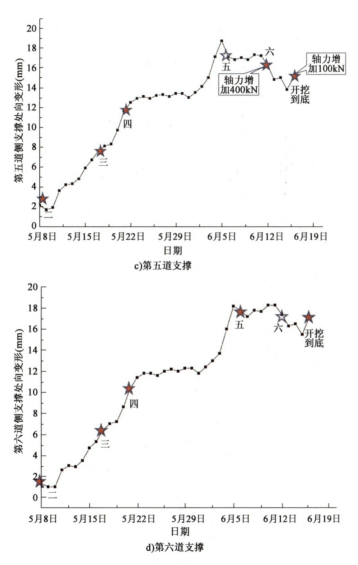

c) 第五道支撑

d) 第六道支撑

图 4-125 各道支撑处轴力-围护结构侧向变形时程曲线

注：图中五角星依次代表第二道~第六道支撑架设及开挖到底节点，下同。

②P25 测点断面(图 4-126、图 4-127)

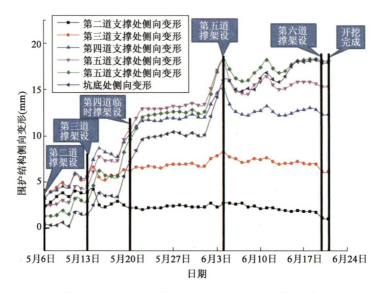

图 4-126 各道支撑及坑底处围护结构侧向变形时程曲线

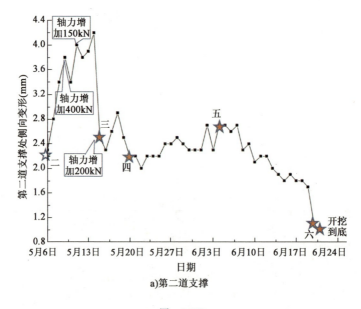

图 4-127

第4章 软土长条形基坑围护结构侧向变形的主动控制

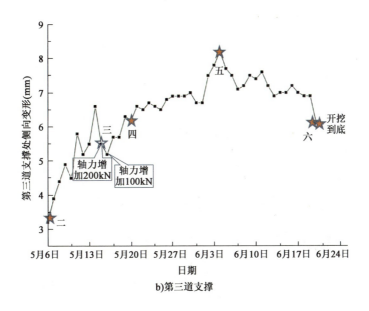

b)第三道支撑

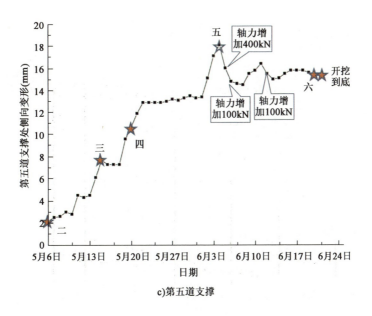

c)第五道支撑

图 4-127

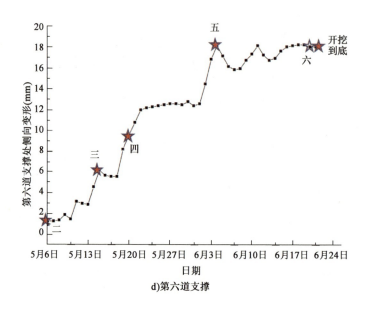

d) 第六道支撑

图 4-127　各支撑处轴力-围护结构侧向变形时程曲线

③P28 测点断面（图 4-128、图 4-129）

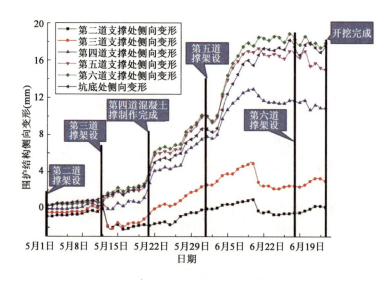

图 4-128　各道支撑与坑底处围护结构侧向变形时程曲线

第4章 软土长条形基坑围护结构侧向变形的主动控制

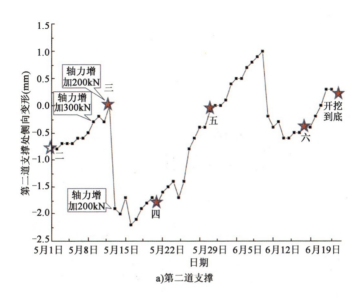

a) 第二道支撑

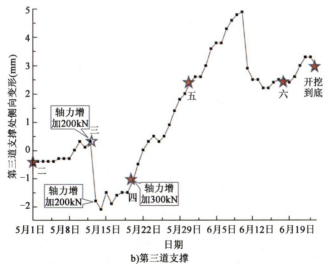

b) 第三道支撑

图 4-129

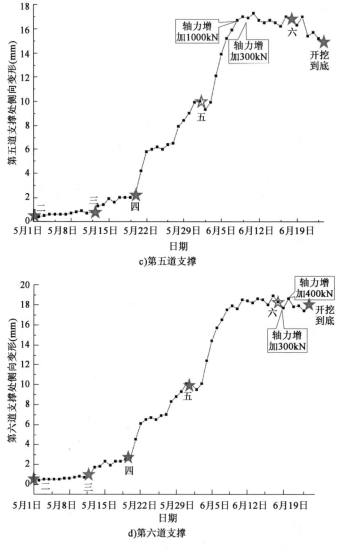

图4-129 各道支撑处支撑轴力-围护结构侧向变形时程曲线

从上述时程曲线可以得到以下结论:

①支撑主动增加轴力,可使该处围护结构侧向变形得到抑制甚至反向变化,这表明轴力与侧向变形间存在着对应关系,轴力-变形影响性是可行的。

②支撑架设后围护结构侧向变形呈现大致平稳发展趋势,表明支撑自身的变形对围护结构的侧向变形影响较小。

③软土基坑中无支撑暴露时间较长时,流变引起的变形较明显(P28测点所

示),第五道支撑的暴露时间过长导致侧向变形显著。后期通过及时施加主动轴力,土体流变得到有效控制,流变增量趋于收敛,这说明流变影响性是可行的。

④浅层围护结构在轴力施加后产生明显的负向变形,深层围护结构轴力施加后侧向变形较小,说明土体越深控制效果越差,进一步验证了变形—影响性的"尽早原则"。

⑤不同位置处测点的变形曲线说明基坑的空间效应明显,相同轴力作用下基坑中部区域的围护结构向坑内移动,角部区域的围护结构向坑外移动。

⑥基坑中部区域下部支撑轴力对上部围护结构侧向变形影响较小,但基坑角部支撑轴力对上部的围护结构侧向变形影响较大,进一步说明主动控制仍具有空间效应。

⑦最后一道支撑原本为 $\phi 609mm$ 规格,改用 $\phi 800mm$ 规格钢支撑后,支撑轴力增加至 3500kN($\phi 609mm$ 钢支撑只能使用至 2500kN),有效地控制了坑底下方围护结构的侧向变形,验证了变形影响性的"就近原则"。

(2)围护结构侧向变形的原因

把基坑开挖过程中基坑围护结构侧向变形分成三部分,一是开挖卸荷产生的侧向变形,指的是本层开挖对本层及其他各层产生的侧向变形;二是本层支撑架设前由于流变产生的侧向变形;三是支撑架设后由于支撑轴向压缩产生的侧向变形,包括轴力主动施加引起的在各个位置处的围护结构侧向变形。

①P23 测斜点断面(表4-57、图4-130、表4-58)

P23 测斜点断面围护结构侧向变形各阶段统计表(单位:mm)   表4-57

深度	开挖时间										
	第二层土开挖前	第二道支撑架设	第三层土开挖前	第三道支撑架设	第四层土开挖前	第四道支撑架设	第五层土开挖前	第五道支撑架设	第六层土开挖前	第六道支撑架设	开挖到底前	开挖到底时
第二道支撑处	1.8	2.0	3.8	3.3	2.6	3.1	3.7	3.9	4.6	4.3	4.3	4.2
第三道支撑处	2.2	2.4	6.0	5.7	5.7	6.2	9.3	9.8	9.6	9.5	9.1	9.0
第四道支撑处	1.7	2.0	6.4	7.0	8.0	9.5	14.9	15.6	14.4	14.3	12.9	12.8
第五道支撑处	0.8	1.2	5.9	6.7	8.3	9.7	17.1	18.7	17.3	17.2	15.0	15.0
第六道支撑处	0.4	0.7	4.7	5.3	7.2	8.6	16.0	18.2	18.3	18.3	16.5	17.1
坑底	0	0.2	3.2	3.6	5.2	6.5	13.3	15.5	16.9	17.0	17.2	17.6

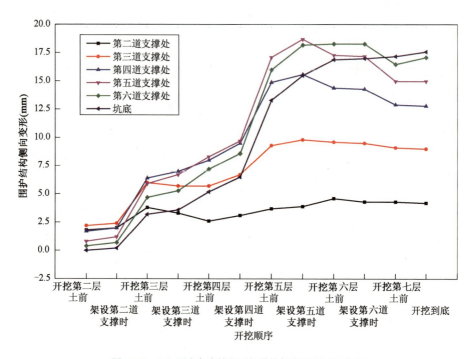

图 4-130 P23 测点各支撑处围护结构侧向变形时程曲线

P23 测斜点断面围护结构侧向变形分类统计表　　　表 4-58

测 点 位 置	架撑前流变（mm）	卸荷变形（mm）	架撑后变形（mm）	总变形（mm）
第二道支撑处	1.8(43%)	0(0%)	2.4(57%)	4.2
第三道支撑处	5.8(64%)	1.2(13%)	2(23%)	9
第四道支撑处	7.1(55%)	2.9(23%)	2.8(22%)	12.8
第五道支撑处	14.5(97%)	4.1(27%)	-3.6(-24%)	15
第六道支撑处	13.8(81%)	5.1(30%)	-1.8(-11%)	17.1
坑底	13(74%)	4.6(26%)	0(0%)	17.6

注：表中百分比表示测斜点断面围护结构侧向变形与其总变形的比值。

②P25 测斜点断面(表 4-59、图 4-131、表 4-60)

P25 测斜点断面围护结构侧向变形各阶段统计表(单位:mm) 表 4-59

深度	开挖时间										
	第二层土开挖前	第二道支撑架设	第三层土开挖前	第三道支撑架设	第四层土开挖前	第四道支撑架设	第五层土开挖前	第五道支撑架设	第六层土开挖前	第六道支撑架设	开挖到底前	开挖到底时
第二道支撑处	1.9	2.3	3.9	4.2	2.7	2.5	2.7	2.3	1.7	1.1	1.3	1.4
第三道支撑处	2.3	3.2	5.5	6.6	5.9	6.3	7.5	7.8	6.9	6.1	6.2	6.3
第四道支撑处	2.2	3.3	5.7	7.4	7.7	9.3	13.4	14.6	12.8	12.3	11.4	10.5
第五道支撑处	1.1	2.2	4.5	6.1	7.3	9.6	15.1	17.1	15.6	15.3	13.7	12.7
第六道支撑处	0.5	1.3	2.9	4.6	5.6	8.2	14.5	16.9	18.3	18.1	16.9	16.1
坑底	0	0.4	1.5	2.5	3.4	5.6	12.1	14.2	18.2	17.9	18.3	18.1

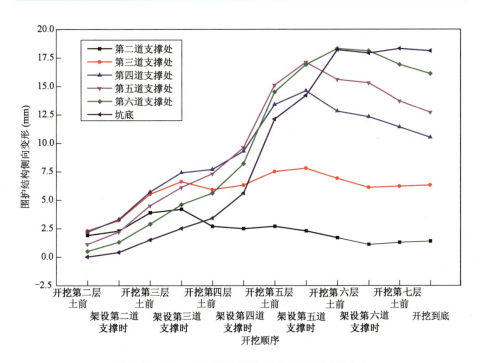

图 4-131 P25 测点各支撑处围护结构侧向变形时程曲线

P25 测斜点断面围护结构侧向变形分类统计表　　　　　表 4-60

测点位置	架撑前流变（mm）	卸荷变形（mm）	架撑后变形（mm）	总变形（mm）
第二道支撑处	1.9(136%)	-0.4(-29%)	-0.1(-7%)	1.4
第三道支撑处	4.6(71%)	2.0(31%)	-0.3(-4%)	6.5
第四道支撑处	4.9(47%)	4.2(40%)	1.4(13%)	10.5
第五道支撑处	10.1(80%)	5.7(45%)	-3.1(-25%)	12.7
第六道支撑处	10.8(67%)	6.5(40%)	-1.2(-7%)	16.1
坑底	12.9(71%)	5.2(29%)	0(0%)	18.1

注：表中百分比表示测斜点断面围护结构侧向变形与其总变形的比值。

③P28 测斜点断面（表 4-61、图 4-132、表 4-62）

P28 测斜点断面围护结构侧向变形各阶段统计表（单位：mm）　　　表 4-61

深度	开挖时间										
	第二层土开挖前	第二道支撑架设	第三层土开挖前	第三道支撑架设	第四层土开挖前	第四道支撑架设	第五层土开挖前	第五道支撑架设	第六层土开挖前	第六道支撑架设	开挖到底前	开挖到底时
第二道支撑处	1.9	2.3	3.9	4.2	2.7	2.5	2.7	2.3	1.7	1.1	1.3	1.4
第三道支撑处	2.3	3.2	5.5	6.6	5.9	6.3	7.5	7.8	6.9	6.1	6.2	6.3
第四道支撑处	2.2	3.3	5.7	7.4	7.7	9.3	13.4	14.6	12.8	12.3	11.4	10.5
第五道支撑处	1.1	2.2	4.5	6.1	7.3	9.6	15.1	17.1	15.6	15.3	13.7	12.7
第六道支撑处	0.5	1.3	2.9	4.6	5.6	8.2	14.5	16.9	18.3	18.1	16.9	16.1
坑底	0	0.4	1.5	2.5	3.4	5.6	12.1	14.2	18.2	17.9	18.3	18.1

第4章 软土长条形基坑围护结构侧向变形的主动控制

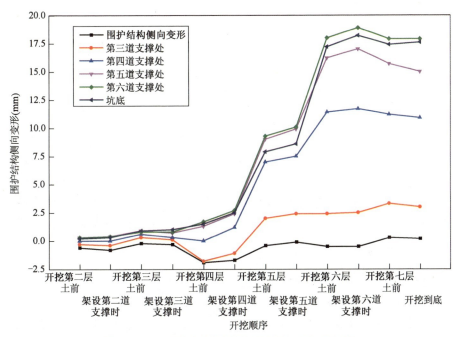

图 4-132　P28 测点各支撑处围护结构侧向变形时程曲线

P28 测斜点断面围护结构侧向变形分类统计表　　表 4-62

测 点 位 置	架撑前流变(mm)	卸荷变形(mm)	架撑后变形(mm)	总变形(mm)
第二道支撑处	0.2(100%)	0.1(50%)	-0.1(-50%)	0.2
第三道支撑处	0.4(13%)	0.6(20%)	2.0(67%)	3.0
第四道支撑处	0.3(3%)	1.4(13%)	9.2(84%)	10.9
第五道支撑处	8.0(53%)	2.0(14%)	5(33%)	15.0
第六道支撑处	16.1(90%)	2.8(16%)	-1.0(-6%)	17.9
坑底	14.5(82%)	3.1(18%)	0(0%)	17.6

注：表中百分比表示测斜点断面围护结构侧向变形与其总变形的比值。

从上述图表中可以得到以下结论：

①由各测点支撑处的围护结构侧向变形时程曲线图可知，由于围护结构侧向变形具有连续性，上部土体开挖会导致下部围护结构产生较大的侧向变形，且该变形在其总变形中占比较大。从围护结构侧向变形分类统计表中可知，这部分变形主要是由于上部土体开挖导致下部土体流变产生的。

②从围护结构侧向变形分类统计表中可知，开挖卸荷产生的侧向变形随

着深度的增加而增大,但其在总变形中占比不大。同时,开挖卸荷产生的侧向变形体现了明显的空间效应,基坑中部的卸荷变形明显大于基坑角部。

③支撑架设后支撑处的围护结构侧向变形在后期施工中趋于稳定,当支撑轴力较大时会产生负向变形,从而可以抵消部分前期发生的变形,说明支撑的主动轴力能有效地控制基坑已发生的侧向变形。

④基坑下部支撑的主动轴力对相邻支撑处的围护结构侧向变形影响较大,但对上部支撑处的侧向变形影响较小,这与前述轴力-变形影响性所获得规律相符。

⑤由于围护结构刚度的存在,围护结构侧向变形具有连续性,上层土方开挖以及流变均会引起下方各点的侧向变形,这种变形的继承性要求必须通过变形的分级控制,严格限制每层土方开挖产生的围护结构侧向变形才能控制总变形。

4) 支撑轴力控制

(1) 基于主动控制的轴力控制

浦东南路站 A-2 基坑标准段设置四道钢支撑(分别为第二、三、五、六道),西端头井段设五道钢支撑(分别为第二、三、五、六、七道),整个基坑设置两个断面的钢支撑轴力计,布在 27 号、20 号、12 号、6 号钢支撑上,如图 4-133 所示。

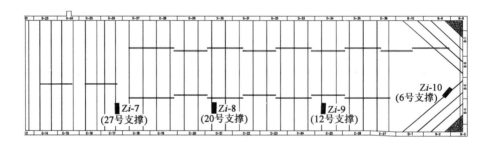

图 4-133 基坑支撑平面图

取 Zi-7 及 Zi-8 轴力计(其中 i 代表支撑道数,如 $Z2$-7 代表第二道钢支撑上的轴力计,以此类推)所在断面的各道钢支撑对应的基坑开挖和支撑架设过程中的轴力进行统计与分析,并与轴力伺服系统的实测值进行对比,见图 4-134。

由于贴片式轴力计测量轴力有一定误差,故图 4-134 中所测轴力绝对值不作为钢支撑实际轴力的判断依据,仅参考轴力的变化趋势;轴力伺服系统个别实测数据受设备故障影响与相邻数据有较大波动;$Z6$-8 轴力计所在的第六道钢支撑由于架设后一天完成了基坑开挖过程,故没有曲线图。

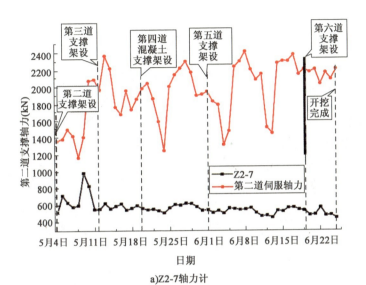

a) Z2-7轴力计

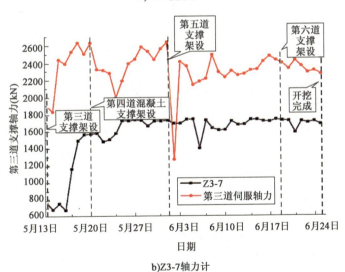

b) Z3-7轴力计

图 4-134

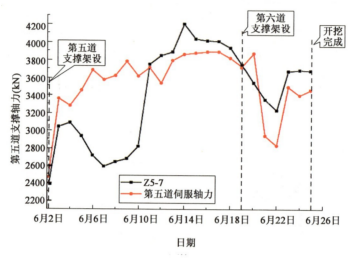

c) Z5-7轴力计

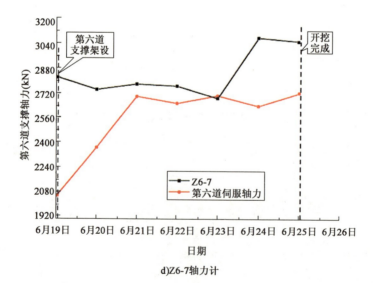

d) Z6-7轴力计

图 4-134

第4章 软土长条形基坑围护结构侧向变形的主动控制

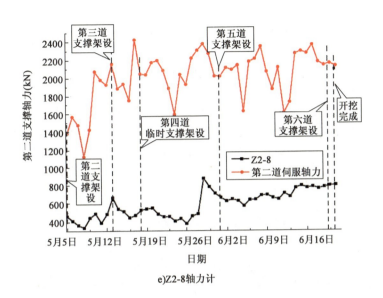

e) Z2-8轴力计

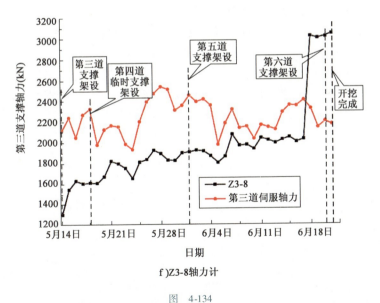

f) Z3-8轴力计

图 4-134

g) Z5-8轴力计

图 4-134 钢支撑轴力时程曲线

从上述曲线图中我们可以发现,每道钢支撑在架设完成后不可避免发生了轴力损失的现象,但当下层土方开挖时,受内外土压力差变化的影响,轴力有一定程度的增加。当第四道支撑制作完成后,第二、三道钢支撑轴力便呈平稳趋势。

(2) 考虑温差影响的支撑轴力控制

基坑开挖过程处于春夏季相交时节,全天的温差比较大,考虑到钢材的热胀冷缩效应比较明显,我们在基坑开挖过程中,在断面未开挖、未加载的条件下,取坑内外荷载相对平稳的时间段(6 月 23 日,基坑开挖基本完成,当天气温 23～28℃,多云)对测斜点 P22(端头井斜撑处)、P25(标准段)、P28(盖板下)所在断面的各道钢支撑进行温差条件下的轴力变化情况监测,轴力监测数据如图 4-135 所示。

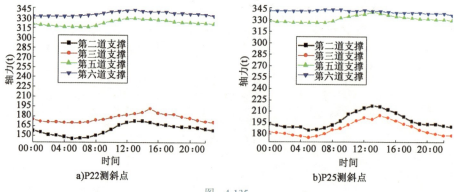

a) P22测斜点　　　　　　　　b) P25测斜点

图 4-135

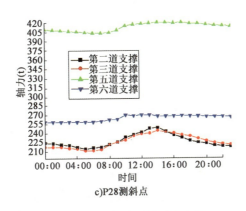

c)P28测斜点

图4-135 钢支撑温度-轴力影响曲线

由以上图表可见,温度对钢支撑的轴力影响非常明显,尤其对上部钢支撑而言,最低温度时的轴力与最高温度时的轴力相差有几十吨,对于基坑支撑体系的安全性提出了较高的要求,施工过程中需根据现场环境温度情况,合理调整支撑的轴力施加时间与施加值,避免因温度影响导致轴力过大或者过小,造成基坑施工风险。

4.5 本章小结

轴力伺服系统作为基坑围护结构侧向变形主动控制的硬件已经较为成熟,但其使用方法还比较简单,主要用于支撑轴力损失后的轴力补偿,没有真正发挥其作用。轴力伺服系统能够实现支撑轴力的实时、主动调整,为建立全新的基坑围护结构侧向变形主动控制方法奠定了基础。通过研究,揭示了轴力作用下围护结构侧向变形的演化规律和控制方法,初步构建了侧向变形主动控制理论,并通过实践应用得到以下结论:

(1)轴力伺服系统既为基坑围护结构的侧向变形控制提供了可靠的手段,同时又对传统的基坑围护结构侧向变形控制理念带来了挑战。所提出的围护结构变形与支撑轴力双控、钢混支撑受力协调、环境保护与基坑安全并重、"时空效应"与伺服应用主辅分明的深基坑主动控制理念,综合考虑了软土基坑传统技术与轴力伺服系统的特点。

(2)根据连续体变形协调方程,通过主动调整轴力可实现支护体系结构力学参数的控制,其中轴力-变形影响性、轴力相干性、轴力-流变影响性、轴力-强度影响性是连续体变形协调方程在基坑支护体系主动控制中的四大应用。

(3)对于长条形基坑,施工过程中的力学模型与设计模型不同,由于土方的分块开挖、围护结构纵向抗弯刚度与土体横向抗剪强度的存在,基坑的力学状态从最初的空间力学特性逐渐向平面应变状态转变。

(4)考虑到基坑工程的复杂性,单一目标法难以满足基坑围护结构侧向变形主动控制的需要,所提出的多目标动态控制法较好地克服了上述困难,既可以提高围护结构侧向变形控制效果又可以避免支撑轴力设置过大造成的基坑负向变形偏大。

(5)对于荷载结构模型中的平面弹性地基梁法,影响矩阵法可以精确地求解基于围护结构侧向变形控制的支撑轴力;而对于地层结构模型中的有限单元法,基于围护结构侧向变形控制目标与支撑轴力限值、围护结构内力三控的试算法是一种有效的计算方法。

(6)地层结构法与荷载结构法相比,地层结构法充分考虑了地下结构与周围地层的相互作用,能够较好地实现支撑轴力与围护结构变形的对应关系,因此可以用于基坑围护结构的侧向变形主动控制。围护结构侧向变形主动控制包含以下内容:确定分析软件与本构模型、建立模型—参数识别—修正模型、确定基坑的目标状态、基于施工过程的动态模拟分析、控制实施、分析预测。

(7)在软土长条形基坑施工中,围护结构的最大侧向变形一般发生在坑底下方的土体中,无法直接对其进行控制。而连续体变形协调方程为深层土体处的围护结构侧向变形主动控制提供了一种可能,即利用坑底上方支撑的主动轴力来调整深层土体处的围护结构侧向变形,从而实现基坑围护结构侧向变形的控制。支撑轴力对围护结构侧向变形的控制应遵循两个原则,"就近原则"与"尽早原则"。

(8)基于轴力相干性提出了轴力伺服系统支撑轴力的多目标动态控制法,各道轴力随着工况的不同而变化,即每道支撑轴力值的目标应随着工况的调整而变化。因此工况不发生变化时开启轴力自动补偿功能以应对轴力损失;工况发生变化时应关闭该功能,使得轴力值能够适应工况变化所引起的轴力变化。

(9)在软土长条形基坑中,软土流变变形与土体的应力水平密切相关,同等条件下土体所受应力水平越高,流变越大,反之越小。因此可根据流变增量来不断调整轴力,使得轴力作用下围护结构的流变趋于收敛。即在确保支撑安全的情况下基于流变的收敛性,根据监测数据中的变形增量来调整轴力伺服系统的控制轴力,直至其收敛。

(10)基坑围护结构的侧向变形控制与轴力伺服系统的设置方式密切相

关,竖向全部设置钢支撑轴力伺服系统效果最佳;一半采用轴力伺服系统的工况下,底部两道支撑采用轴力伺服系统时侧向变形的减小更明显。总体来说,钢支撑全部采用轴力伺服系统的效果最好,一半使用的次之,间隔使用的再次,单一某道使用的效果最差。

(11)在超深基坑中,既要考虑轴力伺服系统对围护结构侧向变形的控制作用又要考虑钢支撑体系的安全性,为此提出了分区设置的理念,即间隔一定数量的钢支撑设置一道混凝土支撑,利用轴力伺服系统控制围护结构侧向变形,利用混凝土支撑提高基坑的安全性,其中隔二设一或隔三设一能够同时兼顾二者。

(12)软土长条形深基坑围护结构的侧向变形特点要求对侧向变形进行分层控制,即每一层土的侧向变形均控制在指标值内,如果前几层挖土控制不当导致基坑围护结构已经发生了比较大的侧向变形,试图在最后几道设置轴力伺服系统把变形控制住,那无疑会大大增加侧向变形控制的难度。

(13)当采用轴力伺服系统进行围护结构的侧向变形控制时,在小变形控制指标下,围护结构的侧向变形模式发生了变化,最大变形点位置的调整也要求对钢支撑的设置进行调整以便实现对变形的控制。

(14)温度对钢支撑的轴力影响非常明显,尤其对浅层钢支撑而言,这对基坑支撑体系的安全性提出了较高的要求,施工过程中需根据现场环境温度情况,合理调整支撑轴力的施加时间与施加值,避免基坑施工风险。

第 5 章
CHAPTER 5

软土长条形基坑围护结构侧向变形的半主动控制

5.1 半主动控制的关键技术问题及解决方案

如何控制软土基坑围护结构的侧向变形,刘建航院士在上海地铁1号线修建过程中提出了"时空效应"理论:在基坑施工中,适量减少每步开挖空间和时间并缩短每步开挖围护结构的自由暴露时间,可以明显地减小基坑位移,从而深刻地觉察到,科学运用基坑开挖时空效应的规律,充分调动软土自身控制变形的潜力,可以达到科学施工控制基坑变形的目的。基于"时空效应"的基坑施工核心原则是"分层、分段、分块、对称、平衡、限时"和"先撑后挖、限时支撑、严禁超挖"。"时空效应"从地铁领域逐步推广到其他大型基坑工程中,形成了以"时空效应"理论为基础的软土基坑开挖方法,如"盆式开挖法"等。

5.1.1 关键技术问题

在长条形基坑领域,依据"时空效应"理论形成了斜面分层、分段、分块的基坑开挖方法,因其围护结构侧向变形控制效果较好而被广泛应用。虽然软土基坑围护结构的侧向变形控制获得了长足发展,但实际的变形要求通常比理论大得多,基坑环境保护的问题仍然比较突出。由于"时空效应"只给出了基坑开挖支撑的基本原则,具体实施需要结合基坑实际来确定,而影响基坑施工的因素较多,在实践中"时空效应"的实施存在较多的不确定性,这导致"时空效应"的控制效果差异性较大。对于形状比较规则的地铁车站等长条形基坑,应当研究更加精细化的挖土与支撑技术来最大程度地发挥"时空效应"的作用。同时软土基坑的流变与时间、坑内土体所受荷载大小有关,时间越长,软土的流变越大;坑内土体所受荷载越大,流变也就越大。软土基坑的流变控制涉及无支撑暴露时间下的围护结构侧向变形控制与有支撑暴露时间下的围护结构侧向变形控制两部分。

5.1.2 解决方案

(1)无支撑暴露时间下的围护结构侧向变形控制

无支撑暴露时间下围护结构侧向变形控制的关键是尽量缩短每块土方开挖期间围护结构的无支撑暴露时间,根据"时空效应"理论,如果每块土方的开挖支撑时间控制在24h以内,那么单块土方开挖产生的变形较小。但基坑施工是个实践性很强的项目,影响土方开挖、支撑的因素很多,既有主观管理因素又有客观天气、工艺等因素,各种因素下极易造成围护结构长时间的无支撑暴露而产生过大的侧向变形。因此如何通过土方开挖工艺的优化来减少分块开挖时的无支撑暴露时间是围护结构侧向变形控制的关键。

(2)有支撑暴露时间下的围护结构侧向变形控制

有支撑暴露下的围护结构侧向变形控制,主要依靠优化施工组织安排和分坑施工来缩短时间,依靠施加合理的支撑轴力来减小流变变形速率。其中施工组织的优化主要涉及现场条件、人员与设备安排和管理水平等因素,个体差异性较大,分坑施工涉及费用的增加,一般只在要求较高的条件下使用。而通过施加并保持合理的支撑轴力来控制流变速率进而减少流变变形则是较为经济合理的围护结构侧向变形控制方法。

支撑轴力对侧向变形的控制主要取决于轴力值的大小以及施加后有效轴力的保持,有效轴力是指千斤顶卸除后由于轴力损失最后保留在钢支撑中的轴力。轴力损失主要包括由楔块变形、接触面不平整引起的瞬时损失,由于轴力相干性引起的短期损失,以及由于基坑开挖过程中振动、温度变化、钢支撑蠕变等引起的长期变形。其中楔块安装不当以及接触面不平整引起的瞬时损失在一定情况下占比较大,具备优化的空间。轴力相干性引起的损失主要与轴力的施加方法有关,可通过多点同步加载部分解决,而振动、温度变化、钢支撑蠕变引起的损失往往难以准确计量,可通过提高施加轴力值的方式部分解决。

5.2 无支撑暴露时间下围护结构侧向变形的精细化控制技术

5.2.1 影响无支撑暴露时间下围护结构侧向变形控制的因素

1) 施工工艺因素

(1) 斜撑区域开挖方法

目前斜撑区域的开挖方法具有很大的随意性,为了施工的便利性,一般采用先中间后角部的挖土方法、先角部后中间的支撑架设顺序,如图 5-1 所示,图中数字代表挖土的先后顺序,先开挖端头井直撑区域土方并架设直撑,再开挖中间三角区域土方,然后向两个角部开挖,待土方全部挖完后再架设斜撑。根据基坑的空间效应,角部的位移最小,离角部越远位移越大。这种情况下侧向变形较大点处的土方最早挖除而支撑最晚架设,同样使得基坑围护结构侧向变形过大。

(2) 对撑区域开挖

对撑区域采用分块开挖,由于坑内的小挖掘机均需占有一定的空间,某块土方开挖后需要超前挖除下一块土方,满足挖掘机站位后才能架设已挖除土方的支撑,称之为挖二架一法。如图 5-2 所示,先依次开挖区域 1 和区域 2 的土方,然后再架设区域 1 的支撑,区域 2 的支撑暂不架设以停放小挖掘机。超前挖除的土方在无支撑暴露状态下,基坑围护结构持续发生侧向变形。

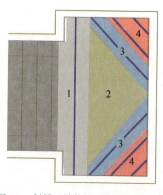

图 5-1 斜撑区域传统开挖方法示意图

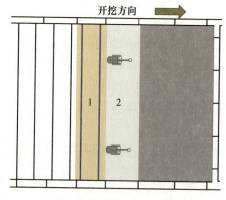

图 5-2 挖二架一法示意图

采用分坑施工时,由于封堵墙的存在,往往导致部分区域的支撑间距不能调整,从而使得挖掘机的吊装空间不够,此时一般采用多挖多架法,如图 5-3

所示,挖掘机从预留的吊装孔处开始挖土,依次开挖区域 1 和区域 2 的土方,然后再退回至预留好的吊装孔吊出挖掘机,再依次架设区域 1 和区域 2 的支撑。由于挖除的土方较多,基坑围护结构的无支撑暴露时间较长,会加剧围护体系的侧向变形。

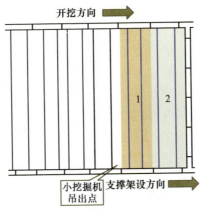

图 5-3 多挖多架法示意图

(3) 混凝土撑施工工艺

混凝土撑从挖土结束到形成强度一般在 6d 左右,此时围护结构处于无支撑暴露状态,引起的侧向变形较大,无法有效利用"时空效应"进行变形控制。

另外土方开挖方法还与格构柱、降压井、系梁布置、钢支撑间距、挖土机械参数等因素有关,上述构件布置不当会增大支撑架设难度、增加无支撑暴露时间。

2) 天气等其他因素

在露天施工的情况下,降雨天气对土方开挖影响很大,一方面降水会影响基坑坑内土方开挖,另一方面又会影响卸土场的土方平整,从而导致施工停止。

土方运输、机械设备也是影响开挖支撑架设的重要因素,比如市中心的基坑项目往往受早晚高峰的影响以及各种检查的影响导致运输中断,挖掘机、起重机、千斤顶油压设备的损坏也同样影响土方开挖、支撑架设。在围护结构内侧土方已挖除而支撑又无法架设的情况下极易发生无支撑暴露下的流变变形,特别是影响时间较长时,往往会发生显著的流变变形。

3) 主观管理因素

土方开挖一般与支撑架设、围护结构凿毛等多工序交叉作业,利益主体较多,协调管理难度大,极易造成失控,形成超挖、多挖、不及时架设支撑等问题,从而加大了基坑围护结构的侧向变形。

如何尽可能通过技术的改进来减少由于上述主、客观因素引起的围护结构侧向变形，是个值得探索的问题，而地铁车站基坑的块内土方精细化开挖技术则是解决这一问题的重要组成部分。

5.2.2 软土长条形基坑盆式开挖的小尺度效应

流变性和触变性是软土的重要特征，而"分层、分段、分块、对称、平衡、限时"和"先撑后挖、限时支撑、严禁超挖"是"时空效应"理论针对这两点对软土基坑变形控制提出的基本要求。流变性要求尽快出土以缩短基坑的无支撑暴露时间，从而控制变形，触变性要求尽可能减少挖土对下层土体的扰动以避免被动区土体强度降低造成变形的增大。

在大型软土建筑基坑中，当盆边宽度在 10m 左右时盆式开挖法对限制围护结构侧向变形作用较为明显，因此当基坑的空间尺度较大、变形要求较为严格时往往采用盆式开挖法。即先挖基坑中部土方，盆边土最后挖除，这恰好与软土的流变性要求一致。同时在大型建筑基坑中，由于有足够的操作空间以及栈桥板的设置，土方开挖对被动区的扰动较小。

地铁基坑通常为长条形基坑，长度可达几百米，但其宽度一般在 20~30m，与大型建筑基坑相比空间尺度较小，传统的盆式开挖法无法应用。如果不考虑基坑的有支撑暴露过程，从基坑荷载平衡角度出发，把每块土方的开挖支撑看作一个独立的小基坑，那么小基坑的空间尺度主要取决于基坑宽度与每块的土方开挖长度，地铁长条形基坑宽度一般为 20~25m；水平分块开挖根据挖土能力，分块长度一般以 2~6 根钢支撑为多，钢支撑间距多为 2.5~3m，因此分块长度多为 6~18m，其空间尺度远小于大型建筑基坑(图 5-4)；同时大型基坑从挖土到架设支撑的时间较长(无支撑暴露的时间以天计)，而长条形基坑每块土方的开挖支撑时间较短(无支撑暴露的时间以小时计)，其时间尺度远小于大型建筑基坑。

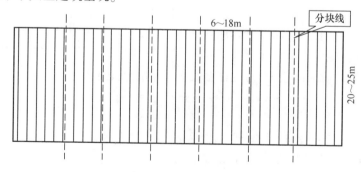

图 5-4 长条形地铁基坑小尺度分块示意图

在实践中发现长条形基坑开挖过程中如果能保留一定宽度的盆边土（图5-5），在一定时间范围内，围护结构的侧向变形会受到有效的约束。即在一定的空间、时间尺度效应下，盆式挖土法仍然适用于长条形基坑。

图5-5 盆边土预留宽度示意图（尺寸单位：m）

同时在长条形基坑施工中挖土机械一般只能在坑边取土，特别是在不设置栈桥板时，坑边挖土机械在靠近围护一侧反复取土会导致坑内被动土因扰动而强度降低，而如果能够预留盆边土则会大大减少土体扰动，适应了软土的触变性要求。

5.2.3 小尺度块内盆式挖土法施工参数敏感性分析

长条形基坑小尺度效应下的盆边土约束效果既与盆边土的预留宽度有关，又与预留的时间有关，因此有必要分析盆式挖土的空间参数与时间参数，为实践提供指导。为此建立了能够模拟时空效应的平面模型，如图5-6所示。

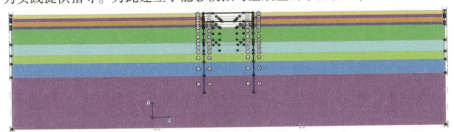

图5-6 盆式开挖法示意图

采用考虑时间效应的软土蠕变本构模型，基坑尺寸与边界条件与第4章相同。模型参数先由勘察报告得到剑桥模型经验参数，再根据相关公式推导得到，推导公式为式(5-1)、式(5-2)。得到的相关参数见表5-1，整层开挖和盆式开挖的流程见表5-2。

修正的压缩指标：

$$\lambda^* = \frac{\lambda}{1+e} \qquad (5\text{-}1)$$

修正的膨胀指标：

$$\kappa^* = \frac{\kappa}{1+e} \tag{5-2}$$

式中，e 为孔隙比。

各地层参数 表5-1

地层	修正的压缩指标 λ^*	修正的膨胀指标 κ^*	修正的蠕变指标 μ^*
①$_1$ 杂填土	—	—	—
②$_1$ 粉质黏土	0.060	5.000×10^{-3}	2.400×10^{-3}
③ 淤泥质粉质黏土	0.047	3.900×10^{-3}	1.900×10^{-3}
③$_夹$ 砂质粉土	—	—	—
④ 淤泥质黏土	0.066	4.200×10^{-3}	2.600×10^{-3}
⑤$_1$ 粉质黏土	0.054	3.500×10^{-3}	2.200×10^{-3}
⑥ 粉质黏土	0.038	3.200×10^{-3}	1.500×10^{-3}
⑦$_{1-2}$ 砂质粉土	—	—	—
⑦$_2$ 粉砂	—	—	—

注：①$_1$ 杂填土、③$_夹$ 砂质粉土、⑦$_{1-2}$ 砂质粉土及⑦$_2$ 粉砂无法得到相关参数，故改用莫尔-库仑本构模型。

两种开挖方式的开挖流程 表5-2

工序	整层开挖	盆式开挖
工序1	激活围护结构(2d)	
工序2	围护结构养护(40d)	
工序3	第一道混凝土支撑(1h)	
工序4	第一道混凝土支撑养护(14d)	
工序5	开挖至第二道支撑下(16h)	开挖至第一、二道支撑中间(8h)
工序6	停歇(12h、24h、48h、6d)	
工序7	—	开挖留土(至第二道支撑下)(8h)
工序8	激活第二道钢支撑(6h)	
	重复工序5~8直至开挖到底	

注：实际整层开挖中，挖土并支好支撑后才会有间歇期。但若以此工况与盆式开挖留护壁土再间歇对比，并无可比性。

为便于比较挖土方法对基坑围护结构侧向变形的影响，计算分为整层开挖和盆式开挖两种不同的开挖方式，对比分析不同开挖间歇期后同一施工工序下围护结构的变形情况。考虑到软件计算的收敛性和实际开挖的可操作性，盆式开挖留土坡角取45°，留土宽度则分别取3m、4m、5m和6m；根据施工过程中正常间歇时间和天气等原因可能造成的延误，取开挖间歇期为12h、24h、48h和6d。

（1）不同留土宽度与间歇期对变形总量的影响

按开挖层将不同留土宽度和不同间歇期下最大侧向变形情况整理至图5-7中。

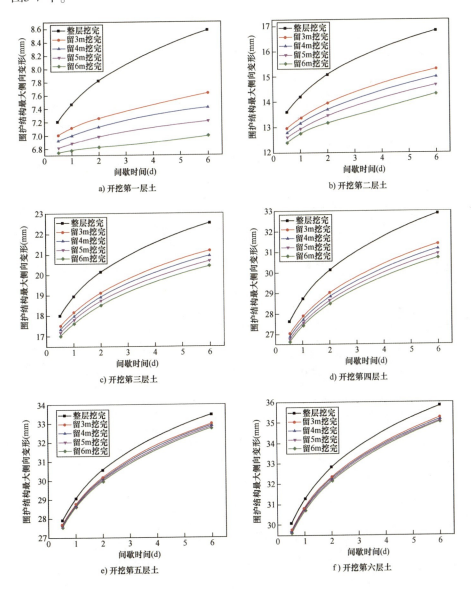

图5-7 围护结构最大侧向变形示意图

由图 5-7 可以看出，围护结构最大侧向变形的增加率随着间歇期的延长而减小，刚挖完后的两天变形增长最快。采用盆式开挖法的围护结构最大侧向变形明显变小，并且减小幅度随着留土宽度和间歇期的增大而增大。对比六层土开挖过程中围护结构最大侧向变形的变化情况，最大侧向变形减小（相对整层开挖）最多的是地表下开挖层厚最厚的第二层土（间歇 6d），减小了 1.62mm。而埋深最深的第五、六层土，因其开挖深度较深、土压力大，留土护壁效果不明显。

（2）不同留土宽度与间歇期对变形增量的影响

上述研究分析了盆式挖土法对侧向变形总量的约束效果，同时根据时空效应理论，基坑围护结构侧向变形控制不仅要考虑总量变形，还要考虑变形增量的变化。根据监测规范，围护结构连续两天的侧向变形变化不超过 2mm，因此要求采用盆式挖土工艺时无支撑暴露下的围护结构侧向变形增量按连续两天不超过 2mm 作为控制值。两种开挖方式下围护结构最大侧向变形的增量随时间的变化见图 5-8。

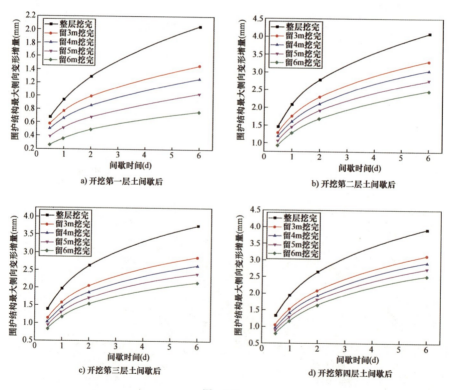

图 5-8

第5章 软土长条形基坑围护结构侧向变形的半主动控制

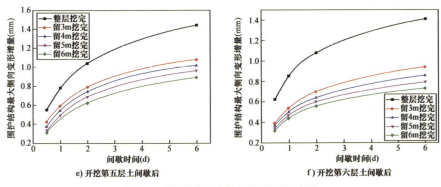

图 5-8 围护结构最大侧向变形增量示意图

从上述变形增量的计算结果来看，盆边土的约束效果与盆边土宽度、开挖深度及厚度等密切相关，盆边土宽度越宽效果越好。随着时间的增加，盆边土的约束效果递减，通过选取合理的盆边土宽度，在 2d 的时间内可以满足围护结构侧向变形增量不超过 2mm 的控制要求。当然上述计算没有考虑超载，超载大小不同对围护结构的侧向变形影响不同，当基坑边有较大超载作用时，应当尽量加大留土宽度。

从控制围护结构侧向变形的角度讲，盆边土预留宽度越宽控制效果越好，无支撑暴露时间越短控制效果越好，因此应当在满足挖土工艺操作空间的情况下尽可能加大预留宽度，减小无支撑暴露时间。

5.2.4 小尺度块内盆式挖土法实测验证

考虑到土体理论分析与实践结果的差异性，有必要对盆边土的约束效果进行实测验证。为此在 A-2 坑每一层土层取若干测斜点断面，验证土方开挖过程中盆边土预留宽度对围护结构侧向变形控制的实际效果。A-2 坑平面如图 5-9 所示，P22 测点为基坑南侧最东面的测点，P25 为基坑南侧中间位置的

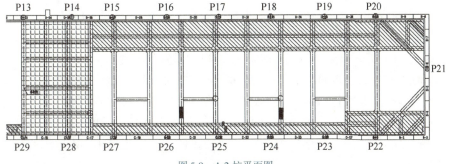

图 5-9 A-2 坑平面图

测点,P29 为基坑南侧最西面的测点,其余测点以此类推。盆边土对围护结构侧向变形控制实测数据见表 5-3。

盆边土对围护结构侧向变形控制实测数据表　　表 5-3

开挖工况	断面 (测斜点)	护壁土 宽度(m)	通道开挖完 等待时间(d)	等待过程测斜变化值	
				南侧(mm)	北侧(mm)
第二层土方开挖	P23	4	1.5	0.3	1.1
	P25		0.5	0.5	0.4
	P27		0.5	0.3	0.3
第三层土方开挖	P24	4	0.5	0.7	0.6
	P29		0.5	0	0.2
第四层土方开挖	P23	5	0.5	0.9	0.5
	P25		2.5	4.6	0.7
	P26		1.5	1.5	1.6
第五层土方开挖	P26	6	0.5	0.1	0
	P27		0.5	0	0.4
	P28		4.5	2.5	3.9

由表 5-3 可以看出,对于基坑的正常开挖过程中的间歇时间,盆边土护壁对于基坑围护结构侧向变形的控制效果还是非常显著的;对于由于特殊原因导致开挖间歇时间过长的情况,盆边土护壁也可以将侧向变形控制在一个较小的可承受范围内。

5.2.5　长条形基坑的小尺度块内盆式挖土工艺

1)影响基坑开挖方式的因素分析

地铁车站基坑一般为长条形基坑,宽度 20m 左右,长度一般在 100m 以上,采用对撑和角撑布置。第一道支撑一般采用混凝土支撑,水平间距(中心距)约为 7m,其余各层根据深度的不同分别采用钢支撑或混凝土支撑,其中混凝土撑的布置一般与第一道相同,钢支撑的布置间距在 2~4m。

对于斜撑布置区域,由于出土空间大,土方的分块形式较为自由,挖土方式较为多样。而对撑区域分块形式较简单,挖掘机抓斗只能从钢支撑之间挖土,坑内小挖掘机配合,挖土方式相对单一。同时,对撑区域的土方分块和具体开挖方法还必须考虑格构柱布置、挖掘机站位、挖掘机吊出、钢支撑间距等因素影响,满足机械设备的操作要求(表5-4)。特别是在实践中影响钢支撑间距的因素很多,如格构柱施工偏差、降水井的施工误差、多层钢支撑自身的安装偏差、预埋件位置偏差、混凝土支撑间距以及偏差等,多因素的累加往往使得局部钢支撑净距不满足机械设备操作要求而需调整土方分块和开挖方法。

常用软土挖土机械挖(抓)斗宽度尺寸表　　　　表 5-4

挖土机械类型	普通挖掘机	超长臂挖掘机	贝型抓斗	多瓣型抓斗
挖(抓)斗宽度	1.2m 左右	0.8~1m	1.8m 左右	2.6~2.8m

因此基坑开挖方式除了考虑盆边土宽度外还必须考虑以下因素综合确定:钢系梁、格构柱与钢支撑的空间关系,抓斗与支撑的几何空间关系,坑内小挖掘机在支撑安装时的停放位置,坑内小挖掘机的行进与吊装空间等。

2) 小尺度块内盆式挖土法

(1) 斜撑区域开挖方法——半圆形或蘑菇形盆式开挖法

根据斜撑与对撑的布置方式可以采用半圆形或蘑菇形盆式开挖法。该方式能够保证在角部空间效应最弱的两点(最外侧斜撑处空间效应最弱、变形最大)处留有有效的留土护壁宽度的同时,事先挖除最大量的土方,保证角部的土方开挖时间最短,围护结构的无支撑暴露时间最短,侧向变形控制最佳,同时不影响坑内挖掘机的停放。开挖示意如图 5-10 所示,图中数字代表开挖与架设支撑顺序。

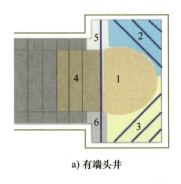 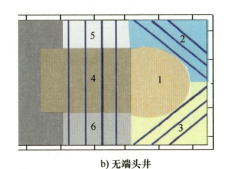

a) 有端头井　　　　　　　　　　　b) 无端头井

图 5-10　蘑菇形盆式开挖法

(2) 对撑区域开挖方法——正"凸"形盆式开挖法

一根钢系梁上通常放三根钢支撑,但是开挖过程中,每块土一般是两根或四根钢支撑,同时还需考虑坑内小挖掘机停放位置,小挖掘机必然要超挖至下一块土使得下块土的无支撑暴露时间过长,侧向变形不易控制。为此结合系梁安装和小挖掘机站位,要求本块土方开挖时首先挖除本块土和下块土中间部位的土方,最后挖除本块土两侧的护壁土方,挖土方式相当于"凸"字,同时挖土方向与"凸"字大小方向一致,因此称之为正"凸"形盆式开挖法。见图 5-11。

(3)对撑区域开挖方法二——倒"凸"形盆式开挖法

当直撑的间距较小、抓斗无法下放时,或者直撑间距较小、挖掘机挖到最后没有吊装空间时,从尽可能减少基坑的无支撑暴露时间角度考虑,土方开挖时首先挖除前进方向中间的土方,留土护壁宽度以保证挖掘机能通过即可,然后再逆向挖除两侧的护壁土、安装支撑,挖土方向与"凸"字大小方向相反,因此称之为倒"凸"形盆式开挖法,如图 5-12 所示。

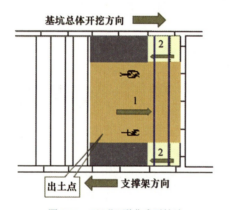

图 5-11 正"凸"形盆式开挖法

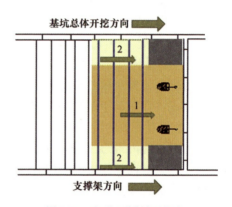

图 5-12 反"凸"形盆式开挖法

5.3 有支撑暴露时间下围护结构侧向变形的精细化控制技术

5.3.1 钢支撑轴力对围护结构侧向变形的影响

常规基坑支撑体系中,邻近土体的开挖、邻近支撑的架设以及开挖后必要的停歇时间,都会造成已施加轴力的损失,而轴力损失势必使围护结构侧向变形增大。以无预加轴力和设计预加值的 30%、50%、70% 及 100% 来分析蠕变模型中钢支撑轴力变化对围护结构侧向变形的影响,模拟按照实际施工流程布置(表 5-5),间歇期取 12h、24h、48h 和 6d。第四道混凝土支撑因其养护时间较长,不再另添间歇期。激活各道钢支撑并停歇一段时间后的围护结构侧向变形情况如图 5-13 所示。

第5章 软土长条形基坑围护结构侧向变形的半主动控制

钢支撑轴力变化模型开挖流程 表 5-5

工 序	流 程	工 序	流 程
工序 1	激活围护结构(2d)	工序 11	开挖第三层土(16h)
工序 2	围护结构养护(40d)	工序 12	激活第四道钢支撑(1h)
工序 3	第一道混凝土支撑(1h)	工序 13	养护(7d)
工序 4	第一道混凝土支撑养护(14d)	工序 14	开挖第四层土(16h)
工序 5	开挖第一层土(16h)	工序 15	激活第五道钢支撑(6h)
工序 6	激活第二道钢支撑(6h)	工序 16	停歇(12h、24h、48h、6d)
工序 7	停歇(12h、24h、48h、6d)	工序 17	开挖第五层土(16h)
工序 8	开挖第二层土(16h)	工序 18	激活第六道钢支撑(6h)
工序 9	激活第三道钢支撑(6h)	工序 19	停歇(12h、24h、48h、6d)
工序 10	停歇(12h、24h、48h、6d)	工序 20	开挖到底(16h)

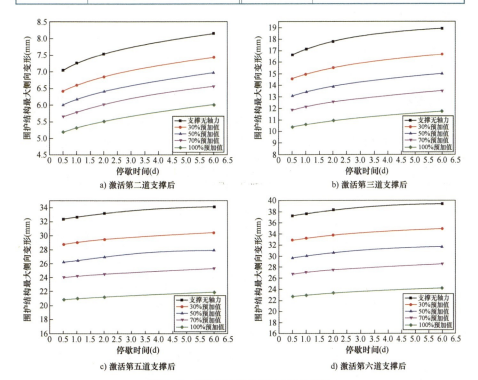

图 5-13 围护结构最大侧向变形示意图

由图 5-13 可以看出,软土在流变作用下的变形与支撑预加轴力大小密切相关,预加轴力越大围护结构侧向变形越小,反之预加轴力越小围护结构侧向变形越大;土层施工停歇时间越长围护结构侧向变形越大,反之越小;不同预加轴力下围护结构侧向变形的增长率基本一致。即钢支撑实际预加的轴力越小,蠕变影响下围护结构侧向变形随时间的增长越大。

如前所述,土体流变主要取决于土体受荷载大小与时间,而被动区土体受荷载大小与钢支撑轴力相关。因此保持合理有效的钢支撑轴力是有支撑暴露时间下围护结构侧向变形控制的关键,这就要求严格控制钢支撑的轴力损失,必要时采用伺服系统持续不断地补偿轴力损失。

5.3.2 楔块安装引起的轴力损失与控制

钢支撑为了适应不同的基坑宽度变化,一般采用活络头中插入楔形块的方式调节钢支撑长度。在楔块安装过程中会引起钢支撑的轴力损失,一是千斤顶卸除后管节轴力作用于楔块上导致楔块压缩产生的轴力损失,二是楔块插入深度不足导致支撑偏心受压引起的损失,该项损失可通过精细化控制技术降低。

1) 楔块偏心安装引起的轴力损失

ϕ609mm 规格活络头采用 28a 槽钢双拼而成,ϕ800mm 规格活络头采用 40c 槽钢双拼而成。建立楔块结构的有限元模型,如图 5-14 所示,其中钢管部分采用梁单元模拟,活络头部分采用实体单元模拟,楔块通过接触作用与活络头建立联系,接触作用考虑轴向挤压和切向摩擦,摩擦系数取 0.3,考虑到偏心较大时可能出现拉应力作用,模拟时允许接触分离产生。

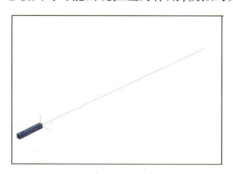 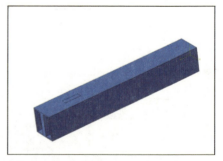

图 5-14 有限元模型图

考虑楔块长度为 0.2m,为简化分析,采用等效温度效应来计算不同插入深度所引起的轴力损失,初始轴力考虑 1000kN、2000kN、3000kN 三种工况,插入深度考虑 100%、70%、50%、30%、10% 五种情况,得到 1000kN、2000kN、3000kN 时不同插入深度下的有效轴力,如图 5-15 所示。

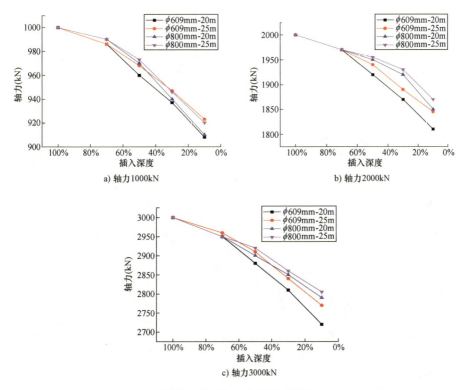

图 5-15 不同插入深度的有效轴力

由图 5-15 可见,随着轴力的增加和有效深度的降低,轴力损失速度越来越快。20m 长 ϕ609mm 规格的钢支撑系统在插入深度 10% 时轴力损失近 300kN。在相同初始轴力下,ϕ609mm 规格钢支撑的轴力损失高于 ϕ800mm 规格,20m 长钢支撑的轴力损失高于 25m 钢支撑。图 5-16 以 20m 长 ϕ800mm 规格钢支撑系统为例,给出了不同插入深度下活络头部分的 Mises 应力图和接触应力云图。

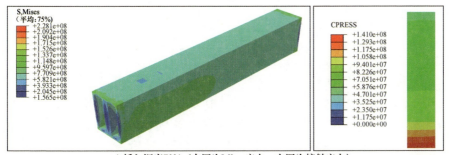

a) 插入深度70%（左图为Mises应力，右图为接触应力）

图 5-16

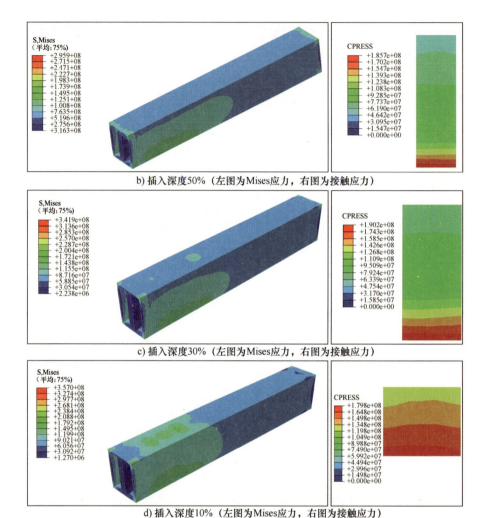

b) 插入深度50%（左图为Mises应力，右图为接触应力）

c) 插入深度30%（左图为Mises应力，右图为接触应力）

d) 插入深度10%（左图为Mises应力，右图为接触应力）

图 5-16　ϕ800mm-20m 钢支撑系统不同插入深度下的应力图

2) 活络头楔块的精细化安装方法

　　由上述分析可知，楔形块插入深度不足极易引起支撑的轴力损失，实际上前述分析已经表明活络头的伸出长度对钢支撑的承载能力影响很小，可以适当加大其伸出长度，为楔形块精细化安装创造条件。在实际施工中通过采用加长型楔块来适应不同宽度的变化，通过适当加大活络头的预留空间以便于楔块厚度的调整。

支撑架设活络头预留孔洞高度30cm,楔形块采用厚度4cm的钢板,楔形块长60cm,宽13cm(图5-17)。为保证楔形块的插入深度,活络头预留楔块位置的宽度最小为6.5cm,当预留楔块宽度需要长条形垫块与楔块配合使用时,使用长条形楔块后剩余的预留楔块宽度应大于6.5cm,确保楔形的插入深度。楔形块长度60cm保证了楔块有足够的长度满足插入深度。

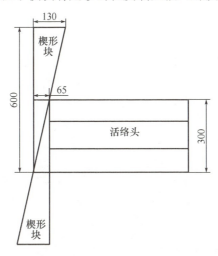

图5-17　楔形块与活络头预留宽度配合示意图(尺寸单位:mm)

应从以下三个方面控制楔形块的插入深度(图5-18)。

(1)活络头预留插楔块的宽度不宜太小,应留有两块楔块贯穿预留孔的宽度,如预留宽度太小,楔块无法贯穿活络头,导致楔块插入深度不够。

(2)楔块的宽度应与预留插楔块位置相结合,保证楔块宽度能够将预留孔填充紧密,并有一定的预留量。

(3)楔块长度必须大于活络头的预留孔高度,在楔块能够填紧预留孔基础上,保证楔块插入的深度。

图5-18　楔形块现场图

5.3.3 轴力相干性引起的轴力损失与控制技术

1）轴力相干性对轴力损失的影响

在基坑常规的开挖和架撑工艺中（详见第4.1.1节），当某一区块土方开挖完成后，该区域钢支撑即具备架设条件，通常为2~6根钢支撑，钢支撑先行在设计位置安装就位，然后依照该层土方开挖方向依次对钢支撑进行轴力施加，过程详见图5-19，由于围护结构横向刚度的存在，同层支撑架设时存在相干性，即后加支撑引起已加支撑的轴力损失，N_2轴力施加会造成N_1轴力的减小，N_3轴力施加会造成N_1与N_2的减小，N_4轴力施加会造成N_1、N_2和N_3的减小，以此类推。

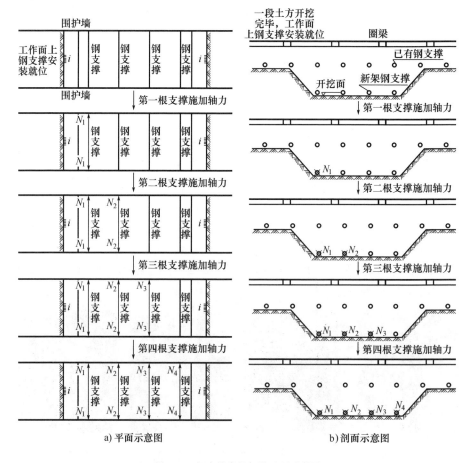

图5-19 钢支撑常规架设过程示意图

2）考虑轴力相干性的多点同步加载技术

由于支撑轴力具有相干性，因此为尽量减少相干性引起的轴力损失，当某一区块土方开挖完成、该区域钢支撑具备架设条件后，钢支撑先行在设计位置安装就位，然后同时对安装好的多根(如 4 根)钢支撑同步施加轴力，见图 5-20，即由单点加载改为多点同步加载，用多台千斤顶同步施加，是针对轴力相干性可行的解决对策。

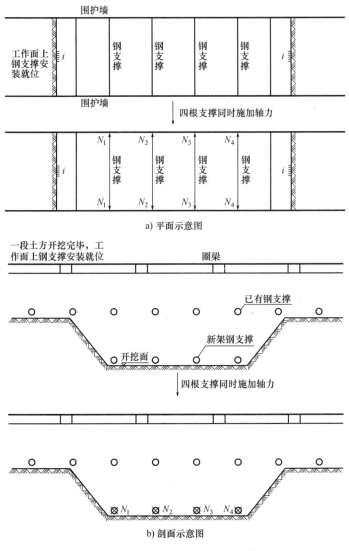

图 5-20 钢支撑多点加载架设过程示意图

多点同步加载系统设计要求:轻便、灵活、使用可靠、操作简单、可现场路面轮式移动。设备设计原理如图5-21所示。

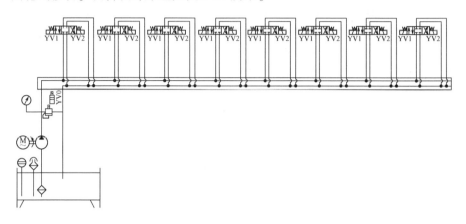

图5-21　多点同步加载系统原理示意图

支撑液压泵站(一台柱塞泵每分钟10L流量,电机功率5.5kW 380V电源供电)。在最多同时安装四组八个油缸时,可以同时或者随机通过选择按钮加载选择电磁阀YV1、YV3(一号编组伸)YV2、YV4(一号编组缩)YV5、YV7(二号编组伸)YV6、YV8(二号编组缩)YV9、YV11(三号编组伸)YV10、YV12(三号编组缩)YV13、YV15(四号编组伸)YV14、YV16(四号编组缩)来实现任意油缸编组和单独油缸的动作。当需要一号编组工作的情况下,一号油缸编组和阀件通过内径6mm、2层钢丝抗60MPa的专用油管和油缸及油管上安装的快速拔插头实现连接后启动泵站,对泵站上的YV0进行加载,选择启用一号编组YV1、YV3电磁阀,一号编组油缸实现伸动作。总压力的大小通过泵站上溢流机械阀件进行调整获得,并且压力直接显示在泵站的压力表上。在油缸顶伸到需要压力时关闭油缸接头部分的节流阀后可以实现快速拔插头的装卸。如需要四组同时工作按照一组油缸工作流程相应进行。

该系统配有手动调节阀可在0～63MPa自由调节,具有安全可靠、操作简便的特点。还可扩展至8点或16点以上的多点施加,在多点工作状态下除保持多点位置的同步外,还可按照要求调节各支点的荷载分布。

同时具备架设作业面的若干根钢支撑,待其全部在基坑指定位置拼装架设完毕后,通过采用多点同步加载系统对作业面内所有钢支撑活络头位置的千斤顶施加顶力,待钢支撑达到标准轴力值后对轴力进行锁定,然后撤除千斤顶,完成本次钢支撑轴力施加作业,见图5-22。

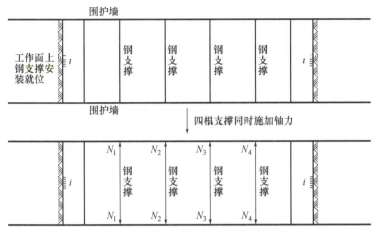

图 5-22　钢支撑多点加载架设过程示意图

5.4 混凝土支撑施工期间围护结构侧向变形的控制方法

　　为了安全需要,长条形基坑除采用钢支撑外,往往根据深度的不同,每隔几道钢支撑就增设一道混凝土支撑。如浦东南路车站,基坑第一、四道支撑为混凝土支撑。因混凝土支撑需一定养护时间才能发挥作用,第四道支撑养护期间,基坑处于无撑暴露状态(通常为7d),这会导致基坑的变形增大。为此考虑在混凝土支撑的上方增设一道临时钢支撑,以约束混凝土撑施工期间的流变。

　　为此在第四道混凝土支撑上方 1.5m 处添加临时钢支撑(图 5-23),分析对比有无临时支撑情况下基坑围护结构的侧向变形情况。

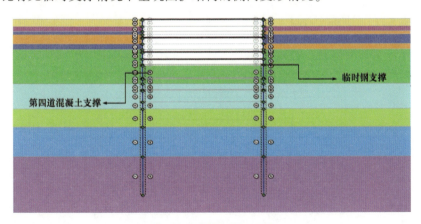

图 5-23　临时钢支撑示意图

计算无临时支撑暴露、有临时支撑无轴力、临时支撑轴力 200kN/m 及临时支撑轴力 600kN/m 四种工况。得到四种不同工况下围护结构侧向变形，如图 5-24 所示。

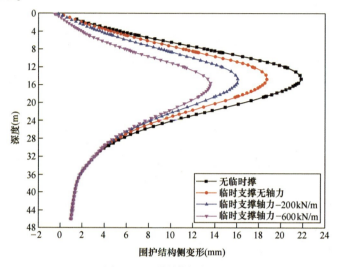

图 5-24　围护结构侧向变形

由图 5-24 可以看出，在第四道混凝土支撑发挥作用前，临时钢支撑能够有效抑制围护结构侧向变形的增长，且在临时钢支撑上预加相应轴力后效果更为显著。

5.5　半主动控制技术的工程应用

5.5.1　块内盆式挖土法的实施

结合支撑布置特点和机械性能针对不同的基坑部位采用了相应的挖土工艺，如图 5-25、图 5-26 所示，图中数字代表开挖与支撑架设的先后顺序。

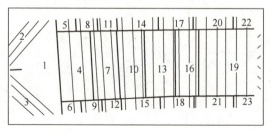

图 5-25　浅层土方开挖顺序示意图

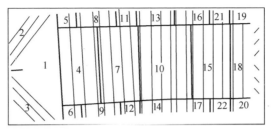

图 5-26 深层土方开挖顺序示意图

盆边土宽度根据深度的不同而取相应值:开挖第一、第二层土方时,开挖宽度为18m,两侧预留盆边土宽度4m;开挖第三层土方时,开挖宽度为16m,两侧预留盆边土宽度5m;开挖第四、第五、第六层土方时,开挖宽度为14m,两侧预留盆边土宽度6m。无支撑暴露时间见表5-6。

浦东南路站 A-1 坑土方开挖与支撑架设时间表　　　表 5-6

土层	部位（支撑编号或轴线编号）	开挖两侧预留土块时间（h）	钢支撑牛腿焊接及架设时间（h）	土层	部位（支撑编号或轴线编号）	开挖两侧预留土块时间（h）	钢支撑牛腿焊接及架设时间（h）
第一层土方	1、2	4	4	第三层土方	1、2	4	4
	3、4	3.5	4		3、4、5、6	5	5
	5、6	3.5	4		7、8	3	4
	7、8、9、10	7.5	8		9、10、11、12	5	8
	11、12、13、14	5	8		13、14、15、16	5	8
	15、16、17、18	4.5	8		17、18、19、20	4.5	8
	19、20	2.5	4		北侧斜撑处	4	—
	21、22、23	5	6		南侧斜撑处	4	—
	24、25、26	5	6				
第二层土方	1、2	2.5	4	第四层土方	1、2、3、4	8	6
	3、4	3	4		5、6	6	4
	5、6	3	4		7、8	7	4
	7、8、9、10	6	6		9、10	7	4
	11、12、13、14	6	6		11、12、13、14	8	6
	15、16、17、18	6	6		15、16	5	4
	19、20	3	4		17、18、19、20	9	6
	21、22、23	2.5	5		21、22、23	7	6
	24、25、26	5	6		24、25、26	5	6

续上表

土层	部位 (支撑编号或 轴线编号)	开挖两侧 预留土块 时间 (h)	钢支撑 牛腿焊接及 架设时间 (h)	土层	部位 (支撑编号或 轴线编号)	开挖两侧 预留土块 时间 (h)	钢支撑 牛腿焊接及 架设时间 (h)
第五层土方	1、2	5	4	第六层土方	24、25、26	6	6
	3、4	4	4		21、22、23	6	6
	5、6	6	4		24、25、26	5	6
	7、8	5	4		3~4轴	6	4
	9、10	4	4		4~5轴	11	—
	11、12、13、14	7	6		5~6轴	12	—
	15、16	5	4		6~7轴	11	—
	17、18、19、20	8	6		7~8轴	13	—
	21、22、23	8	6		8~9轴	13	—
					9~10轴	10	

5.5.2 临时钢支撑设置

浦东南路站基坑在第四道混凝土支撑上方架设了一道临时钢支撑(图5-27),临时钢支撑布置形式同其他几道钢支撑。通过和相邻的车站基坑对比,浦东南路站A-1基坑第四道混凝土支撑制作过程中基坑围护结构侧向变形量约3mm,而相邻未设置临时钢支撑的车站基坑在第四道混凝土支撑制作过程中基坑围护结构侧向变形普遍在12mm以上,由此可见,临时钢支撑对基坑围护结构侧向变形的约束作用还是比较明显的。

图5-27 临时钢支撑设置

5.5.3 钢支撑轴力的控制

浦东南路站 A-1 基坑标准段设置四道钢支撑(分别为第二、三、五、六道),四端头井段设置五道钢支撑(分别为第二、三、五、六、七道),整个基坑设置三个断面的钢支撑轴力计,分别布置在 21 号、6 号、16 号钢支撑上,如图 5-28 所示。

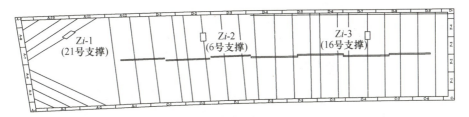

图 5-28 钢支撑轴力计位置

现取 Zi-2 及 Zi-3 轴力计(i 代表支撑道数,$Z2$-2 代表第二道钢支撑上的轴力计,以此类推)所在断面对基坑开挖和钢支撑架设过程中的轴力进行统计分析。

从图 5-29 可知,每道钢支撑在架设完成后不可避免发生轴力损失,但当下层土方开挖时,受内外土压力差变化的影响,轴力有一定程度的增加。当第四道支撑制作完成后,第二、三道钢支撑轴力便呈平稳趋势。

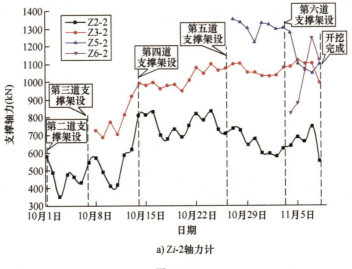

a) Zi-2 轴力计

图 5-29

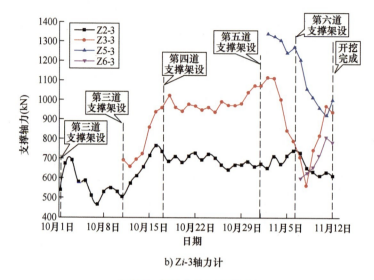

b) Z_i-3轴力计

图 5-29　钢支撑轴力时程曲线

注：由于贴片式轴力计测量轴力有一定误差，故图中所测轴力绝对值不作为钢支撑实际轴力的判断依据，仅参考轴力的变化趋势。

5.5.4　围护结构侧向变形控制结果

通过对浦东南路站 A-1 基坑开挖过程的监测数据显示，整个基坑的围护结构侧向变形完全控制在一级基坑的 1.4‰倍的开挖深度范围内。取基坑长边中点附近的 P04 监测点以及基坑东侧端部的 P06 监测点数据为例进行分析整理。监测点平面布置示意见图 5-30。

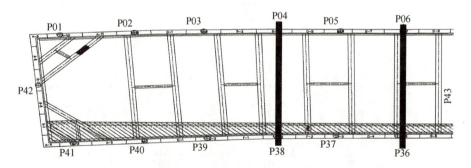

图 5-30　监测点平面布置示意图

（1）围护结构侧向变形数据整理汇总
①P04 测点断面（表 5-7、图 5-31、表 5-8）

围护结构侧向变形各阶段统计表(单位:mm)　　表 5-7

深度	开挖时间										
	二层土开挖前	二道支撑架设	三层土开挖前	三道支撑架设	四层土开挖前	四道支撑架设	五层土开挖前	五道支撑架设	六层土开挖前	六道支撑架设	七层土开挖前	开挖到底时
第二道支撑处	4.8	5.1	6.3	6.6	8.0	8.8	9.8	10.0	9.5	9.6	9.3	9.6
第三道支撑处	6.9	7.5	9.8	10.9	13.9	14.9	17.8	17.9	17.5	17.0	17.2	17.5
第四道支撑处	6.9	7.4	10.1	11.6	15.9	17.3	22.2	22.3	22.1	21.8	22.3	22.6
第五道支撑处	5.2	5.7	8.2	9.7	14.3	16.1	23.3	23.6	24.6	25.0	27.3	27.9
第六道支撑处	3.5	3.9	5.9	7.2	11.8	13.3	20.6	21.2	23.6	24.9	29.1	29.8
坑底	2.0	2.4	3.6	4.7	8.6	9.7	15.7	16.6	20.2	22.3	27.6	28.5

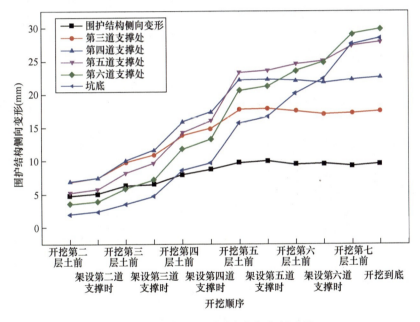

图 5-31　各支撑处围护结构侧向变形时程曲线

围护结构侧向变形分类统计表　　表 5-8

位置	架撑前流变(mm)	卸荷变形(mm)	架撑后变形(mm)	总变形(mm)
第二道支撑处	4.8(50%)	2.0(21%)	2.8(29%)	9.6
第三道支撑处	9.2(53%)	2.6(15%)	5.7(32%)	17.5
第四道支撑处	13.9(17%)	3.5(15%)	5.2(68%)	22.6
第五道支撑处	19.5(70%)	5.1(18%)	3.3(12%)	27.9

续上表

位　置	架撑前流变(mm)	卸荷变形(mm)	架撑后变形(mm)	总变形(mm)
第六道支撑处	19.8(66%)	5.8(19%)	4.2(15%)	29.8
坑底	22.0(77%)	6.5(23%)	0(0%)	28.5

注：表中百分比表示围护结构侧向变形与其总变形的比值。

②P06测点断面(表5-9、图5-32、表5-10)

围护结构侧向变形各阶段统计表(单位:mm)　　　　表5-9

深　度	开挖时间										
	二层土开挖前	二道支撑架设	三层土开挖前	三道支撑架设	四层土开挖前	四道支撑架设	五层土开挖前	五道支撑架设	六层土开挖前	六道支撑架设	七层土开挖前	开挖到底时
第二道	1.4	1.7	1.3	1.6	2.7	2.5	3.5	3.9	3.4	3.3	4.0	4.0
第三道	2.4	2.5	2.7	3.2	6.1	6.1	8.0	8.6	8.1	8.0	8.5	8.3
第四道	2.5	2.7	3.5	4.1	8.9	9.2	13.4	14.7	14.4	14.4	15.2	14.8
第五道	2.3	2.4	3.2	3.7	9.7	10.4	17.2	19.3	21.4	21.5	23.1	23.0
第六道	2.1	2.0	2.9	3.2	8.7	9.5	16.5	19.6	23.1	23.3	26.0	26.5
坑底	1.6	1.6	2.4	2.7	7.2	7.6	13.8	17.4	21.1	21.3	24.7	25.9

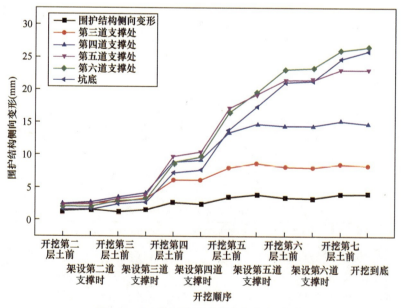

图5-32　各支撑处围护结构侧向变形时程曲线

P06 测斜点断面围护结构侧向变形分类统计表　　　表 5-10

位　置	架撑前流变（mm）	卸荷变形（mm）	架撑后流变（mm）	总变形（mm）
第二道支撑处	1.4(35%)	0.7(18%)	1.9(47%)	4.0
第三道支撑处	2.6(31%)	0.9(11%)	4.8(58%)	8.3
第四道支撑处	8.1(55%)	2.0(14%)	4.7(31%)	14.8
第五道支撑处	15.9(69%)	3.4(15%)	3.7(16%)	23.0
第六道支撑处	19.0(72%)	4.8(18%)	2.7(10%)	26.5
坑底	20.2(78%)	5.7(22%)	0(0%)	25.9

注：表中百分比表示围护结构侧向变形与其总变形的比值。

从上述图表中可以得到以下结论：

①由各测点的支撑处围护结构侧向变形时程曲线图可知，由于围护结构侧向变形具有连续性，浅层土方开挖会导致深层土体处围护结构产生较大的侧向变形，且该变形在总变形中占比较大。从围护结构侧向变形分类统计表中可知，这部分变形主要是由于浅层土方开挖导致深层土体流变产生的。

②从围护结构侧向变形分类统计表中可知，开挖卸荷产生的变形随着深度的增加而增大，但在总变形中占比不大。同时，开挖卸荷产生的变形体现了明显的空间效应明，基坑中部的卸荷变形明显大于基坑角部。

③支撑架设后浅层支撑处的围护结构侧向变形在后期施工中趋于稳定，深层支撑处的围护结构侧向变形随着基坑的开挖有一定程度的增加，深度越大增加量越大。

④受⑥层土的影响，第四、五道支撑处的侧向变形大于坑底侧向变形，说明坑底土体对围护结构有明显的约束作用。

⑤由于上层土方开挖会引起下方各点的位移，必须通过变形的分级控制严格限制每层土方开挖产生的围护结构侧向变形才能控制总变形。

（2）围护结构侧向变形的时程曲线

①P04 测点断面（图 5-33、图 5-34）

②P06 测点断面（图 5-35、图 5-36）

| 软土长条形深基坑施工控制技术

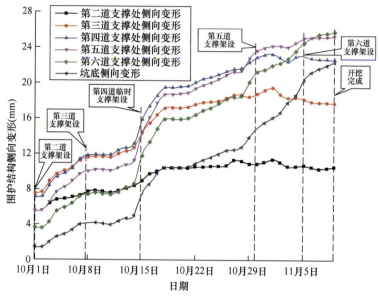

图 5-33　各支撑处围护结构侧向变形时程曲线汇总图

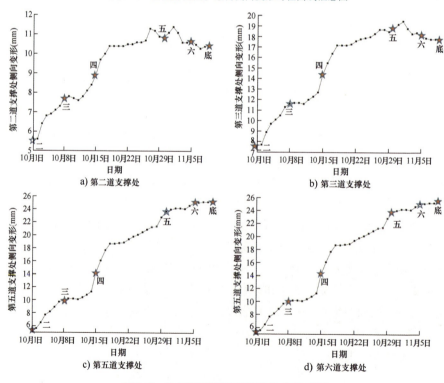

图 5-34　各支撑处围护结构侧向变形时程曲线

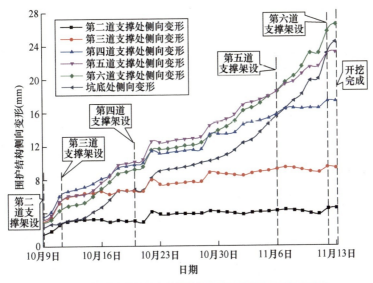

图 5-35 各道支撑及坑底处围护结构侧向变形时程曲线汇总图

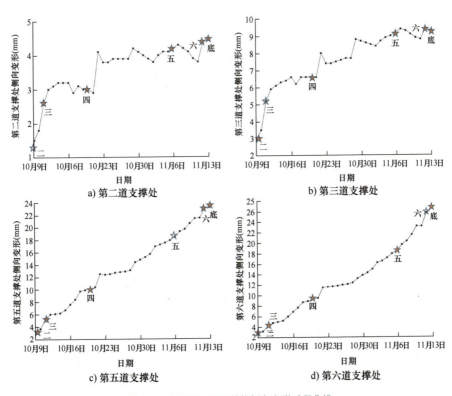

a) 第二道支撑处　　　　　b) 第三道支撑处

c) 第五道支撑处　　　　　d) 第六道支撑处

图 5-36 各支撑处围护结构侧向变形时程曲线

从上述图中的变形曲线可以得到以下结论：

①支撑架设后随着施工的进行，围护结构侧向变形仍呈稳步增长趋势，表明支撑自身的变形对围护结构的侧向变形影响较大。

②每道支撑处的围护结构侧向变形主要由以前各层土方开挖引起，正常情况下土方开挖引起的变形较小。由于上层土方开挖会引起下方各点的变形，必须通过变形的分级控制严格限制每层土方开挖产生的变形才能控制总变形。

③混凝土支撑架设后养护等时间较长，引起的流变变形较明显。第四道混凝土支撑形成强度后，浅层围护结构侧向变形基本趋于稳定，这是由于混凝土支撑刚度大，压缩变形小，能够稳定上部支撑的变形。

④支撑架设后，随着基坑的不断向下开挖和暴露时间的增长，支撑处的围护结构侧向变形不断增大，并且随着下方各道支撑的依次架设，增长速率逐渐放缓。

5.6 本章小结

基于"时空效应"的小尺度块内盆式挖土法，在传统斜面分层、分段、分块的基础上，进一步细化了长条形基坑的块内挖土工艺，解决了无支撑暴露时间下的流变变形控制问题。而支撑轴力的精细化控制技术和缩短基坑总的施工时间是解决有支撑暴露时间下流变变形的主要方法。主要结论如下：

（1）理论分析与实践表明，对于长条形基坑的小尺度开挖工况，盆边土的约束效果既与盆边土的预留宽度有关，又与预留的时间有关。从控制变形的角度讲，在满足挖土工艺操作空间的情况下应尽可能加大预留宽度，同时减少不必要的无支撑暴露时间。

（2）考虑到格构柱布置、挖掘机站位、挖掘机几何尺寸、钢支撑间距、降水井布置以及施工误差等因素影响，所提出的小尺度块内挖土工艺基本上可以满足长条形基坑的施工需要。

（3）小尺度下块内盆式挖土工艺是"时空效应"的理论在实践中精细化应用的体现，可以大大降低由于施工过程的不确定性导致的无支撑暴露时间和暴露概率，进而减少由于非开挖因素引起的基坑围护结构侧向变形。

（4）钢支撑轴力直接影响着围护结构的侧向变形，保持合理有效的钢支撑轴力是有支撑暴露时间下围护结构侧向变形控制的关键，应当采取各种措施减少轴力损失，并适当提高轴力施加值以确保在轴力损失后钢支撑内仍保留足够的轴力从而降低流变速率。

(5) 楔块插入深度不足会引起轴力损失,轴力损失的比例与插入深度有关,而在实践中由于楔块自身加工精度的原因,这种损失可能更大。因此实践中应通过精细化的支撑匹配方法来减少楔块插入深度不足引起的轴力损失。

(6) 由于支撑轴力具有相干性,为尽量减少相干性引起的轴力损失,可结合挖土支撑施工工艺,对多根(如4根)安装好的钢支撑同步施加轴力,即由单点加载改为多点同步加载,用多台千斤顶同步施加轴力,是针对轴力相干性的可行解决对策。

(7) 设置临时钢支撑是控制混凝土支撑施工期间围护结构侧向变形的有效措施。

第 6 章
CHAPTER 6

软土基坑围护结构侧向变形控制的施工组织管理

在应用"时空效应"理论指导基坑施工的同时，我们应该看到基坑施工是个实践性很强的项目，它是一项集围护、加固、降水、开挖、支撑架设、结构施作等分项过程综合控制的系统工程，而不是一个单项任务。由于影响各项工序的因素众多，"时空效应"的应用往往受到实践的限制而效果不佳，这既有主观管理的原因又有客观技术的原因，科学的施工管理需要统筹上述各种因素，尽可能通过标准化的技术管理来解决主观管理带来的差异化问题。由于基坑施工涉及较多分项工程，且各分项工程之间相互影响，这就需要从系统的角度进行科学管理，而系统工程方法论则为这一问题的解决提供了重要的指导。

6.1　系统工程方法论

系统工程方法论是指建立在系统工程观念的基础上，在更高的层次上指导人们正确地应用系统工程的思想、方法和各种准则去处理问题。用系统工程方法论处理问题时的基本观点包含以下方面。

（1）整体性观点

整体性观点即全局性观点或系统性观点，也就是在处理问题时，以整体为出发点，以整体为归宿的研究方法。

（2）综合性观点

所谓综合性的观点就是在处理系统问题时，把对象的各部分、各因素联系起来加以考察，从关联中找出事物规律性和共同性的研究方法，这种方法可以避免片面性和主观性。

（3）科学性观点

所谓科学性的观点就是要准确、严密、有充足科学依据地去论证一个系统的发展和变化规律。不仅要定性，而且必须定量地描述一个系统，使系统处于最优状态。

(4) 关联性观点

所谓关联性的观点是指从系统各组成部分的关联中探索系统规律性的观点。

(5) 实践性观点

实践性的观点就是要勇于实践,勇于探索,要在实践中丰富和完善以及发展系统工程理论。

6.2 系统工程方法论在基坑施工组织管理中的应用

基坑施工是一个复杂的系统工程,而系统工程方法论是解决复杂系统问题的有效方法,结合其基本特点,基坑施工的系统方法论如下:

(1) 整体性

在处理基坑问题时,必须从全局或系统的角度出发,把基坑施工作为由若干子系统有机结合成的整体来看待,要把整个过程按照逻辑关系分解成各个子系统,并分析各子系统之间的关系;要以整体协调原则来处理子系统之间、子系统与系统整体之间、系统与其所属更大系统之间的矛盾。长条形深基坑施工管理系统可以分为围护系统、支撑系统、地基加固系统、降水系统、土方开挖系统、结构系统等内容,这些系统在管理时必须综合考虑相互之间的影响。比如,从加快挖土的角度出发,支撑系统、降水系统的设置位置就必须考虑其对土方开挖系统的影响,如支撑的间距是否满足挖土机械的要求、降水井和格构柱的布置是否便于挖掘机施工等。

(2) 综合性与关联性

在处理基坑问题时,把各部分、各因素联系起来加以考查,从关联中找出事物规律性和共同性的研究方法,使系统达到整体协调和优化。比如围护结构质量与基坑变形的关联性,围护结构施工质量不好导致鼓包,在开挖期间需要花费大量时间来凿除,从而影响到支撑安装,带来基坑变形增大。又如格构柱和降水井位置的偏斜直接影响支撑的安装,支撑间距的改变反过来又会影响到挖土机械,从而导致挖土效率降低。因此基坑工程的综合性与关联性非常明显,必须要时刻把握。

(3) 科学性

要准确、严密、有充足科学依据地去研究基坑的发展和变化规律,不仅要定性,更要定量,使基坑开挖处于最优状态。"时空效应"是基坑工程中的重要理论指导,要充分利用"时空效应",结合监测数据及时总结规律并指导施工。既要充分利用小尺度块内盆式挖土法控制无支撑暴露时间下的基坑围护结构侧向变形,又要优化施工组织安排减少有支撑暴露时间、并能施加有效的钢支撑轴力来控制有支撑暴露时间下的围护结构侧向变形。

(4) 实践性

就是要勇于实践、勇于探索,基坑工程实践性非常强,应当根据基坑的空间尺寸、现场条件、施工机械等因素发展适应的施工方法。实践发展还远未完善,需要继续丰富和完善基坑施工实践措施。

如果把围护结构侧向变形控制作为基坑施工管理系统的控制目标,那么就应以系统工程方法论去指导整个基坑系统的设计与施工,各个子系统间应当统筹协调,最大限度地减少基坑无支撑暴露时间和有支撑暴露时间,从而达到变形控制的目的。

6.3 长条形深基坑的施工组织管理系统

1) 土方开挖系统

(1) 挖土方法

挖土机械和挖土方式组成了土方开挖系统,二者存在密切关联。前文已叙述小尺度块内盆式挖土法是与软土长条形基坑相适应的开挖方法,但要较好地实现长条形基坑块内盆式挖土法,还必须辅以一定的管理措施。这是因为小挖掘机在块内挖土时挖土深度往往大于挖掘机高度,司机在挖土过程中处于仰视状态,视觉上会对视野范围内的实际尺寸造成一定程度的扭曲,无法正确判断盆边土与围护结构之间的相对位置关系,极易导致乱挖,因此开挖过程中需要一定的目标指引。因此在预定的挖土边线上抛撒白石灰形成明确的挖土导向,是一种较佳的低成本方式,如图6-1所示。

图6-1 灰线控制法示意图

(2) 适应于软土特性的挖土机械

常见的挖土机械有普通长臂反铲、超长臂反铲、伸缩臂抓斗、抓铲,抓铲又可以分为贝形抓斗和多瓣式抓斗。土方开挖时必须根据软土的流变性与触变性来选择合适的挖土机械,即根据挖土效率和土体扰动特性来选择。如果挖土机械选择不当,抓斗只能位于围护边,围护体无支撑暴露时间最长,同时抓斗频繁抓取围护边土体,不可避免地形成超挖或扰动,都会造成土体强度降低、围护结构侧向变形加大,无法满足软土的特性要求。

①基于挖土深度与开挖效率的机械选择

常用软土挖土机械开挖深度与开挖效率见表6-1。

常用软土挖土机械开挖深度与开挖效率表　　　　表6-1

机械类型	挖土深度	挖土效率(高低)	备 注
普通反铲挖掘机	7m 以内	$1.2m^3$(较高)	相同的机械,开挖深度越深,效率越低
超长臂反铲挖掘机	12m 以内	$0.6m^3$(低)	
伸缩臂挖掘机	20m 以内	$0.9m^3$(较低)	
抓铲	>20m	贝型$1.2m^3$(较高)、多瓣式$3m^3$(高)	

②基于土体扰动特性的挖掘机选择

由于视觉原因超长臂在操作时无法目视,挖深层土时极易造成下层土超挖,导致挖土点变形较大(图6-2~图6-5)。伸缩臂挖掘机由于作业半径较小,无法保留护壁土,被动区土体扰动较大,不利于变形控制。抓铲由于作业半径大,能够保留护壁土,超挖易控制,比较有利于变形控制。

图6-2　超长臂挖掘机基坑挖土实景图

图6-3　伸缩臂挖掘机基坑挖土实景图

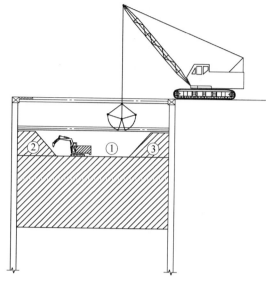

图 6-4　抓铲挖土示意图
注：①、②、③表示挖土顺序。

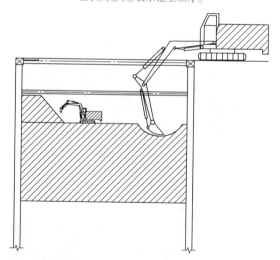

图 6-5　超长臂挖掘机对基坑扰动示意图

③不同类型抓铲的土质适应性分析

对于软黏土而言，贝形抓斗（图 6-6、图 6-7）由于颚板接触面积大，易沾土，效率低，同时软黏土黏聚力高，直线条刃板不易插入黏土中，需要通过加速下压来抓土，一旦操作不准极易碰在支撑上，造成支撑失稳，因此该抓斗比较适合砂土基坑，其优点是抓斗侧向尺寸小，对支撑的间距要求低。多瓣式抓斗（图 6-8、图 6-9）具有多爪、切口尖的特点，易于插入软土中，抓土效果好，且不易沾土,效率较高,但是该抓斗侧向尺寸大,对支撑间距有一定要求,当支撑间距较小时无法使用。

图 6-6　贝形抓斗实物图

图 6-7　贝形抓斗操作实景图

图 6-8　多瓣式抓斗实物图

图 6-9　多瓣式抓斗操作实景图

2) 围护系统

围护系统是基坑工程中的重要一环,围护系统不仅是基坑安全的重要保证,还关系到围护结构侧向变形控制。围护系统对侧向变形的影响主要体现在围护结构刚度、围护结构平整度以及接缝是否漏水,围护结构刚度决定了其侧向变形能力,考虑相应的经济性前提下,在材料相同时,围护结构越厚侧向变形越小。成槽质量与围护结构平整度密切相关,而围护结构平整度又与支撑安装速度有关,特别是浅层土体极易塌方,大量鼓包的凿除会严重影响支撑安装速度,延长无支撑暴露时间,增大围护结构侧向变形。而接缝渗漏水会在砂质土层引起涌水涌砂,从而增大围护结构侧向变形。因此施工期间要及时协调鼓包凿除和接缝堵漏工作,尽量减少对支撑系统的影响。

3) 支撑系统

支撑系统包含混凝土支撑、钢支撑、预埋件、格构柱、系梁等,从控制围护结构侧向变形的角度要求支撑的形成要快速、同时具有足够的强度、刚度和稳定性。支撑系统的设计不仅要考虑围护结构的安全性,还应从整体的角度根据土方开挖子系统、降水子系统间的关联性科学地设置支撑系统,以便于操作。一是系梁的设置要便于挖掘机大臂转动,加快挖土(图6-10);二是支撑的间距设置要能满足抓斗的空间,特别是要考虑支撑实际布置时可能产生的位置偏差,会导致抓斗空间不够(图6-11);三是控制格构柱的偏差和降水井的布置,要满足其与支撑间的空间位置关系,避免支撑位置调整引起开挖子系统的不便。

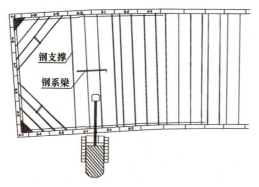

图6-10 挖掘机机械臂与系梁关系图

图6-11 支撑间距过小对抓斗的影响

4) 降水系统

降水系统主要包括承压井和疏干井系统,降水系统不仅要能够把水降下去,而且还需与其他系统相协调以便于变形控制。

疏干井的应用使坑内被动区土体形成排水固结,大幅度提高被动区土体强度进而提高被动土压力,抑制围护结构侧向变形;同时软土排水后强度增大便于挖掘机行走和挖土,提高开挖效率,特别是在砂质粉土夹粉砂土层,降水后强度提高幅度很大,否则挖掘机极易失去工作能力而延误挖土,导致无支撑暴露时间增加。但过度降水易导致坑内土体发生三向固结收缩,引起围护发生侧向变形,部分基坑发生过大踢脚变形。因此如何降水应考虑围护插入深度、土层情况以及基坑开挖特点(图6-12、图6-13)。

图 6-12　降水差致使挖掘机陷入土内　　　　图 6-13　降压井位置影响挖掘机行进

降压井直接关系到基坑安全,土方开挖期间一定要保证降压井的安全,而降压井的位置和垂直度需综合考虑,尽量给挖掘机留有足够的空间以便于工作,同时不影响支撑的安装、不改变抓斗的操作空间。

在疏干井降水期间可以通过观测坑外水位观测孔及时了解坑外水位变化(图 6-14),进而判断围护体系的封闭性,并及时采取对应措施。因此降水系统与围护系统、土方开挖系统、支撑系统等密切相关。

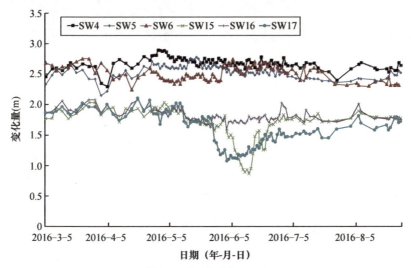

图 6-14　B 区坑外水位曲线

注:当图中曲线突降时,表明测点附近围护结构有较大的漏水可能。

5) 土体加固系统

根据工程的需要对软弱土体进行加固,可以改善土体抗力减少混凝土支撑和底板施工期间的围护结构侧向变形。但是土体加固具有很大的不确定性,一方面是土体加固质量本身难以保证,另外基坑内原有的障碍物以及围护结构鼓包(图6-15)都有可能影响加固质量。应通过围护结构成槽时的超声波图像及时发现塌方区域,塌方过大的部位在加固前结合加固区沟槽的开挖,对鼓包提前处理,提高加固的可靠性,同时减少基坑开挖后鼓包凿除引起的无支撑暴露时间。当加固质量难以把握时可在混凝土支撑上方架设临时钢支撑(图6-16),临时钢支撑可以缩短混凝土支撑制作过程中该层土方开挖后的无支撑暴露时间,从而减小基坑围护结构侧向变形。

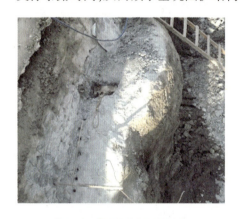

图6-15 围护结构混凝土鼓包

图6-16 混凝土支撑上方的临时钢支撑架设

6) 结构回筑系统

基坑开挖到底后须及时浇筑垫层、绑扎钢筋、施工底板,并尽快形成结构。垫层对于控制围护最后的侧向变形至关重要,应尽量减少垫层浇筑前的基坑暴露时间,没有接地的区域限时完成垫层浇筑。由于基坑开挖是卸荷过程,在坑内外荷载达到平衡前,围护结构的侧向变形会一直持续下去。当底板浇筑完成后,基坑的稳定性得到保证,但是坑底下方土体与坑外土体的压力差仍然存在,坑底以下围护体系的变形仍在发展,直至围护体系坑内外的压力差达到新的平衡。因此这时需要加快结构施工,尽早达到土压力平衡,减少侧向变形。

6.4 基坑施工组织管理系统的工程应用

1) 土方开挖系统

(1) 科学应用小尺度块内盆式挖土法

充分运用小尺度块内盆式挖土法,预留盆边土减少土体扰动,避免坑边反复取土导致的坑内被动土强度降低,同时能够有效抑制无支撑暴露时间下的围护结构侧向变形。特别是本工程位于市中心区域,开挖的连续性难以保证,采用小尺度块内盆式挖土法能有效降低无支撑暴露时间和概率。根据分析和实践经验,确定了施工期间的盆边土预留宽度(图6-17):基坑深度10m以内的土方开挖过程中保留3~4m的盆边土宽度、深度10~18m的土方开挖过程中保留4~5m的盆边土宽度、深度18m以下的土方开挖过程中保留5~6m的盆边宽度。

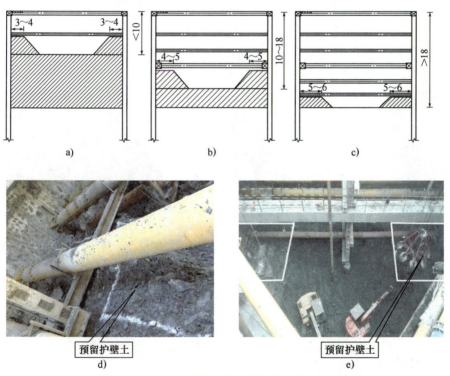

图6-17 盆边土预留宽度示意图(尺寸单位:m)

浦东南路站A1基坑开挖过程中,严格按照上述要求留置盆边土,从基坑围护结构侧向变形的监测数据可以看出,变形量严格控制在一级基坑的允许变形范围之内,从而证明严格按照要求留置盆边土确实可以有效控制围护结构侧向变形。

(2)在实践中探索、选取合理的挖土机械

项目部在基坑开挖前对挖土设备进行了精心比选,并进行试验,B坑在开挖第1、2层土方时(10m深度范围内)采用长臂挖掘机进行挖土,开挖效果较好。在三、四层挖土时采用了超长臂挖掘机进行挖土,挖土过程中发现超长臂挖掘机随着深度的增加单次操作时间加长,挖土效率明显降低,同时由于视觉原因,长臂挖掘机在操作时无法目视,极易造成下层土超挖,导致挖土点侧向变形较大,不利于基坑快速出土,对围护结构侧向变形控制影响很大,因此在挖土机械设备上进行重新选择。

综合考量各种挖土机械,最终选择采用多瓣式电动抓土机进行开挖。多瓣式电动抓土机具有多爪、切口尖、易插入软土、抓土效果好、不易沾土、效率较高(超长臂铲斗只有0.6m³,伸缩臂一般0.9m³,贝形抓斗1.2m³左右,而多瓣式抓斗可多达3m³)且对基坑扰动小的特点。经过B坑现场后期挖土实践证明,多瓣式电动抓土机能够快速出土,减少基坑出土时间,利于围护结构侧向变形控制,且多瓣式电动抓土机操作简单方便。因此在A-1坑、A-2坑挖土时采用多瓣式电动抓土机进行施工,取得了良好的效果,见图6-18。

图6-18 多瓣式抓斗现场抓土

2)围护系统

由于浦东南路站浅层土质条件差,围护结构施工过程中浅层土塌方比较多,基坑开挖过程中发现,围护结构浅层区域鼓包现象非常普遍,局部区域鼓包体积很大。大体积的鼓包需要花费大量时间和人力进行凿除(图6-19),严重影响到钢支撑的正常架设速度,使得基坑局部区域较长时间处于无支撑暴露状态,基坑围护结构侧向变形加剧。为了能够尽快架设支撑,对大体积鼓包凿除采用先在鼓包上部与围护结构的接触面进行开槽凿除,随后利用千斤顶将整个鼓包脱离围护结构表面,最后安排机械或人工进行人块分小块的破除。中坑、西坑实践表明,这种方法能够较快地剔除鼓包,从而确保支撑架设的及时性,有效地控制了围护结构侧向变形。

图 6-19　围护结构鼓包凿除

浦东南路站 A-1 坑第二道第 16 号钢支撑处围护结构鼓包凿除耽误支撑架设两天,这期间该处基坑围护结构深层侧向变形变化量约为 3mm,对后续整体的基坑围护变形控制极为不利。为此 A-2 坑施工时,在总结 A-1 坑处理基础上结合地基加固对鼓包采用预先处理法,即通过对围护结构超声波影像及充盈系数的分析,对有可能出现大鼓包的围护结构进行提前处理。处理方法为:在施工基坑加固及第一道混凝土支撑前,对预计有大鼓包围护结构位置提前开挖,然后采用人工及机械对鼓包进行凿除。通过对 A-2 坑围护结构鼓包的预先处理,一方面确保了基坑加固的作业面,另一方面减少了基坑开挖阶段大鼓包的凿除时间,即减少基坑无支撑的暴露时间,保证了围护结构侧向变形在可控范围内。

3)降水系统

(1)疏干降水

浦东南路站浅层土含有较厚的砂质粉土夹层,遇振动极易液化,而且含水率高,受黏土层分割的影响,传统疏干井降水效果较差,小挖掘机多次陷入泥土中无法工作,大大延长了挖土支撑时间,导致围护结构侧向变形较大。为此在后续基坑施工时采用超级压吸联合抽水系统,对于淤泥质黏土等含水率高而渗透性小的土层中的疏干降水特别有效。与浦东南路站 B 坑采用普通潜水泵进行疏干降水相比,A-1 坑的超级压吸联合抽水系统疏干出水量大约提供了25%，从现场疏干的效果来也是极为明显的，如图6-20所示。

图6-20　普通疏干降水(左)与超级压吸(右)疏干效果对比

(2) 承压井布置

承压井在施工过程中属于固定构筑物，其位置不仅要考虑降水，还要考虑设置对挖土、支撑的影响。

首先，承压井不应设置在长臂挖掘机或多瓣式抓斗作业半径内；其次，承压井的井位设置须考虑基坑内小挖掘机的作业半径，并结合格构柱位置，不得出现承压井位置影响基坑护壁土预留的情况。A-2坑由于格构柱与基坑护壁土预留线基本在一条线上，考虑护壁土的开挖，如承压井设置在预留护壁土范围内，将导致护壁土开挖困难，如图6-21、图6-22所示。

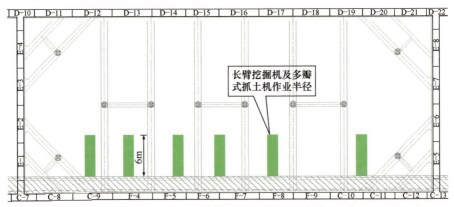

图6-21　基坑降压井不宜设置范围(绿色区域)

最后，承压井应尽量远离钢支撑设置，尤其是承压井与格构柱之间设置钢支撑时。A-1坑开挖过程中，有承压井位置与钢支撑较近，由于承压井倾斜度较大，出现了钢支撑无法在规定位置架设的现象，造成架设钢支撑还另需对凿牛腿及焊接等工作，延长钢支撑的架设时间，不利于围护的侧向变形控制。A-2坑在结合B坑、A-1坑的经验基础上，按照上述方法对承压井设置进行了改进,在基坑开挖过程中取得了良好的效果,见图 6-23。

图 6-22 基坑降压井不宜设置范围(灰色区域)

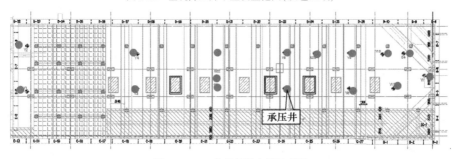

图 6-23 A-2 坑承压井布置示意图

4) 支撑系统

支撑系统的设计不仅要考虑围护结构的安全性,还应从整体的角度出发,便于土方开挖与支撑架设等操作。

浦东南路站 B 坑钢支撑按设计进行设置,由于 B 坑钢支撑水平净距最大为 2.65m,大部分钢支撑水平净距在 2.2m,而小挖掘机宽度最小为 2.8m,钢支撑间距没有条件满足小挖掘机的垂直起吊点(东西两头除外)。且多瓣式抓斗侧向尺寸最小为 2.1m,支撑在实际架设过程中,稍有偏差,造成多瓣式抓斗在该位置无法正常挖土,导致开挖过程中经常出现一次性开挖 4 根甚至 6 根支撑宽度的情况。且除东西两头外,没有位置提供小挖掘机的垂直起吊点,小挖掘机只能按一个方向进行开挖,因此挖土方向无法改变。这对围护结构侧向变形的控制极为不利。

在 A-2 坑基坑开挖前,根据 B 坑钢支撑设置上的不足,对 A-2 坑支撑设置进行了周密的设计。在 A-2 坑共设置了 5 个小挖掘机吊点,10 个抓土点,这样可以确保在基坑开挖方式选择上有多种选择,也避免出现一次性挖多根钢支撑的现象,通过 A-2 坑的实践证明,支撑系统的合理设置对控制围护结构侧向变形有极大的帮助,如图 6-24 所示。

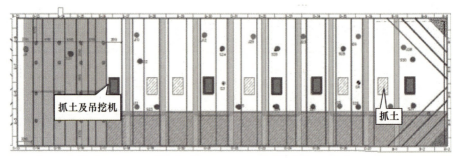

图 6-24　A-2 坑支撑布置示意图

5）土体加固系统

土体加固具有很大的不确定性，一方面是土体加固质量本身难以保证，另外基坑内原有的障碍物以及围护结构鼓包都有可能影响地基加固。

在浦东南路站基坑开挖过程中，有局部地基土体加固强度过大，小挖掘机无法正常开挖，须采用镐头机进行破除。土体加固强度大由两方面原因造成：一是加固土体水泥掺量过大，导致土体强度过大；二是加固过程中，旋喷桩钻头在某一部位搅拌时间太长，导致土体的强度过大。这两种情况都需要在施工过程中尽量避免。

通常情况下，由于围护结构鼓包的存在，导致地基加固只能沿着鼓包外边缘进行施工，贴近围护结构处的土体无法进行加固。针对此情况，在地基加固施工前，通过对围护结构超声波影像及充盈系数的分析，对有可能出现大鼓包的围护结构进行提前处理，即在围护结构鼓包处进行浅层开挖后用小型镐头机对鼓包进行破除，见图 6-25。

图 6-25　镐头机剔除鼓包

6) 结构回筑系统

基坑开挖到底后需及时浇筑垫层、绑扎钢筋、施工底板,并尽快形成结构,其中垫层的及时浇筑施工对于控制侧向变形极为有利。基坑最后一层土方开挖时间尽量安排在周末,市区周末土方外运没有时间限制,能够最大限度地加快基坑土方开挖。基坑垫层浇筑采用分段浇筑方式,避免出现大面积的开挖后垫层不能及时浇筑的现象。

当基坑开挖到底后,土方无法及时外运时采取以下两种方法:

(1) 将开挖出的多余土方翻至不影响垫层浇筑的地方。

(2) 提前计算土方量,及早与土方外运单位联系,安排足够的运输车辆,确保影响基坑正常施工作业的土方可以及时挖除,从而进行垫层浇筑。

由于端头井部位有第七道钢支撑,土方开挖时间较慢,为了加快端头井的垫层浇筑,减少基坑的暴露时间,在两侧斜撑部位土方开挖完成后,立即浇筑垫层,并加大混凝土垫层的厚度、提高混凝土的早强性能,从而有利于垫层强度的及早形成,如图6-26所示。

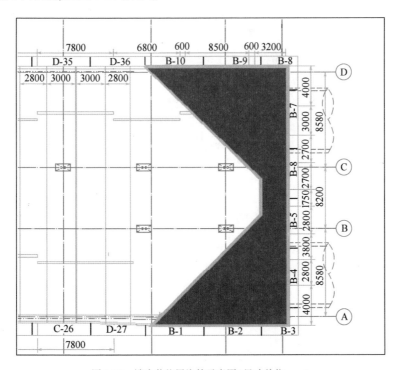

图6-26 端头井垫层浇筑示意图(尺寸单位:mm)

基坑垫层浇筑完成后,立即进行底板制作。底板的完成可以在基坑底部形成一道刚性支撑,并有效抑制坑底隆起。因此项目部就底板完成节点对施工班组作出了要求:端头井底板在 7d 内制作完成、标准段底板每段在 5d 内制作完成,通过加快底板的制作速度,减少基坑暴露时间,从而有效控制了基坑围护结构的侧向变形,减少了对周边环境的影响。

6.5 本章小结

软土地区地铁车站深基坑围护结构侧向变形控制是一项系统工程,不是单凭某一项技术或措施所能够有效控制的,它是一个与时间、空间赛跑的过程,一项集围护、加固、降水、开挖、支撑架设、结构回筑等分项过程综合控制的系统工程。

(1)基坑施工具有明显的整体性、综合性、关联性、科学性和实践性,系统工程方法论是解决基坑施工实践问题的有效方法。

(2)基坑系统的整体性、综合性与关联性,要求在工程实践中科学运用"时空效应"理论,统筹考虑各子系统的施工组织安排,采用合理的施工工艺,确保施工控制目标的实现。

(3)根据系统工程方法论,结合基坑施工的特点所提出的长条形深基坑施工管理系统及应用方法有效地控制了基坑围护结构的侧向变形,改善了基坑变形控制相关理论成果的应用效果。

第 7 章
CHAPTER 7

主动控制下基坑力学场的演化分析与原位试验

由第 2 章支护体系的力学状态控制机理可知,在围护结构一定的情况下,支护体系的力学状态主要取决于坑外荷载、支撑轴力、坑内被动区土体的力学特性。当围护结构、坑外荷载、坑内被动区土体力学特性一定时,支护体系的力学状态主要取决于支撑设置和轴力值,通过主动调整轴力可以实现支护体系力学状态的改变,即基坑的主动控制。第四章以基坑围护结构侧向变形的控制为主要目标,对主动控制技术进行了系统研究,结果表明,支护体系的力学状态能够在主动控制下发展变化,其演化规律较为复杂。另外,坑外荷载中的土压力与围护结构变形有关,主动控制下坑外土压力的变化直接影响了支护体系的力学状态。因此本章依托浦东南路站附属结构基坑,通过数值分析和原位试验,进一步研究了主动控制下基坑力学场的演化机理。

7.1 工程概况及开挖设置

浦东南路站 2 号出入口其位于浦东南路车站主体南侧、即墨路东侧,南侧毗邻上港小区,东侧为永华大厦。基坑平面布置见图 7-1。基坑外包尺寸 60.4m×36.7m,西侧深坑最大开挖深度为 18.3m,东侧浅坑最大开挖深度为 13.73m。基坑首道混凝土支撑截面尺寸为 800mm×800mm,圈梁尺寸为 1200mm×800mm,第二~五道支撑为钢支撑,支撑规格为 ϕ800mm×20mm 钢支撑和 ϕ609mm×16mm 钢支撑,其中,中间西侧六道直撑与东南角最长斜撑设置了轴力伺服系统。首道混凝土支撑平面图见图 7-2,钢支撑平面图见图 7-3,图中未标注的均为 ϕ609mm 钢支撑;基坑立面图见图 7-4。

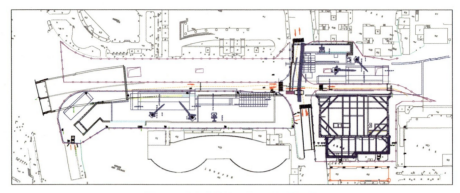

图 7-1　浦东南路站 2 号口基坑平面图

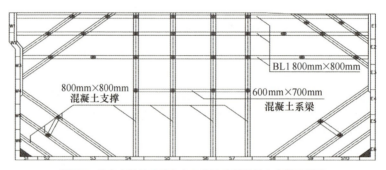

图 7-2　浦东南路站 2 号出入口基坑首道混凝土支撑平面图

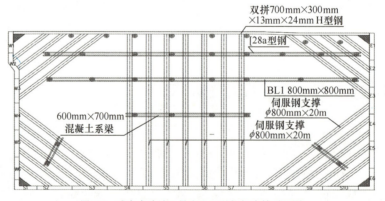

图 7-3　浦东南路站 2 号出入口基坑钢支撑平面图

土层自上而下依次为①$_1$层人工填土、②$_1$层褐黄~灰黄色粉质黏土、③夹层灰色砂质粉土、③层灰色黏质粉土、④层灰色淤泥质粉土、⑤$_1$层灰色黏土、⑥层暗绿~草黄色黏土、⑦$_{1-2}$层草黄~灰黄色砂质粉土、⑦$_2$层草黄~灰色粉细砂。

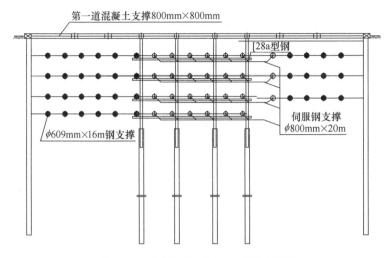

图 7-4 浦东南路站 2 号出入口基坑立面图

2 号出入口基坑北侧地连墙与车站共用一道地下连续墙,基坑支撑与既有结构对应位置见图 7-5。

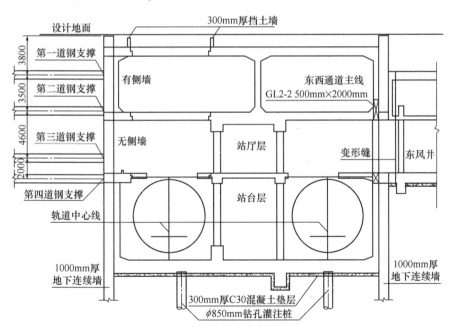

图 7-5 基坑支撑对应位置图(尺寸单位:mm)

根据实际工程进度要求,按照尽量减小无支撑暴露时间的原则拟定基坑开挖顺序如图 7-6 所示。挖土顺序为区块 1 到区块 6,其中开挖至第三层土时,区块 5 每层高度处架设两道支撑再进行后续挖土作业,以防无支撑暴露时间过长造成基坑围护结构侧向变形增长过大,施工进度表见表 7-1。

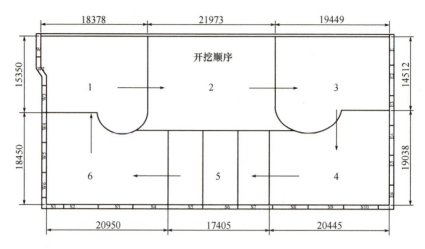

图 7-6 基坑开挖顺序图(尺寸单位:mm)

施工进度表　　　　　　　　　　　　　　　表 7-1

施工时间	施工内容
2019 年 10 月 1 日—11 月 30 日	围护结构施工
2019 年 12 月 10 日—2020 年 1 月 10 日	第一道混凝土支撑施工
2020 年 5 月 1 日—6 月 4 日	基坑降水
2020 年 6 月 8 日—8 月 20 日	基坑开挖完毕
2020 年 8 月 20 日—8 月 24 日	基坑底板浇筑完毕

7.2 基于数值分析的基坑力学场演化规律

7.2.1 数值分析模型

1) 土体本构模型

在前述相关研究的基础上本节将采用 HS 本构模型深入研究轴力作用下基坑力学场的变化规律。土体本构模型参数见表 7-2,在浦东南路主体车站基坑开挖过程中相关参数已经利用反分析法验证其合理性。

硬化土体模型参数表　　表 7-2

土层名称	γ (kN/m³)	c (kPa)	φ (°)	K_0	E_s (MPa)	E_{50} (MPa)	E_{ur} (MPa)
②粉质黏土	18.2	20	17.5	0.70	9.24	9.24	46.2
③淤泥质粉质黏土	17.5	12	19.5	0.67	7.50	7.50	37.5
③夹砂质粉土	18.6	6	29	0.52	21.56	21.56	107.8
④淤泥质黏土	16.7	14	12	0.79	5.76	5.76	28.8
⑤粉质黏土	18	16	17	0.71	8.22	8.22	41.1
⑥粉质黏土	19.5	46	16	0.72	13.72	13.72	68.6
⑦砂质粉土	18.5	2	31.5	0.48	21.04	21.04	105.2
⑧粉砂	18.8	1	33	0.46	25.3	25.3	126.6

其中软土硬化模型参数共计 11 个参数，其中黏性土剪胀角 ψ 为 0，卸载再加载泊松比 ν_{ur} 按照有限元软件模型手册建议值取为 0.2，模量应力水平相关的幂指数 m 取 0.8，参考应力 P^{ref} 为 100kPa，破坏比 R_f 取 0.9。

2) 基坑围护结构及内支撑本构模型

基坑围护结构仍采用弹性模型，其中伺服钢支撑采用点对点锚杆模块进行模拟，各结构单元参数见表 7-3。

各结构单元参数表　　表 7-3

名称	材料类型	重度 (kN/m³)	弹性模量 (×10⁴ MPa)	泊松比
出入口基坑围护结构	弹性	25	3.15	0.2
共用围护结构	弹性	25	3.15	0.2
混凝土支撑	弹性	25	3.15	0.2
钢支撑	弹性	78.5	20.6	0.2
北侧车站顶板	弹性	25	3.15	0.2
北侧车站中板	弹性	25	3.15	0.2
北侧车站底板	弹性	25	3.15	0.2

3) 计算模型

二维计算模型取布设伺服钢支撑的西侧深坑处为计算断面，如图 7-7 所示。

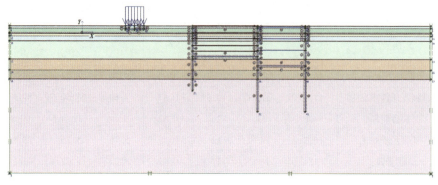

图 7-7 数值模型图

基坑北侧与既有车站共用围护结构,按照图纸建立车站结构的简单模型并在施工工序前激活。南侧围护结构距离上港小区 27m,上港小区为 20 世纪 60 年代建成的 6 层砖木混合结构。计算中以荷载模拟小区,每层楼按 14kPa 施加荷载。因基坑东西方向无近距离建筑物,故施工中需重点关注南侧围护结构变形情况。模型影响范围取基坑最大开挖深度的 5 倍,模型边界长 213m,深度取 53m。

7.2.2 轴力对围护结构侧向变形的影响

1) 零预加轴力的影响

施工工序见表 7-4,钢支撑未施加轴力时南侧围护结构侧向变形情况见图 7-8,最大侧向变形达到 54.56mm,远超规范规定的一级基坑围护变形要求,即 32.94mm。

施工步骤表　　　　表 7-4

工　序	步　骤
工序 1	初始应力场生成
工序 2	既有车站和上港小区形成,激活围护结构
工序 3	激活首道混凝土支撑
工序 4	开挖第一层土
工序 5	激活第二道伺服钢支撑
工序 6	开挖第二层土
工序 7	激活第三道伺服钢支撑
工序 8	开挖第三层土
工序 9	激活第四道伺服钢支撑
工序 10	开挖第五层土

续上表

工　序	步　骤
工序 11	激活第五道伺服钢支撑
工序 12	开挖至坑底

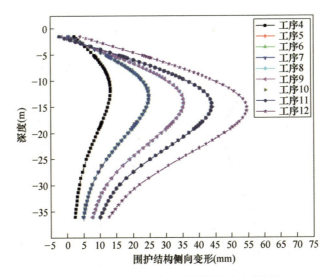

图 7-8　未施加轴力时南侧围护结构侧向变形曲线

2) 基于变形控制目标的预加轴力

为了控制基坑变形,钢支撑激活的同时施加轴力,施工步骤见表 7-5,伺服钢支撑施加轴力后南侧围护结构侧向变形情况见图 7-9,最大侧向变形为 26.8mm,仅为 1.5‰H,小于一级基坑所要求的 1.8‰H。故将此支撑轴力作为施工时伺服钢支撑的初始轴力。

施工步骤表　　　　表 7-5

工　序	步　骤
工序 1	初始应力场生成
工序 2	既有车站和上港小区形成,激活围护结构
工序 3	激活第一道混凝土支撑
工序 4	开挖第一层土
工序 5	激活第二道伺服钢支撑,并施加支撑轴力 1100kN
工序 6	开挖第二层土
工序 7	激活第三道伺服钢支撑,并施加支撑轴力 1700kN
工序 8	开挖第三层土

续上表

工　序	步　骤
工序 9	激活第四道伺服钢支撑,并施加支撑轴力 2400kN
工序 10	开挖第四层土
工序 11	激活第五道伺服钢支撑,并施加支撑轴力 3300kN
工序 12	开挖至坑底

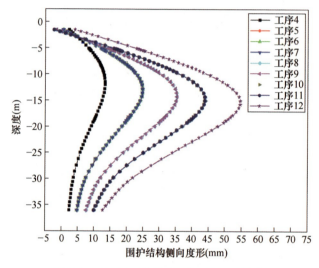

图 7-9　施加轴力后南侧围护结构侧向变形曲线

3) 轴力变化对围护结构侧向变形的影响

将四道伺服钢支撑(即基坑内第二、三、四、五道伺服钢支撑)的轴力分 9 次施加,研究各道支撑处围护结构侧向变形随着钢支撑轴力增加的变化规律。由于四道伺服钢支撑皆为 $\phi 800mm$ 钢管支撑,支撑轴力控制在限值 4000kN 以下,施加工况及分步施加值见表 7-6 和表 7-7,各道支撑轴力施加对围护结构侧向变形的影响及对其余各道支撑处的位移影响见图 7-10～图 7-17。

支撑轴力对围护结构侧向变形影响工况表　　表 7-6

工　况	计 算 内 容
工况 1	基坑开挖到底第二道伺服钢支撑轴力作用以 160kN/m 开始累加至 1440kN
工况 2	基坑开挖到底第三道伺服钢支撑轴力作用以 160kN/m 开始累加至 1440kN
工况 3	基坑开挖到底第四道伺服钢支撑轴力作用以 160kN/m 开始累加至 1440kN
工况 4	基坑开挖到底第五道伺服钢支撑轴力作用以 160kN/m 开始累加至 1440kN

支撑轴力与围护结构侧向变形影响工况表（单位:kN/m）　　表 7-7

支撑轴力施加	第二道伺服钢支撑	第三道伺服钢支撑	第四道伺服钢支撑	第五道伺服钢支撑
第一次施加值	160	160	160	160
第二次累计施加值	320	320	320	320
第三次累计施加值	480	480	480	480
第四次累计施加值	640	640	640	640
第五次累计施加值	800	800	800	800
第六次累计施加值	960	960	960	960
第七次累计施加值	1120	1120	1120	1120
第八次累计施加值	1280	1280	1280	1280
第九次累计施加值	1440	1440	1440	1440

图 7-10 为第二道伺服钢支撑轴力分级施加时围护结构侧向变形变化图。由该图可知，支撑轴力能够影响不同深度处的围护结构侧向变形，距离主动轴力位置越远影响越小；通过各曲线斜率可以判别，当前钢支撑轴力对下方的围护结构侧向变形影响更大。

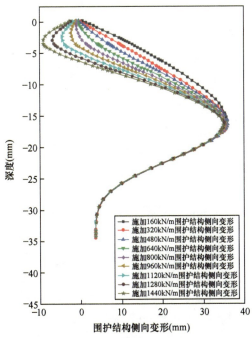

图 7-10　工况 1 围护结构侧向变形图

图 7-11 为第二道伺服钢支撑轴力分级施加时其他各支撑处围护结构侧向变形影响图。第二道伺服钢支撑轴力改变,不仅使此支撑处的围护结构侧向变形发生改变,同时由于围护结构的变形协调,其余钢支撑处围护结构的侧向变形也发生改变,由各线斜率可知,第二道钢支撑轴力改变对本道支撑处侧向变形影响最大,支撑相距越远影响越小;单道伺服钢支撑轴力施加后对相邻两道支撑处围护结构侧向变形影响较大,并且当支撑轴力作用加至 800kN/m 时发生反向变形。由于混凝土支撑刚度较大原因,钢支撑轴力的改变对混凝土支撑处围护结构侧向变形影响较小。

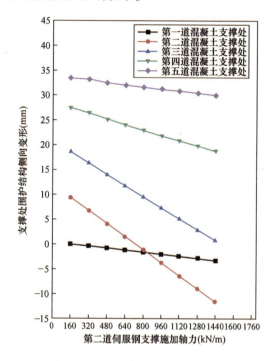

图 7-11 工况 1 各道支撑处位移变化图

由图 7-12、图 7-13 可知,第三道伺服钢支撑轴力改变时,由于围护结构的变形协调,其余钢支撑处围护结构侧向变形也发生改变。从图中斜率可知,第三道钢支撑轴力改变对本道支撑处侧向变形影响最大,支撑相距越远影响越小;当支撑轴力作用加至 1120kN/m 时发生反向变形;且第三道伺服钢支撑轴力施加对第一道混凝土支撑影响较小。

图 7-14、图 7-15 和图 7-16、图 7-17 分别展示了第四道和第五道伺服钢支撑轴力改变时,对围护结构各处侧向变形的影响,规律同上。

第7章 主动控制下基坑力学场的演化分析与原位试验

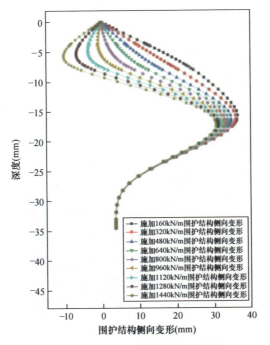

图 7-12 工况 2 围护结构侧向变形图

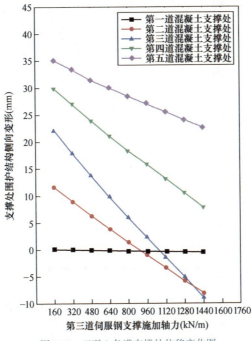

图 7-13 工况 2 各道支撑处位移变化图

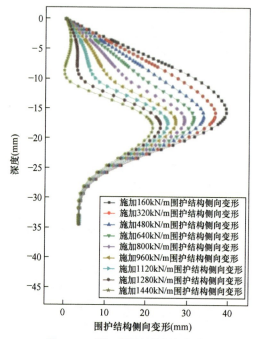

图 7-14 工况 3 围护结构侧向变形图

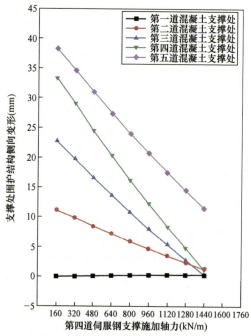

图 7-15 工况 3 各道支撑处位移变化图

第7章 主动控制下基坑力学场的演化分析与原位试验

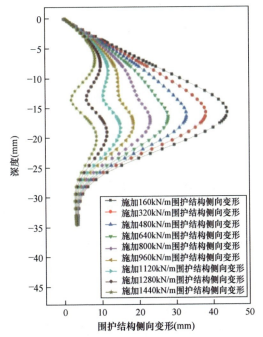

图 7-16 工况 4 围护结构侧向变形图

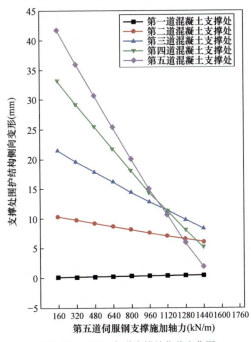

图 7-17 工况 4 各道支撑处位移变化图

315

由上述分析可知,支撑轴力对围护结构侧向变形具有明显控制作用,本道钢支撑轴力施加后对其他相邻两道支撑处围护结构侧向变形影响最大,距离支撑越近影响越大,在钢支撑极限承载能力一定的情况下上部支撑轴力施加对围护结构变形的影响大于下部,进一步验证了前文提出的伺服钢支撑设置原则:"就近原则""尽早原则"及"分区控制原则"。

7.2.3 轴力对基坑流变变形的影响

由于软土的流变特性,在基坑开挖过程中,即使基坑内无卸载时,基坑围护结构侧向变形仍旧会随时间增长而逐渐增大。

1) 分析模型

为此,本节采用软土蠕变模型(SSC)来模拟土体流变对围护结构侧向变形的影响,软土蠕变模型参数见表7-8,相关参数同样已经利用反分析法验证。

软土蠕变模型参数表　　　　　　　表7-8

项目	①核黄色淤泥质粉质黏土	②夹砂质粉土	③灰色淤泥质黏土	④灰色黏土	⑤灰色粉质黏土	⑥暗绿草黄色粉质黏土	⑦灰黄~灰色粉砂
本构模型	SSC	MC	SSC	SSC	SSC	SSC	MC
排水类型	不排水	不排水	不排水	不排水	不排水	不排水	不排水
γ_{unsat}(kN/m³)	18.2	18.6	17.5	16.7	18	19.5	18.5
k_x/k_y	0	0	0	0	0	0	0
λ^*	0.06	—	0.047	0.066	0.054	0.038	—
k^*	0.005	—	0.0039	0.0042	0.0035	0.0032	—
μ	0.0024	—	0.0019	0.0026	0.0022	0.0015	—

注:对无法获得SSC模型参数的土层,采用MC模型。

计算断面及模型边界同第7.2.1节有限元模型,见图7-18。根据现场施工进度设置计算工序,见表7-9。

伺服钢支撑施加轴力工况表　　　　　表7-9

工序	步骤
工序1	初始应力场生成
工序2	既有车站和上港小区形成,激活围护结构(45d)
工序3	激活首道混凝土支撑(30d)
工序4	开挖第一层土(3d)
工序5	激活第二道伺服钢支撑并施加轴力1100kN(1d)

续上表

工　序	步　骤
工序6	流变期1(7d)
工序7	开挖第二层土(2d)
工序8	激活第三道伺服钢支撑并施加轴力1700kN(1d)
工序9	流变期2(7d)
工序10	开挖第三层土(2d)
工序11	激活第四道伺服钢支撑并施加轴力2400kN(1d)
工序12	流变期3(7d)
工序13	开挖第四层土(2d)
工序14	激活第五道伺服钢支撑并施加轴力3300kN(1d)
工序15	流变期4(7d)
工序16	开挖到底(2d)

为对比伺服钢支撑分次施加轴力后，围护结构侧向变形因坑内土体流变而增加的情况，特设置流变观察期，该时间段内伺服钢支撑所对应的基坑内无新增卸载，本次研究设置流变观察期为7d。为防止此时变形由基坑卸载产生，试验于本层开挖支撑架设1d后进行。

2) 分析结果

伺服钢支撑初始轴力作用下围护结构侧向变形增量情况如图7-18所示，该图为轴力施加1d后流变观察期围护结构侧向变形增量图。由该图可知，在支撑初始轴力施加1d后，土体流变影响下围护结构侧向变形还会有较大的持续性增长，并导致侧向变形超过一级基坑开挖变形控制要求。为此利用伺服钢支撑的可调性，通过分级复加轴力来控制因土体流变产生的变形。伺服钢支撑复加轴力值见表7-10，分次轴力施加后流变期的围护结构侧向变形增量见图7-19。

伺服钢支撑分次施加轴力表　　　表7-10

工　序	步　骤
工序1	初始应力场生成
工序2	既有车站和上港小区形成，激活围护结构(45d)
工序3	激活首道混凝土支撑(30d)
工序4	开挖第一层土(3d)
工序5	激活第二道伺服钢支撑施加轴力1100kN(2d)
工序6	增加第二道伺服钢支撑轴力500kN

续上表

工 序	步 骤
工序7	流变期1(7d)
工序8	开挖第二层土(2d)
工序9	激活第三道伺服钢支撑施加轴力1700kN(1d)
工序10	增加第三道伺服钢支撑轴力700kN
工序11	流变期2(7d)
工序12	开挖第三层土(2d)
工序13	激活第四道伺服钢支撑施加轴力2400kN(1d)
工序14	增加第四道伺服钢支撑轴力300kN
工序15	流变期3(7d)
工序16	开挖第四层土(2d)
工序17	激活第五道伺服钢支撑施加轴力3300kN(10d)
工序18	增加第五道伺服钢支撑轴力300kN
工序19	流变期4(7d)
工序20	开挖到底(2d)

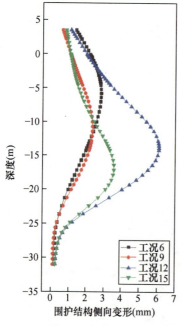

图7-18 初始轴力施加后流变期围护结构侧向变形增量图

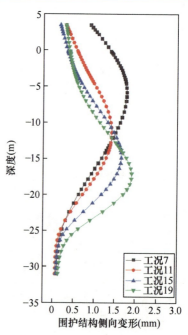

图7-19 分次增加轴力后流变期围护结构侧向变形增量图

由图 7-19 可知，围护结构因土体流变增加的最大侧向变形在开挖面附近，随着基坑开挖深度增加，围护结构侧向变形增量变大，尤其在第四道伺服钢支撑处侧向变形增量最大，通过伺服钢支撑分次施加轴力的方式可以减小围护结构在流变期的侧向变形增量。所有工序条件下，各流变期伺服钢支撑初始轴力施加后地下围护结构侧向变形增量和分次施加轴力后围护结构侧向变形增量见表 7-11。

伺服钢支撑初始轴力施加后与分次施加轴力后围护结构侧向变形增量表　　表 7-11

流变期	初始轴力施加后围护结构侧向变形增量（mm）	分次轴力施加后围护结构侧向变形增量（mm）
流变期 1	2.54	1.33
流变期 2	2.31	1.39
流变期 3	5.94	1.57
流变期 4	3.44	1.77

考虑每层土有支撑暴露时间为 7d 的情况下，流变期 1 的围护结构最大侧向变形增量由 2.54mm 减小至 1.33mm，减少了 47.64%；流变期 2 的围护结构最大侧向变形增量也明显减小，能够满足相应规范中的变形控制要求（0.8‰H）；流变期 3 与流变期 4 的围护结构最大侧向变形已超过一级基坑的基本控制要求（1.4‰H），特别是流变期 4 超出明显，达到流变期 1 的两倍，可见时间效应明显，同时说明钢支撑轴力对土体流变引起的围护结构侧向变形控制有着显著作用。

由上述分析可知，伺服钢支撑分次施加轴力的方式对于减小流变引起的围护结构侧向变形增量是有效的。由于支撑体系和坑内土体共同承担坑外荷载，支撑轴力越大坑内土体所受荷载越小，土体流变越小，因此通过不断增大支撑轴力，可以减少围护结构因软土流变而产生的侧向变形，因此实际工程中应充分利用轴力-流变影响性以加强施工控制。

7.2.4　轴力对围护结构内力的影响

为确保支撑轴力变化时基坑围护结构不会破坏，有必要研究钢支撑轴力作用下围护结构的内力变化。

1）围护结构配筋及内力

浦东南路站 2 号出入口围护结构配筋见图 7-20。

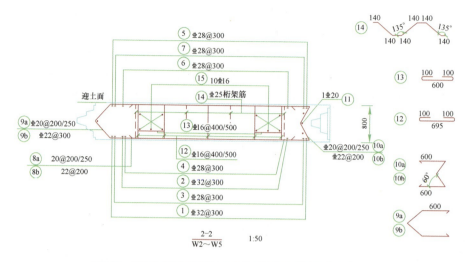

图 7-20 浦东南路站 2 号出入口围护结构配筋图(尺寸单位:mm)

根据式(4-37)~式(4-42)可计算得到围护结构极限弯矩与极限剪力,见表 7-12。

围护结构极限弯矩与极限剪力表　　表 7-12

弯矩极值(kN·m)		剪力极值(kN)
迎土侧	背土侧	
1690	2595	2472

2) 钢支撑常规轴力对围护结构内力的影响

为探究钢支撑轴力作用下的围护结构内力变化情况,钢支撑轴力按照常规轴力百分比进行施加,采用 2D 有限元模型进行计算,模型参数见表 7-2,浦东南路站 2 号出入口基坑钢支撑轴力见表 7-13,浦东南路站支撑轴力见表 7-14。

浦东南路站 2 号出入口基坑支撑施加轴力表(单位:kN/m)　　表 7-13

轴力施加位置	60%预加轴力	80%预加轴力	100%预加轴力	120%预加轴力	140%预加轴力
第一道钢支撑	262	350	437	525	612
第二道钢支撑	330	440	550	660	770
第三道钢支撑	349	466	582	699	815
第四道钢支撑	395	526	658	789	921

浦东南路站基坑支撑施加轴力表（单位：kN/m） 表7-14

轴力施加位置	60%预加轴力	80%预加轴力	100%预加轴力	120%预加轴力	140%预加轴力
第一道钢支撑	323	430	538	645	753
第二道钢支撑	342	456	570	684	799
第三道钢支撑	509	679	849	1019	1189
第四道钢支撑	298	397	496	595	694

以案例一代表浦东南路站2号出入口，案例二代表浦东南路地铁站绘制结果图。两基坑围护结构的内力最大值见表7-15、表7-16。案例一弯矩及剪力包络图见图7-21、图7-22，案例二弯矩和剪力包络图见图7-23、图7-24。

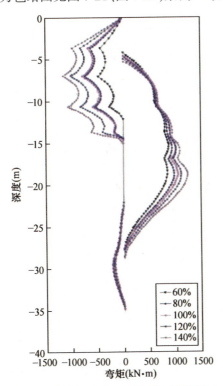

图7-21 案例一60%~140%预加轴力对应轴力下弯矩包络对比图

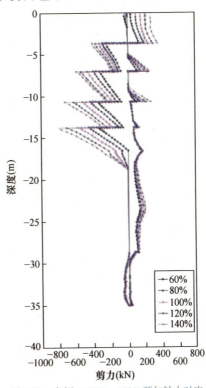

图7-22 案例一60%~140%预加轴力对应轴力下剪力包络对比图

浦东南路站2号出入口基坑围护结构（案例一）内力最大值表 表7-15

内力	60%	80%	100%	120%	140%
迎土侧最大负弯矩（kN·m）	-477	-744	-795	-1011	-1167
背土侧最大正弯矩（kN·m）	872	974	1050	1111	1241

续上表

| 迎土侧最大负剪力(kN) | -346 | -456 | -580 | -710 | -829 |
| 背土侧最大正剪力(kN) | 139 | 190 | 241 | 298 | 351 |

浦东南路站基坑围护结构(案例二)内力最大值表　　表7-16

内力	60%	80%	100%	120%	140%
迎土侧最大负弯矩(kN·m)	-888	-821	-1012	-1267	-1591
背土侧最大正弯矩(kN·m)	1398	1256	1132	1066	1083
迎土侧最大负剪力(kN)	-352	-386	-453	-629	-710
背土侧最大正剪力(kN)	482	506	551	534	624

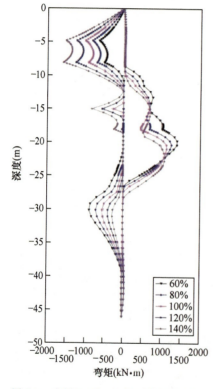

图7-23　案例二60%~140%预加轴力对应轴力下弯矩包络对比图

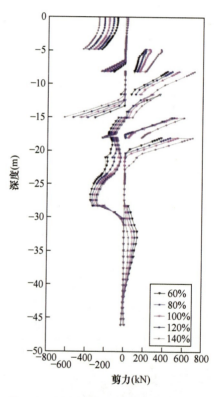

图7-24　案例二60%~140%预加轴力对应轴力下剪力包络对比图

由图表可以看出，随着支撑轴力增加，围护结构的弯矩和剪力均有不同程度增大；支撑轴力的改变对各支撑处围护结构的内力影响最为明显，距离该道支撑越远，支撑轴力变化所产生的影响幅度越小，不同轴力对25m以下的围护结构侧向变形影响不大;随着伺服钢支撑轴力的增大,围护结构正弯矩先减小再增大再减小,剪力先减小再增大,最大弯矩与最大剪力均未超过原围护结构可承受极限值。

计算结果表明常规支撑轴力对围护结构内力产生的影响在容许范围之内,但考虑到工程的复杂性及实际施工中的人为误差,有必要研究极限钢支撑轴力对围护结构内力的影响。

3) 极限支撑轴力对围护结构内力的影响

基坑开挖过程中,根据变形控制要求采用一道或多道伺服钢支撑施加轴力以达到理想效果。由上一节分析已知,常规支撑轴力下围护结构的内力不会超过承载极限,本节则分析极限支撑轴力对围护结构内力的影响。

$\phi 609mm$ 钢支撑极限轴力为 3000kN,$\phi 800mm$ 钢支撑极限轴力为 4000kN,计算工况见表 7-17。

计算工况表 表7-17

工况序号	工况内容
1	第一道钢支撑与第二道钢支撑施加至极限轴力
2	第一道钢支撑与第三道钢支撑施加至极限轴力
3	第一道钢支撑与第四道钢支撑施加至极限轴力
4	第二道钢支撑与第三道钢支撑施加至极限轴力
5	第二道钢支撑与第四道钢支撑施加至极限轴力
6	第三道钢支撑与第四道钢支撑施加至极限轴力
7	第一道钢支撑、第二道支撑与第三道钢支撑施加至极限轴力
8	第一道钢支撑、第二道支撑与第四道钢支撑施加至极限轴力
9	第一道钢支撑、第三道支撑与第四道钢支撑施加至极限轴力
10	第二道钢支撑、第三道支撑与第四道钢支撑施加至极限轴力
11	第一道钢支撑、第二道钢支撑、第三道钢支撑与第四道钢支撑施加至极限轴力
12	第一道钢支撑轴力施加至极限轴力
13	第二道钢支撑轴力施加至极限轴力
14	第三道钢支撑轴力施加至极限轴力
15	第四道钢支撑轴力施加至极限轴力

案例一各工况剪力弯矩变化见图 7-25、图 7-26,案例二各工况剪力弯矩变化见图 7-27、图 7-28,各工况下围护结构的内力极值见表 7-18、表 7-19。

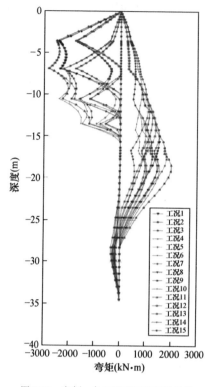

图 7-25 案例一各工况下对应围护结构弯矩包络对比图

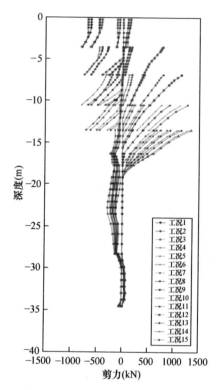

图 7-26 案例一各工况下对应围护结构剪力包络对比图

浦东南路站 2 号出入口基坑（案例一）极限轴力组合下各工况内力最大值表 表 7-18

工况序号	迎土侧最大负剪力（kN）	背土侧最大正剪力（kN）	迎土侧最大负弯矩（kN·m）	背土侧最大正弯矩（kN·m）
1	−620	745	−2284	1409
2	−461	621	−1157	1169
3	−420	590	−1062	1060
4	−417	632	−1847	1155
5	−373	556	−1003	946
6	−325	395	−795	848
7	−792	1264	−2805	1812
8	−802	1141	−2384	1531
9	−679	1145	−1758	1448

续上表

工况序号	迎土侧最大负剪力 (kN)	背土侧最大正剪力 (kN)	迎土侧最大负弯矩 (kN·m)	背土侧最大正弯矩 (kN·m)
10	-741	1267	-2385	1544
11	-792	1338	-2770	2000
12	-636	779	-1737	1394
13	-627	783	-1766	1137
14	-615	772	-1195	852
15	-712	662	-777	1096

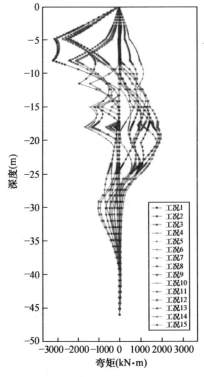

图 7-27 案例二各工况下对应围护结构弯矩包络图

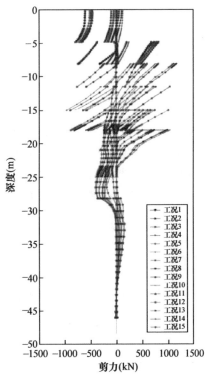

图 7-28 案例二各工况下对应围护结构剪力包络图

浦东南路站基坑(案例二)极限轴力组合下各工况内力最大值表　　表 7-19

工况序号	迎土侧最大负剪力 (kN)	背土侧最大正剪力 (kN)	迎土侧最大负弯矩 (kN·m)	背土侧最大正弯矩 (kN·m)
1	-830	1164	-3500	2184
2	-664	1234	-2554	2068

续上表

工况序号	迎土侧最大负剪力 （kN）	背土侧最大正剪力 （kN）	迎土侧最大负弯矩 （kN·m）	背土侧最大正弯矩 （kN·m）
3	−878	796	−2515	1368
4	−824	1091	−2050	1321
5	−813	814	−2075	1061
6	−1145	1053	−1870	1192
7	−766	1153	−3168	1720
8	−796	1163	−3185	2008
9	−915	805	−2423	1390
10	−972	1145	−2050	1095
11	−894	1154	−3168	1471
12	−712	774	−2700	1953
13	−745	813	−2406	1839
14	−1005	945	−1517	997
15	−913	658	−750	1259

由图表可知，不同极限轴力组合所有工况下剪力皆满足设计计算要求，但案例一中的工况1、4、7~13以及案例二中的工况1、7、8、11、12中弯矩全部超过围护结构极限设计值。因此实际工程中通过轴力控制围护结构侧向变形时应注意钢支撑的安全控制和围护结构的内力控制。

7.2.5 轴力的相干性演化规律

1）分析模型

为消除外部影响因素，建模不考虑既有车站建筑和南侧小区，计算采用现场伺服钢支撑实际轴力，以三维模型进行模拟，模型见图7-29，网格划分见图7-30。

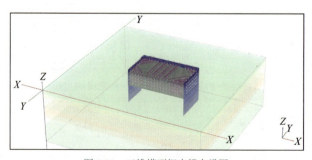

图7-29 三维模型钢支撑布设图

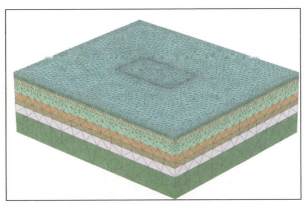

图 7-30 有限元三维网格划分图

支撑轴力相干性试验工况见表 7-20。

支撑轴力相干性试验工况表　　　　　　表 7-20

工　况	工　况　内　容
工况 1	开挖至第二道钢支撑处,支撑 3-3、3-4 架设对其他支撑轴力影响
工况 2	开挖至第三道钢支撑处,支撑 4-3、4-4 架设对其他支撑轴力影响
工况 3	开挖至第四道钢支撑处,支撑 5-3、5-4 架设对其他支撑轴力影响

注:工况 1 支撑 3-1 与支撑 3-2 已架设;工况 2 支撑 4-1 与支撑 4-2 已架设;工况 3 支撑 5-1 与支撑 5-2 未架设。

2) 计算结果

通过三维有限元模拟,得到伺服钢支撑轴力施加对邻近支撑轴力的影响,轴力变化情况见表 7-21 ~ 表 7-23。为了更直观地体现轴力相干性,整理数据见图 7-31 ~ 图 7-33。

支撑 3-3、3-4 架设对其他支撑轴力影响　　　　　　表 7-21

支撑编号	加力前轴力(kN)	加力后轴力(kN)	轴力变化(kN)	轴力损失率(%)
2-1	1222	1177	45.92	4
2-2	1389	1292	97.3	7
2-3	1863	1656	206.7	11
2-4	1975	1718	257.3	13
2-5	1524	1432	92.75	6
2-6	1392	1360	32.07	2
3-1	1700	1451	249	15

续上表

支 撑 编 号	加力前轴力（kN）	加力后轴力（kN）	轴力变化（kN）	轴力损失率（%）
3-2	1700	1344	356	18
3-3	0	1700	−1700	0
3-4	0	1700	−1700	0
3-5	1700	1345	355	21
3-6	1700	1447	252.6	15

支撑4-3、4-4架设对其他支撑轴力影响　　表7-22

支 撑 编 号	加力前轴力（kN）	加力后轴力（kN）	轴力变化（kN）	轴力损失率（%）
2-1	1269	1241	27.33	2
2-2	1065	1014	50.86	5
2-3	1450	1375	74.5	5
2-4	1561	1487	73.64	5
2-5	1393	1345	47.41	3
2-6	1286	1269	17.45	1
3-1	1719	1665	54.17	3
3-2	1661	1547	113.6	7
3-3	2092	1912	180.1	9
3-4	2217	2038	178.4	8
3-5	1731	1622	109.4	6
3-6	2001	1961	39.39	2
4-1	1962	1893	68.96	4
4-2	1841	1685	156.3	8
4-3	0	1914	−1914	0
4-4	0	1933	−1933	0
4-5	1972	1819	153.5	8
4-6	1635	1581	53.55	3

支撑5-3、5-4架设对其他支撑轴力影响　　表7-23

支 撑 编 号	加力前轴力（kN）	加力后轴力（kN）	轴力变化（kN）	轴力损失率（%）
2-1	1481	1464	17.26	1
2-2	758	726.4	31.65	4

续上表

支撑编号	加力前轴力（kN）	加力后轴力（kN）	轴力变化（kN）	轴力损失率（%）
2-3	1643	1599	44.27	3
2-4	1403	1360	43.09	3
2-5	776.8	748.8	28.03	4
2-6	1147	1137	10.03	1
3-1	2723	2677	45.22	2
3-2	2413	2323	89.21	4
3-3	2161	2031	130.4	6
3-4	2239	2111	127.5	6
3-5	2528	2446	81.94	3
3-6	2655	2487	168.31	6
4-1	2795	2711	83.59	3
4-2	2800	2616	184.8	7
4-3	2714	2417	297.2	11
4-4	2495	2204	290.6	12
4-5	2230	2059	171.2	8
4-6	2501	2442	58.65	2
5-1	—	—	—	—
5-2	—	—	—	—
5-3	0	3004	−3004	0
5-4	0	2978	−2978	0
5-5	2999	2780	219.4	7
5-6	3024	2950	73.73	2

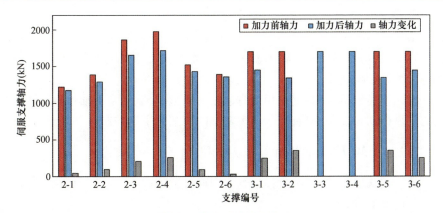

图 7-31　工况 1 轴力相干性图

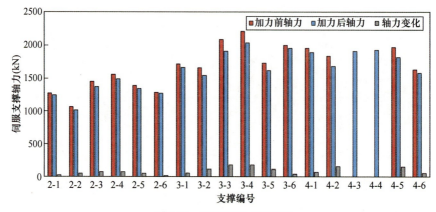

图 7-32　工况 2 轴力相干性图

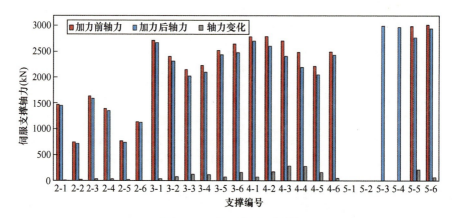

图 7-33　工况 3 轴力相干性图

第二道伺服钢支撑（支撑 3-3、3-4）轴力施加对同道支撑轴力影响较大，竖向影响较小，支撑相距越远对轴力影响越小。

第三道伺服钢支撑（支撑 4-3、4-4）与第四道伺服钢支撑（支撑 5-3、5-4）轴力施加时，均对竖向支撑轴力影响较大，水平向支撑轴力影响较小，支撑相距越远轴力影响越小。

综合上述分析可知，支撑相距越远轴力间影响越小，基于轴力相干性所提出的多目标动态控制法，有利于实现基坑的精细化主动控制。

7.2.6　轴力对迎土面土压力的影响

为研究基坑开挖、支撑过程中侧向变形对坑外迎土面土压力的影响，建立数值分析模型，如图 7-34 所示。

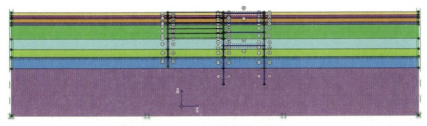

图 7-34 基坑数值分析模型图

计算采用 SSC 本构模型(参数取值见表 7-8),工序及对应计算步设置见表 7-24,各道支撑采用支撑轴力见表 7-25。

计 算 工 序 设 置　　　　　　　　　　表 7-24

计算工序	工序内容
工序 1	激活既有结构(60d)
工序 2	位移清零(1d)
工序 3	激活围护结构(2d)
工序 4	围护结构养护(40d)
工序 5	第一道混凝土支撑(1h)
工序 6	第一道混凝土支撑养护(14d)
工序 7	开挖至第一道钢支撑(开挖1)(16h)
工序 8	激活第一道钢支撑(6h)
工序 9	停歇(7d)
工序 10	开挖至第二道钢支撑下(开挖2)(16h)
工序 11	激活第二道钢支撑(6h)
工序 12	停歇(7d)
工序 13	开挖至第三道钢支撑下(开挖3)(16h)
工序 14	激活第三道钢支撑(6h)
工序 15	停歇(7d)
工序 16	开挖至第四道支撑下(开挖4)(16h)
工序 17	激活第四道钢支撑(1h)
工序 18	停歇(7d)
工序 19	开挖到底(开挖5)(16h)

钢 支 撑 轴 力 值　　　　　　　　　　表 7-25

钢支撑编号	第一道钢支撑	第二道钢支撑	第三道钢支撑	第四道钢支撑
轴力值(kN/m)	300	400	600	800

1）开挖支撑工况变化对侧向变形和土压力的影响

四道支撑处土压力与围护结构变形随开挖支撑工况的变化规律见图 7-35 ~ 图 7-38。

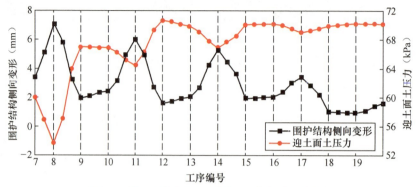

图 7-35　第一道钢支撑处变形与土压力的时程曲线图

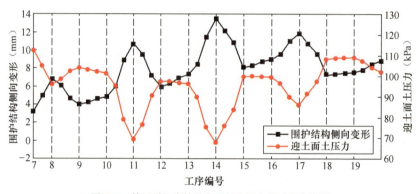

图 7-36　第二道钢支撑处变形与土压力的时程曲线图

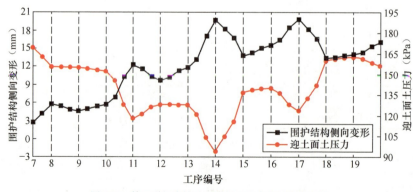

图 7-37　第三道钢支撑处变形与土压力的时程曲线图

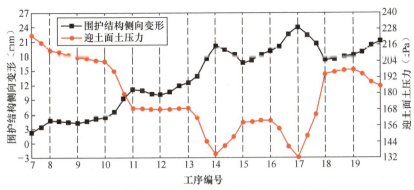

图 7-38　第四道钢支撑处变形与土压力的时程曲线图

由图 7-35～图 7-38 可知,在基坑土体开挖与支撑架设过程中,土体开挖卸荷引起围护结构侧向变形增加、迎土面土压力降低;支撑轴力施加后围护结构侧向变形减小、迎土面土压力增加。距离施加轴力的支撑越近,围护结构侧向变形及支撑处土压力的变化越大;本道支撑处变形与土压力变化最大,对紧邻的上方支撑处影响次之,对紧邻的下方支撑处影响再次之。支撑轴力引起的侧向变形变化越大,迎土面土压力变化越大。

不同深度处相同变形引起的土压力变化有所不同,如第一道支撑施加轴力后,本道支撑处围护结构侧向变形减小约 4mm,土压力增大约 10kPa;对后续支撑处的变形、土压力影响随深度递减,第四道支撑处围护结构侧向变形减小仅 0.4mm,土压力增大约 4kPa;后续三道支撑施加轴力后,本道支撑处变形与土压力变化最大,对紧邻的上方支撑处影响次之,对紧邻的下方支撑处影响再次之。

2) 土体开挖时迎土面土压力与围护结构侧向变形的关系

开挖过程中各道钢支撑处的迎土面土压力与围护结构侧向变形的关系如图 7-39 所示。图中的红色箭头表示此工序中该处围护结构侧向变形的变化方向。

由图 7-39 可知,基坑开挖过程中,各道钢支撑处的土压力均随围护结构侧向变形的增大而减小,两者呈明显的线性变化关系,由此可得到土压力随围护结构侧向变形的变化公式为:

$$E = K \cdot v + A \tag{7-1}$$

式中,E 为土压力(kPa);v 为围护结构侧向变形(mm);K 为比例系数,代表着变形对土压力的影响,K 越小,表示单位变形引起的土压力变化越小,单位 kPa/mm;A 为与初始状态相关的常量,单位 kPa。

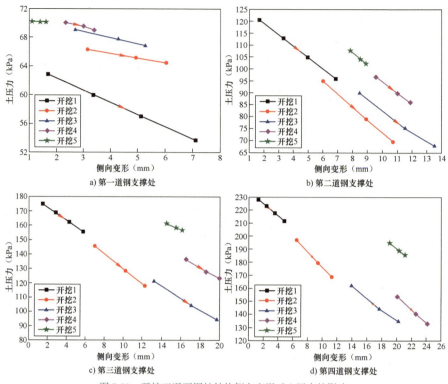

图 7-39　开挖工况下围护结构侧向变形对土压力的影响

在第一道钢支撑处,比例系数 K 的变化范围为 $-0.1 \sim -1.7$ kPa/mm,因深层开挖对浅层埋深处土压力影响较小,随着开挖深入比例系数 K 显著减小;在后三道钢支撑处,比例系数 K 的变化范围为 $-3.0 \sim -5.9$ kPa/mm,K 值相对稳定。

3)支撑轴力下迎土面土压力与围护结构侧向变形的关系

支撑轴力施加后迎土面土压力与围护结构侧向变形的关系如图 7-40 所示。

由图 7-40 可知,钢支撑轴力施加后,各道钢支撑处的土压力几乎都随着围护结构侧向变形的减小而增大;在后两道钢支撑处,因浅层支撑轴力较小不足以抵消开挖卸荷的影响,在较近处支撑轴力施加后,土压力才会随着变形的减小而增大。

钢支撑架设时土压力与围护结构侧向变形的对应关系同样可以用式(7-1)表达,但当围护结构侧向变形小于 1mm 时,分析模型中土压力对变形的影响不敏感。

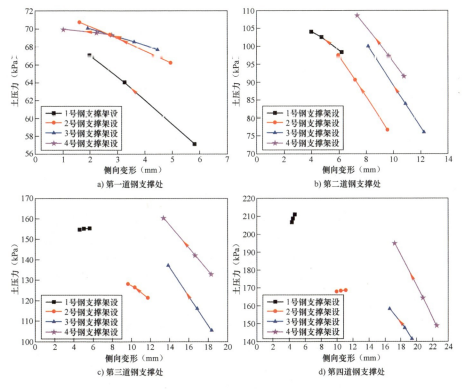

图7-40 钢支撑架设后土压力随围护结构侧向变形的变化

在第一道钢支撑处,比例系数 K 的变化范围为 $-0.3 \sim -2.6 \text{kPa/mm}$,随着各道钢支撑轴力的施加,$K$ 值变化较大;在第二道钢支撑处,后三道钢支撑轴力施加时,K 值基本稳定在 -5kPa/mm 左右;在后两道钢支撑处,第一、二道支撑轴力的影响非常小,第三、四道钢支撑轴力影响下比例系数 K 的变化范围为 $-5.6 \sim -8.7 \text{kPa/mm}$。对比可知,随着埋深及轴力值的增大,$K$ 值也在不断减少。

4)结果汇总

结合图 7-35～图 7-40 可以看到,基坑开挖时围护结构侧向变形增大,迎土面土压力减小;支撑架设后主动控制下围护结构发生往迎土面的侧向变形增量时,迎土面土压力在原有基础上增加,且侧向变形增量越大,迎土面土压力增加越多;开挖深度越深,侧向变形对迎土面土压力影响越大;迎土面土压力与围护结构侧向变形均为负相关的线性变化关系。

7.3 基坑力学场演化规律的原位试验

基坑力学场涉及围护结构、支撑体系、内外地层与周边环境等,其力学状态由周边地下管线位移、周围建筑物沉降与倾斜、围护结构侧向变形与竖向沉降、支撑轴力、立柱隆沉、土压力、地层竖向沉降与水平位移等构成。在这些指标中,支撑轴力、围护结构变形与内力、土压力、地层位移和周边环境沉降是核心控制指标。为了进一步提高研究的针对性,本次试验主要聚焦于轴力作用下围护结构侧向变形、迎土面土压力、轴力间的相干性、坑内土体流变的影响,以及钢支撑温度变化对支撑轴力和围护结构变形的影响。在7.2节数值分析结果的基础上,通过现场试验的实测数据分析,进一步验证轴力作用下基坑力学场演化规律的相关内容,主要验证内容为轴力对变形的影响、轴力间的相干性、轴力对坑外土压力的影响。监测项目为支撑轴力、支撑温度、围护结构侧向变形、围护结构迎土面水土压力,其中支撑轴力采用伺服系统自带的采集系统,温度采用钢支撑表面设置振弦式温度传感器,围护结构迎土面水土压力采用振弦式传感器,围护结构侧向变形采用人工测量。

7.3.1 试验方案

1) 轴力施加方案

在每道钢支撑架设过程中,先对钢支撑初次施加轴力,再根据现场实测变形进行分次增加轴力,进而控制基坑围护结构侧向变形,伺服钢支撑轴力表见表7-26,每道伺服钢支撑架设及分次加力时间见表7-27。钢支撑初始轴力由开挖卸荷过程确定,计算详见第7.2.2节;分次施加的轴力则根据流变影响确定,分析过程详见第7.3节。

伺服钢支撑轴力表　　表7-26

支撑道数	伺服钢支撑初次施加轴力(kN)	伺服支撑分次施加轴力(kN)	支撑限制轴力(kN)
第一道伺服钢支撑	1100	500	3000
第二道伺服钢支撑	1700	700	5000
第三道伺服钢支撑	2400	300	3000
第四道伺服钢支撑	3300	300	5000

伺服钢支撑轴力施加工况表　　　　　表 7-27

时　间	施　工　内　容
6月28日	第一道伺服钢支撑全部架设完毕 并加力 1100kN
7月7日 12:40	2-3、2-4 伺服钢支撑加力 500kN
7月25日 21:00	第二道伺服钢支撑全部架设完毕并加力 1700kN
8月2日 3:00	第二道伺服钢支撑加力 700kN
8月4日 21:00	第三道伺服钢支撑全部架好并加力至 2400kN
8月12日 9:00	第三道伺服钢支撑加力 300kN
8月12日 21:00	5-3、5-4、5-5、5-6 架设完毕并加力至 3300kN
8月16日 9:00	5-1、5-2 架设完毕并加力至 3300kN
8月17日 11:00	第四道伺服钢支撑加力 300kN

由于围护结构中部变形最大,为凸显主动控制效果,遂令 2-3、2-4 伺服钢支撑额外加力 500kN 以获取对比数据。由于第一道与第三道伺服钢支撑作用于既有车站的围护结构上,轴力施加时为确保车站围护结构的安全,两道钢支撑轴力限值均为 3000kN;而第二道跟第四道钢支撑由于正对既有车站顶板与中二板,轴力限值设定为 4000kN。

2) 监测方案

(1) 围护结构测斜管布置

基坑测斜管平面布置如图 7-41 中 P10 ~ P19 所示。

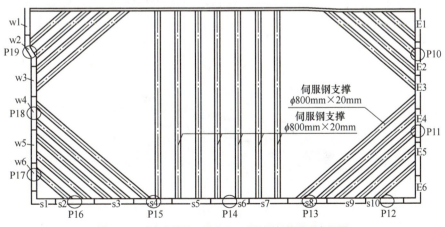

图 7-41　浦东南路站 2 号出入口基坑测斜管平面布置图

(2)基坑迎土面土压力盒布置

围护结构迎土面土压力盒立面布置见图7-42a),土压力盒采用挂布法布置在围护结构钢筋笼上,位置与相应钢支撑位置一一对应,从而获取钢支撑轴力施加前后围护结构迎土面土压力的变化,现场土压力盒布置如图7-42b)所示。

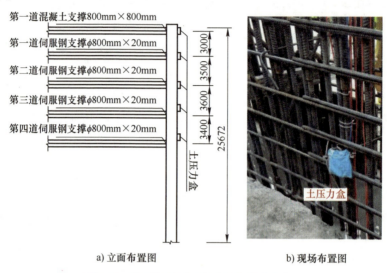

a) 立面布置图 b) 现场布置图

图7-42 围护结构土压力盒布置图(尺寸单位:mm)

(3)伺服钢支撑布置

基坑伺服钢支撑平面布置如图7-3所示,立面布置如图7-4所示,伺服钢支撑自带轴力监测装置,并在支撑中间布设GBX4000X型应变温度测量计,如图7-43所示。

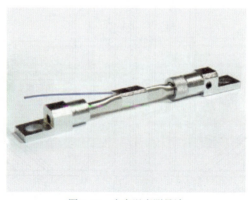

图7-43 应变温度测量计

(4)数据采集方式

围护结构侧向变形拟采用高密人工监测的方式,基坑迎土面土压力、支撑轴力和温度采用自动采集的方式并上传数据至云平台。

(5)数据采集频率

为了验证轴力对相关参数的影响,拟在每道钢支撑施加轴力前后对围护结构侧向变形进行加密监测,加密监测期间每2h进行一次数据采集,未加密期间每24h进行一次数据采集。

7.3.2 轴力作用下围护结构侧向变形的演化规律

伺服钢支撑(即基坑内第二道至第五道支撑)初始轴力施加试验工况见表7-28,各工况所对应的基坑开挖卸载深度见表7-29(取正对伺服钢支撑的P14测孔的监测数据进行整理。图7-44～图7-47为P14测孔在对应伺服钢支撑轴力施加前后的围护结构侧向变形情况,图中正值表示向坑内发生位移,负值表示向坑外位移。

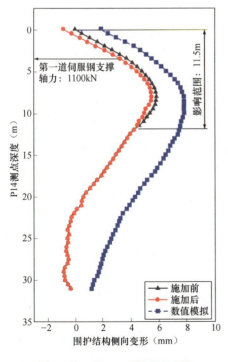

图7-44 工况1P14测孔侧向变形

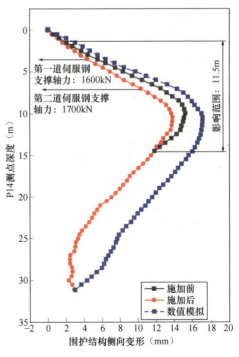

图7-45 工况2P14测孔侧向变形

伺服钢支撑初始轴力施加试验工况表   表7-28

工况	施工内容
工况1	基坑开挖至3.9m,第一道伺服钢支撑轴力施加1100kN
工况2	基坑开挖至7.4m,第二道伺服钢支撑轴力施加1700kN,第一道伺服钢支撑附加500kN
工况3	基坑开挖至11m,第三道伺服钢支撑轴力施加2400kN,第二道伺服钢支撑附加700kN,第一道伺服钢支撑附加100kN
工况4	基坑开挖至14.1m,第四道伺服钢支撑轴力施加3300kN,第三道伺服钢支撑附加300kN

各工况不同工序所对应的基坑开挖深度(单位:m)   表7-29

工况	开挖顺序1	开挖顺序2	开挖顺序3	开挖顺序4	开挖顺序5	开挖顺序6
工况1	3.9	3.9	3.9	3.9	3.9	0
工况2	7.4	7.4	7.4	7.4	7.4	3.9
工况3	11	11	11	11	11	7.4
工况4	14	14	14.1	14.1	14	11

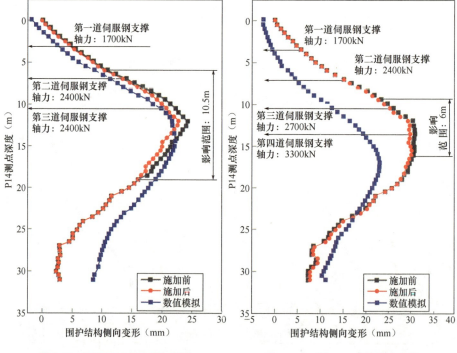

图7-46 工况3P14测孔侧向变形　　图7-47 工况4P14测孔侧向变形

第一道伺服钢支撑轴力施加后,该道伺服钢支撑处围护结构侧向变形由3.71mm减小为2.71mm,变形减小27%。此工况下基坑开挖深度为3.9m,围护结构最大侧向变形在 8m 处,该处最大侧向变形由 5.86mm 减小为 5.51mm,减小约 6%,控制效果明显。

第二道伺服钢支撑轴力施加时,第一道伺服钢支撑已按照分次施加轴力的方式增加轴力至 1600kN,第二道伺服钢支撑处围护结构侧向变形由 12.48mm 减小为 10.35mm,减小 17%。

施加伺服轴力后的围护结构最大侧向变形所处深度由 10m 处变为 10.5m,最大侧向变形由 15.23mm 减小为 13.83mm,减小 9%,控制效果较为明显。

第三道伺服钢支撑施加初始轴力时,第一、二道伺服钢支撑已分别分次增加 100kN 和 700kN 的轴力,第三道伺服钢支撑处地下围护结构侧向变形由 22.18mm 减小为 20.66mm,减小 7%。此时基坑开挖深度为 11m,围护结构最大侧向变形在 12m 处,最大侧向变形由 24.21mm 减小为 22.72mm,减小 6%。

第四道伺服钢支撑施加初始轴力时,第三道伺服钢支撑已分次施加 300kN 复加轴力,第三道伺服钢支撑处围护结构侧向变形由 30.91mm 减小为 29.82mm,减小 3%。此时基坑开挖深度为 13.5m,围护结构最大侧向变形处由 13.5m 变为 15.5m,最大侧向变形由 30.91mm 减小为 30.22mm 减小 2%。

将钢支撑轴力施加前后围护结构最大侧向变形变化及各道支撑处围护结构的侧向变形情况汇总于表 7-30。

伺服钢支撑轴力施加前后支撑处围护结构侧向变形与最大侧向变形表 表 7-30

工况	围护结构最大侧向变形深度(m)	围护结构最大侧向变形(mm)	加力支撑深度(m)	加力支撑处围护结构侧向变形(mm)
工况 1 轴力施加前	8	5.86	3.5	3.71
工况 1 轴力施加后	8	5.51	3.5	2.71
工况 2 轴力施加前	10	15.23	7	12.48
工况 2 轴力施加后	10.5	13.83	7	10.35
工况 3 轴力施加前	12	24.21	10.5	22.18
工况 3 轴力施加后	12	22.72	10.5	20.66
工况 4 轴力施加前	13.5	30.91	13.5	30.91
工况 4 轴力施加后	15.5	30.22	13.5	29.82

由上述图表可知,伺服钢支撑轴力在第一道伺服钢支撑轴力施加后,从 0 到 11.5m 范围内围护结构侧向变形均发生变化,影响范围为 11.5m;第二道伺服钢支撑轴力施加后,从 2.5m 到 14m 深度范围内围护结构侧向变形均发

生变化，影响范围为 11.5m；第三道伺服钢支撑轴力施加后，从 7.5m 到 18m 深度范围内围护结构侧向变形均发生变化，影响范围为 10.5m；第四道伺服钢支撑轴力施加后，从 10m 到 16m 深度范围内围护结构侧向变形均发生变化，影响范围为 6m。

综上可以发现，支撑轴力施加对本道支撑处围护结构侧向变形影响最大；随着深度加深，支撑处自上向下的影响程度逐渐减弱，影响范围不断降低；基坑开挖越深，伺服支撑轴力的控制效果越差；伺服支撑使用时应遵循"就近原则""尽早原则"及"分区控制原则"。

同时，由于实际工程中非工程因素引起的流变期比数值模拟设定的流变期长，因此实测的变形要明显大于数值模拟的结果，这体现出了"时空效应"应用的重要性，契合了基坑施工控制应当遵循"时空效应为主、伺服应用为辅"的理念。

7.3.3 轴力作用下土体流变引起的围护结构侧向变形演化规律

为控制因坑内土体流变而产生的围护结构侧向变形，施工过程中按照表 7-12 对伺服钢支撑施加轴力。为避免监测数据中混有基坑卸载产生的变形，试验在本层开挖支撑架设 1d 后进行，伺服钢支撑轴力施加工况见表 7-31，各工况对应现场实际坑内的卸载深度见表 7-32，开挖顺序见图 7-6。伺服钢支撑轴力施加前后 P14 测孔的变形增量见图 7-48~图 7-51。

伺服钢支撑分次加力工况表 表 7-31

工况	施工内容
工况 1	第一道伺服支撑架设后 2d，第一道伺服钢支撑增加轴力 500kN
工况 2	第二道伺服支撑架设后 2d，第二道伺服钢支撑增加轴力 700kN
工况 3	第三道伺服支撑架设后 2d，第三道伺服钢支撑增加轴力 300kN
工况 4	第四道伺服支撑架设后 2d，第四道伺服钢支撑增加轴力 300kN

各工况顺序下对应的基坑开挖深度（单位：m） 表 7-32

开挖深度	开挖顺序 1	开挖顺序 2	开挖顺序 3	开挖顺序 4	开挖顺序 5	开挖顺序 6
工况 1	3.9	3.9	3.9	3.9	3.9	3.9
工况 2	11	11	11	7.4	7.4	7.4
工况 3	14	14	14.1	14.1	11	7.4
工况 4	14	16.8	14.1	14.1	16.8	14

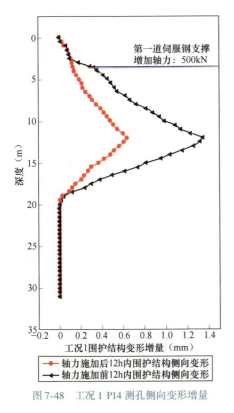
图 7-48 工况 1 P14 测孔侧向变形增量

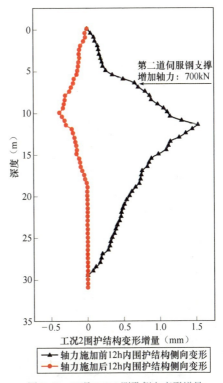
图 7-49 工况 2 P14 测孔侧向变形增量

第一道伺服钢支撑初次施加支撑轴力后的 2d 左右增加控制流变的轴力 500kN,增加轴力的 12h 前后围护结构最大侧向变形发生位置由地表下 12m 变为 11.5m,侧向变形最大增量由 1.35mm 变为 0.64mm,减小幅度为 0.71mm。

第二道伺服钢支撑初次施加支撑轴力后的 2d 左右增加控制流变的轴力 700kN,增加轴力的 12h 前后围护结构最大侧向变形发生位置由地表下 11.5m 变为 10m,侧向变形最大增量由 1.53mm 变为 -0.34mm,减小幅度为 2.06mm,围护结构侧向变形增量为负,但围护结构侧向变形仍朝坑内。

第三道伺服钢支撑初次施加支撑轴力后的 2d 左右增加控制流变的轴力 300kN,增加轴力的 6h 前后围护结构最大侧向变形发生位置为地表下 11m 处,侧向变形最大增量由 0.4mm 变为 -0.4mm,减小幅度为 0.8mm。

第四道伺服钢支撑初次施加支撑轴力后的 2d 左右增加控制流变的轴力 300kN,增加轴力的 12h 前后围护结构最大侧向变形发生位置由地表下 15.5m 变为 12.5m,侧向变形最大增量由 0.5mm 变为 -0.54mm,减小幅度为 1.04mm。

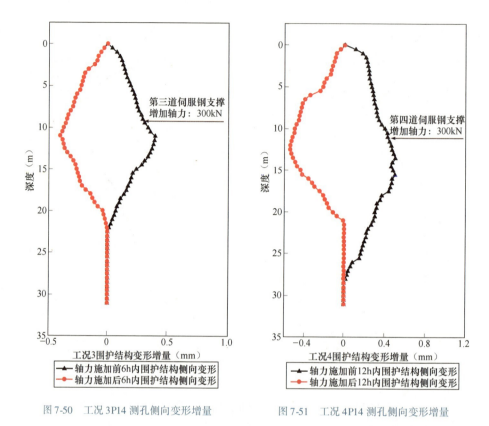

图 7-50　工况 3P14 测孔侧向变形增量　　图 7-51　工况 4P14 测孔侧向变形增量

由上述分析可知,通过伺服钢支撑增加轴力的方式,可以有效延缓和抵消因坑内流变产生的变形增量,从而达到主动控制围护结构侧向变形发展的目的。

7.3.4　主动和被动支撑轴力下围护结构侧向变形规律的对比

通过现场试验,对普通支撑和伺服支撑两种条件下各测点的围护结构侧向变形进行监测,测点布置见图 7-41。其中,P14 测斜孔对应两道直撑伺服钢支撑,P13 测斜孔对应一道斜撑伺服钢支撑,其余测斜孔对应为无伺服轴力施加的普通钢支撑,图 7-52～图 7-57 分别为直撑施加伺服轴力、斜撑施加伺服轴力以及其余无伺服轴力的测斜孔时程曲线,具体工况见表 7-33,测斜对比见表 7-34。

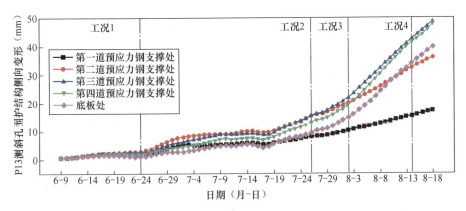

图 7-52　P13 测斜孔支撑处围护结构侧向变形时程图

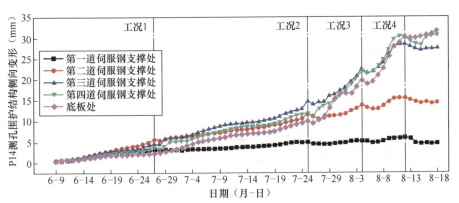

图 7-53　P14 测斜孔支撑处围护结构侧向变形时程图

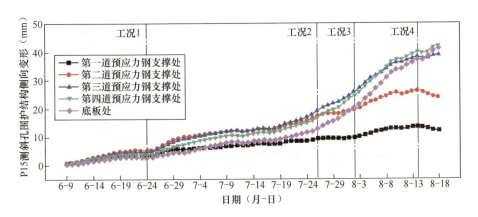

图 7-54　P15 测斜孔支撑处围护结构侧向变形时程图

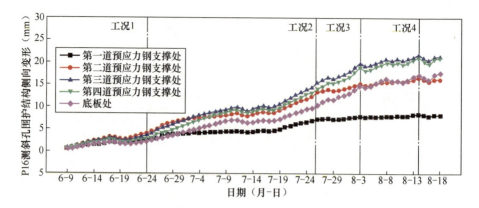

图 7-55　P16 测斜孔支撑处围护结构侧向变形时程图

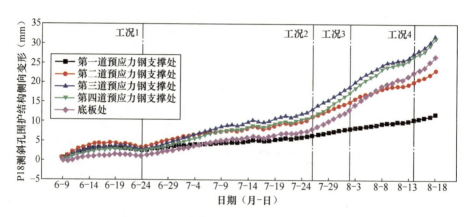

图 7-56　P18 测斜孔支撑处围护结构侧向变形时程图

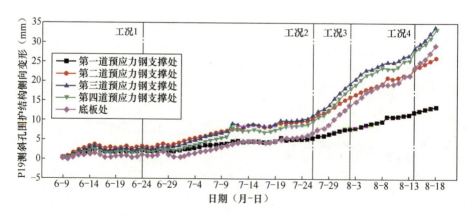

图 7-57　P19 测斜孔支撑处围护结构侧向变形时程图

工 况 表 表 7-33

工况	P14 测斜孔对应伺服钢支撑坑内施工内容	其余测斜孔对应普通钢支撑坑内施工内容
工况 1	开挖土深至第一道伺服钢支撑处并施加轴力 1100kN	挖土至第一道普通钢支撑处并施加轴力 650kN
工况 2	开挖土深至第一道伺服钢支撑处并施加轴力 1700kN	挖土至第二道普通钢支撑处并施加轴力 750kN
工况 3	开挖土深至第一道伺服钢支撑处并施加轴力 2400kN	挖土至第三道普通钢支撑处并施加轴力 800kN
工况 4	开挖土深至第一道伺服钢支撑处并施加轴力 3300kN	挖土至第四道普通钢支撑处并施加轴力 900kN

P14 侧孔时程位移对比表 表 7-34

位 置	卸载及时空效应变形（mm）	伺服钢支撑架设后变形（mm）	控制百分比（%）	累计总变形（mm）
第一道伺服支撑处	7.445	-2.927	39.32	4.518
第二道伺服支撑处	18.328	-4.137	22.57	14.191
第三道伺服支撑处	30.736	-3.945	12.83	26.791
第四道伺服支撑处	32.773	-4.709	14.37	28.064
底板处	31.818	-2.037	6.40	29.782

从表 7-34 可以看出，伺服支撑轴力的架设对基坑变形控制发挥了较为明显的作用，累计位移小于规范要求最大开挖深度的 1.8‰。后续工况施加伺服支撑轴力时，已完成轴力施加的伺服支撑所在深度处受到的变形影响不明显，这是由于伺服支撑轴力施加引起的影响范围有限所致，相距所施加的伺服支撑轴力越远，受到的影响越小。

由图 7-56、图 7-57 可知，基坑西侧围护结构所处位置的 P18 测孔以及 P19 测孔最大侧向变形分别为 31.22mm、34.22mm，这是由于 P18 和 P19 测孔位于西侧围护结构中间位置处，空间效应显著。P13 测孔对应斜撑伺服支撑，控制效果不明显；P16 测孔则因在基坑边角处，侧向变形明显小于其余各处侧向变形；而对应伺服钢支撑的 P14 和 P15 测孔，由于轴力的施加，围护结构侧向变形明显小于普通钢支撑处。

6 月 15 日—7 月 25 日期间由于不可抗因素基坑停工 40d，在坑内无卸载工况下，围护结构侧向变形逐渐增大，呈现明显的时间效应。8 月 13 日后底板浇筑,P14~P16侧范围内围护结构各深度处侧向变形呈平缓趋势,其余测点范围由于未开挖至坑底,有效监测期间围护结构侧向变形还在逐渐发展,呈现了明显的空间效应。

7.3.5 轴力相干性的演化规律

根据试验方案,划分伺服轴力相干性试验工况见表7-35。通过现场自动监测,得到了伺服轴力施加后邻近支撑轴力的变化,并将现场轴力实测与数值模拟损失率进行对比。各工况现场实测轴力损失见表7-36~表7-38。各伺服支撑轴力受邻近支撑架设影响的变化如图7-58、图7-60、图7-62所示。实测与数值计算的对比见图7-59、图7-61、图7-63。

支撑轴力相干性试验工况表　　　　　　表7-35

工　况	工　况　内　容
工况1	开挖至第二道钢支撑处,支撑2-3、2-4架设对其他支撑轴力影响
工况2	开挖至第三道钢支撑处,支撑3-3、3-4架设对其他支撑轴力影响
工况3	开挖至第四道钢支撑处,支撑4-3、4-4架设对其他支撑轴力影响

注:工况1 支撑2-1与2-2已架设;工况2 支撑3-1与3-2已架设;工况3 支撑4-1与4-2未架设。

工况1现场实测轴力损失表　　　　　　表7-36

支撑编号	加力前轴力(kN)	加力后轴力(kN)	轴力变化(kN)	轴力损失率(%)
2-1	1103	955	148	13
2-2	1247	1143	104	8
2-3	1655	1462	193	12
2-4	1730	1540	190	11
2-5	1320	1214	106	8
2-6	1303	1141	162	12
3-1	1518	1243	275	18
3-2	1491	1207	284	19
3-3	0	1700	-1700	0
3-4	0	1700	-1700	0
3-5	1552	1267	285	18
3-6	1498	1244	254	17

工况 2 现场实测轴力损失表　　　　　表 7-37

支撑编号	加力前轴力 (kN)	加力后轴力 (kN)	轴力变化 (kN)	轴力损失率 (%)
2-1	1258	1211	47	4
2-2	1132	1101	31	3
2-3	1577	1501	76	5
2-4	1712	1659	53	3
2-5	1525	1485	40	3
2-6	1361	1305	56	4
3-1	1671	1601	70	4
3-2	1615	1508	107	7
3-3	2025	1777	248	12
3-4	2162	1916	246	11
3-5	1722	1475	247	14
3-6	2012	1912	100	5
4-1	1962	1770	192	10
4-2	1841	1594	247	13
4-3	1914	1899	15	0
4-4	1933	1891	42	0
4-5	1635	1334	301	18
4-6	1972	1805	167	8

工况 3 现场实测轴力损失表　　　　　表 7-38

支撑编号	加力前轴力 (kN)	加力后轴力 (kN)	轴力变化 (kN)	轴力损失率 (%)
2-1	1698	1681	17	1
2-2	1113	1085	28	3
2-3	2094	1988	106	5
2-4	1866	1806	60	3
2-5	1145	1103	42	4
2-6	1332	1298	34	3

续上表

支撑编号	加力前轴力（kN）	加力后轴力（kN）	轴力变化（kN）	轴力损失率（%）
3-1	2803	2619	184	7
3-2	2592	2412	180	7
3-3	2439	2224	215	9
3-4	2457	2269	188	8
3-5	2796	2601	195	7
3-6	2797	2627	170	6
4-1	2587	2456	131	5
4-2	2605	2437	168	6
4-3	2579	2164	415	16
4-4	2461	2204	257	10
4-5	2300	2111	189	8
4-6	2572	2447	125	5
5-1	—	—	—	—
5-2	—	—	—	—
5-3	0	3004	-3004	0
5-4	0	2978	-2978	0
5-5	2999	2653	346	12
5-6	3024	2864	160	5

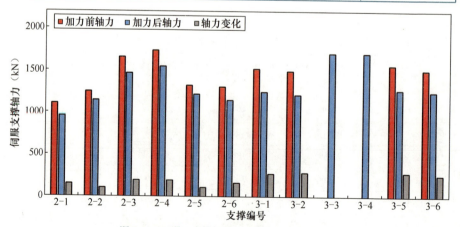

图 7-58　工况 1 支撑架设相干性影响变化示意图

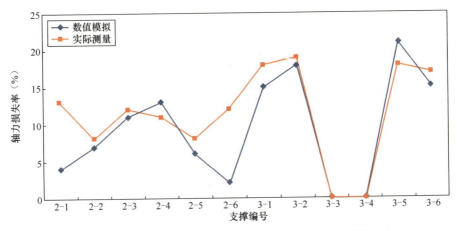

图 7-59 工况 1 支撑轴力损失率实测与数值模拟对比示意图

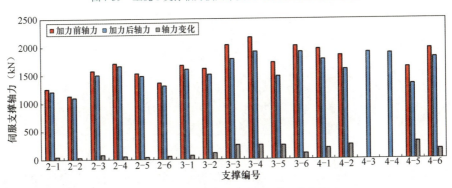

图 7-60 工况 2 支撑架设相干性影响变化示意图

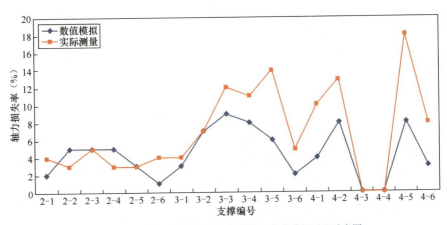

图 7-61 工况 2 支撑轴力损失率实测与数值模拟对比示意图

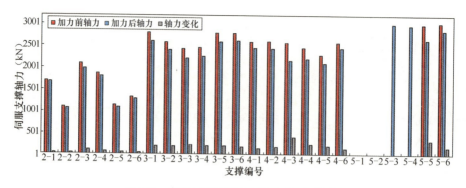

图 7-62 工况 3 支撑架设相干性影响变化示意图

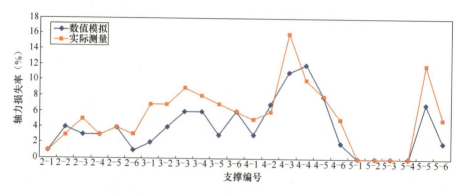

图 7-63 工况 3 支撑轴力损失率实测与数值模拟对比示意图

由工况 1 的图表可以看出,第二道伺服(支撑 3-3、3-4)轴力的施加对同道支撑轴力影响较大,但竖向影响较小,距支撑架设处越远则轴力影响越小,现场实测结果与数值模拟的结果较为一致。

第三道伺服钢支撑(支撑 4-3、4-4)及第四道伺服钢支撑(支撑 5-3、5-4)的轴力施加均对竖向支撑轴力影响较大,水平向支撑轴力影响较小,现场实测结果与数值模拟的结果也较为一致。同样地,支撑相距越远轴力影响越小。

实测数据反映了伺服支撑架设对邻近已架设完成支撑轴力的影响,影响表现出较高的空间性。在进行主动控制过程中,运用多目标动态控制法及时调整伺服支撑的轴力能提前预测轴力损失,可以提高伺服控制的精准性,能够进一步推动主动控制精细化发展与应用。

7.3.6 轴力作用下围护结构迎土面土压力的演化规律

根据连续体变形协调方程的影响性原理,支撑轴力的改变不仅会导致支护体系力学状态的改变,同样也会引起地层中土压力的变化。通过工程现场实地监测围护结构后土压力的变化,得到支撑轴力对围护结构迎土面土压力的影响规律。

静止土压力计算公式如下:

$$E_0 = \frac{1}{2}K_0 \sum \gamma H^2 \tag{7-2}$$

式中,E_0 为静止土压力;K_0 为静止土压力系数;$\sum \gamma$ 为各层土体重度之和;H 为各土层厚度。

朗肯主动土压力 E_a 计算公式和朗肯被动土压力 E_p 计算公式如下:

$$E_a = \frac{1}{2}(\sum \gamma + q_0)H^2 K_a \tag{7-3}$$

$$E_p = \frac{1}{2}(\sum \gamma + q_0)H^2 K_p \tag{7-4}$$

式中,E_a 为主动土压力;E_p 为被动土压力;$\sum \gamma$ 为各层土体重度之和;q_0 为地面活荷载;H 为各土层厚度;K_a 为朗肯主动土压力系数;K_p 为朗肯被动土压力系数。

库仑主动土压力计算公式和库仑被动土压力计算公式如下:

$$E_a = \frac{1}{2}(\sum \gamma + q_0)H^2 K_a \tag{7-5}$$

$$E_p = \frac{1}{2}(\sum \gamma + q_0)H^2 K_p \tag{7-6}$$

式中,E_a 为主动土压力;E_p 为被动土压力;$\sum \gamma$ 为各层土体重度之和;q_0 为地面活荷载;H 为各土层厚度;K_a 为朗肯主动土压力系数;K_p 为朗肯被动土压力系数。

(1) 各道支撑处压力和变形时程变化规律

各道支撑处迎土面土压力、围护结构侧向变形随时间的变化规律(由于现场施工破坏,缺少第四道伺服钢支撑处的相应数据),如图 7-64 ~ 图 7-66 所示。

由图 7-64 ~ 图 7-66 可知,基坑施工过程中,第一道钢支撑处围护结构侧向变形 0.47 ~ 6.02mm,最大侧向变形为 0.4‰H;迎土面土压力 51.23 ~ 56.40kPa,

土压力整体上靠近静止土压力。第二道钢支撑处围护结构侧向变形0.43~15.44mm,最大侧向变形为0.9‰H;迎土面土压力66.62~83.89kPa,土压力整体上靠近朗肯主动土压力。第三道钢支撑处围护结构侧向变形0.29~32.73mm,最大侧向变形为2.0‰H;迎土面土压力130.10~169.39kPa,土压力由静止土压力减小到朗肯主动土压力。

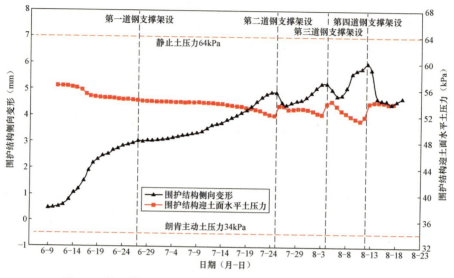

图7-64 第一道钢支撑处围护结构侧向变形与迎土面土压力时程曲线图

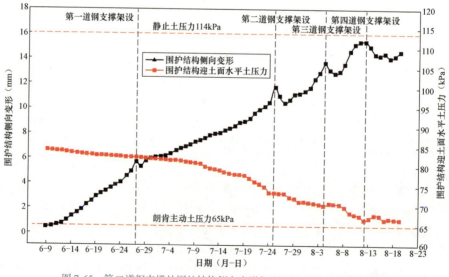

图7-65 第二道钢支撑处围护结构侧向变形与迎土面土压力时程曲线图

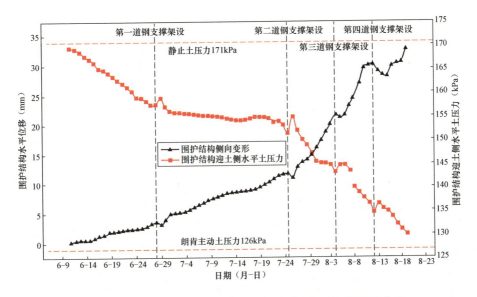

图 7-66　第三道钢支撑处围护结构侧向变形与迎土面土压力时程曲线图

由此可见,随着围护结构侧向变形增加、土压力降低;支撑轴力施加后,变形减小、土压力增加。随着变形的增大基坑迎土面实测土压力由静止土压力向朗肯主动土压力转变,当最大侧向变形达到 2.0‰H 时实测土压力达到朗肯土压力。

(2) 支撑轴力对土压力与围护结构侧向变形的影响

取轴力施加前后的几个工序,土压力与围护结构变形的变化见图 7-67 ~ 图 7-70。

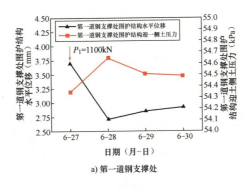

a) 第一道钢支撑处

图　7-67

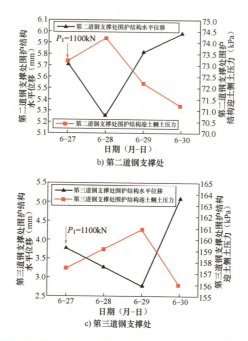

图 7-67 第一道钢支撑轴力施加对土压力与变形的影响

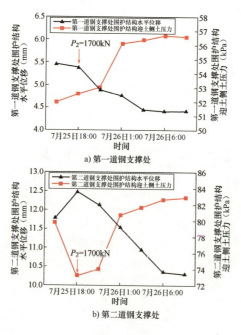

图 7-68

第7章 主动控制下基坑力学场的演化分析与原位试验

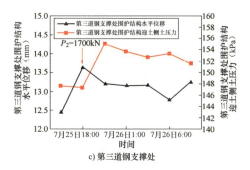

c) 第三道钢支撑处

图 7-68 第二道钢支撑轴力施加对压力与变形的影响

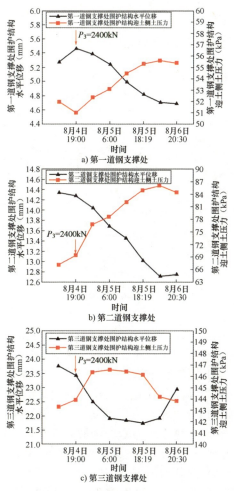

图 7-69 第三道钢支撑轴力施加对土压力与变形的影响

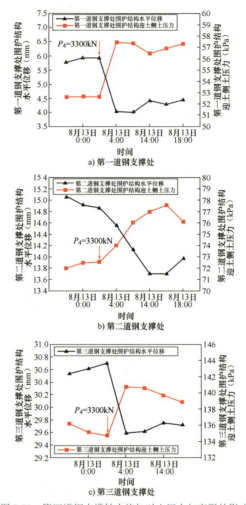

图 7-70　第四道钢支撑轴力施加对土压力与变形的影响

从图 7-67～图 7-70 可知，主动控制下围护结构侧向变形减小、迎土面土压力增大，这种变化具有明显的时滞性。支撑轴力施加后，围护结构侧向变形与土压力需经历 2～48h 才能趋于稳定。迟滞时间受轴力值大小、支撑架设与施加轴力所用时间、距离、温度、坑外堆载及坑内土体的流变等多个因素影响。

第一道钢支撑施加 1100kN 轴力后，第一、二道钢支撑处的围护结构侧向变形在 24h 后降至最低，同时土压力增长至最大；而第三道钢支撑处的围护结构侧向变形及土压力则在 48h 后才达到最值。各种因素综合影响下，施加轴力后 24h 内，第一道钢支撑处的围护结构侧向变形减小 1mm，而第二、三道支撑处的侧向变形减少 0.5mm；三道支撑处的土压力增长量分别为 0.5kPa、1kPa 与 2kPa。

第二道钢支撑施加 1700kN 轴力后,前两道钢支撑处的围护结构侧向变形及土压力分别在 10h、12h 后趋于稳定;第三道钢支撑处的围护结构侧向变形与土压力最明显变化在轴力施加后的 4h 内,在轴力施加后 12h 达到最值。轴力施加后 12h 内,三道钢支撑处的围护结构侧向变形分别减小 0.9mm、2.2mm、0.8mm;土压力增长量分别为 4kPa、10kPa、8kPa。

第三道钢支撑施加 2400kN 轴力后,前两道钢支撑处的围护结构侧向变形及土压力在 36h 左右趋于稳定并达到最值;第三道钢支撑处的围护结构侧向变形与土压力则在 12h 后趋于稳定,在 24h 左右达到最值。轴力施加后 24h 内,三道钢支撑处的围护结构侧向变形分别减小 0.7mm、1.3mm、1.6mm;土压力增长量分别为 4kPa、16kPa、3kPa。

第四道钢支撑施加 3300kN 轴力后,第一、三道钢支撑处的围护结构侧向变形及土压力在 2h 内达到最值;第二道钢支撑处的围护结构侧向变形与土压力则在 14h 后达到最值。轴力施加后 14h 内,三道钢支撑处的围护结构侧向变形最大差值分别为 1.8mm、1.2mm、1.2mm;土压力增长量分别为 5kPa、5kPa、7kPa。

由实测数据可知,主动控制下支撑轴力值越大、距离越近时,围护结构侧向变形降低越多,相应的土压力增长也越多;且围护结构侧向变形减小 1mm 时,深层土的土压力增量明显大于浅层土。

7.3.7 温度变化对围护结构侧向变形的影响

由于金属的热胀冷缩,钢支撑轴力会随着温度发生明显变化。而钢支撑轴力又与围护结构侧向变形相关,因此有必要研究温度对钢支撑及围护结构侧向变形的影响。为此,选择无荷载变化影响的工况,研究温度变化下 P14 测孔的变形,研究工况见表 7-39,温度变化对钢支撑轴力、围护结构侧向变形的影响如图 7-71 ~ 图 7-74 所示。

温度变化下围护结构侧向变形工况　　　　表 7-39

开挖顺序	顺序 1	顺序 2	顺序 3	顺序 4	顺序 5	顺序 6
深度(m)	14	14	14.1	14.1	14	14

由图 7-71 ~ 图 7-74 中温度、支撑轴力及围护结构侧向变形关系图可以看出,伴随温度升高,支撑轴力逐渐增大且围护结构侧向变形逐渐减小,轴力与侧向变形随温度的变化具有较为明显的滞后效应。由于材料的热胀冷缩需要一定时间,温度先升高到一定程度之后,钢支撑轴力再上升到最大;而伴随轴力增大,对应支撑处的围护结构侧向变形则同步减小。

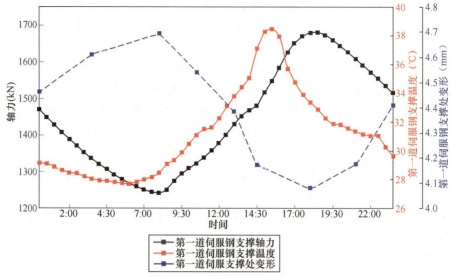

图 7-71　第一道钢支撑轴力、温度与对应围护结构侧向变形图

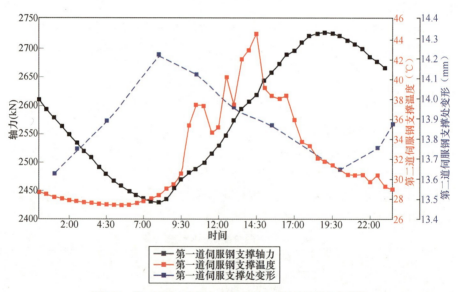

图 7-72　第二道钢支撑轴力、温度与对应围护结构侧向变形图

试验过程中，随着温度升高，第一道钢支撑轴力上升约 25%，相应位移从 4.69mm 减少为 4.13mm，减小幅度为 11.94%；第二道钢支撑轴力上升约 11%，相应位移从 14.23mm 减少为 13.63mm，减小幅度为 4.22%；第三钢支撑轴力上升约 9.9%，相应位移从 24.89mm 减少为 24.27mm，减小幅度为 2.49%；第四道钢支撑轴力上升约 6.7%，相应位移从 32.83mm 减少为

31.77mm，减小幅度为 3.23%。由于基坑越深处光线越少，各支撑轴力随温度的变化与所处深度呈负相关关系。支撑所处深度越深，受气温变化的幅度越小。

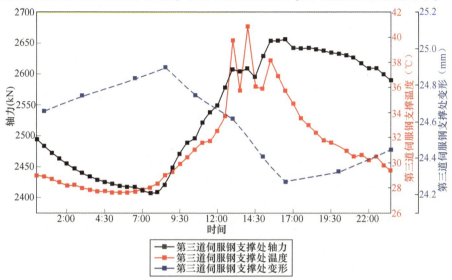

图 7-73　第三道钢支撑轴力、温度与对应围护结构侧向变形图

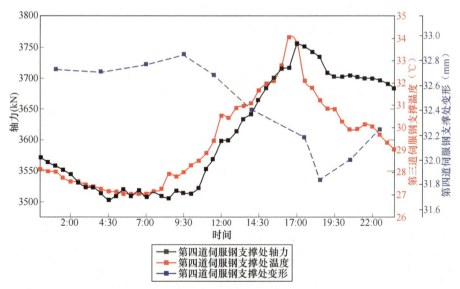

图 7-74　第四道钢支撑轴力、温度与对应围护结构侧向变形图

上述数据实际上是对轴力-变形影响性的进一步验证，即温度的变化引起了支撑轴力的变化，轴力改变后进而影响了围护结构的侧向变形，是轴力作用下基坑力学场演化研究的一部分。

7.4 本章小结

本章依托上海地铁14号线浦东南路站附属结构基坑开展原位试验,并结合数值分析计算,对主动控制下基坑力学场的演化规律进行了深入研究,得到了以下结论:

(1)数值分析结果进一步表明,基于连续体的变形协调方程,通过主动调整轴力能够改变围护结构的弯矩与剪力、围护结构侧向变形和坑内土体流变的大小,其变化量与轴力施加的大小相关,且轴力调整导致的这种变化存在一定的影响范围,进一步验证了主动控制下围护结构侧向变形控制的三个原则:"就近原则""尽早原则"及"分区控制原则"。同时通过轴力控制围护结构侧向变形时应注意支撑的安全控制和围护结构的内力控制。

(2)原位试验数据表明连续体变形协调方程所体现的影响性是客观存在的,通过主动调控支撑轴力能够改变支护结构和土体的力学状态,基于轴力的围护结构侧向变形主动控制是可行的;通过主动施加伺服轴力,可以有效减小围护结构的侧向变形并抵消因坑内流变产生的位移增量,且可在一定工况下逆转变形发展趋势,这验证了基坑主动控制的轴力-变形影响性与轴力-流变影响性;较浅支撑处围护结构侧向变形受支撑轴力影响较大,而较深支撑处围护结构侧向变形所受轴力影响较小,这验证了基坑主动控制的"尽早原则",支撑轴力施加对较远处围护结构侧向变形影响较小,体现出了明显的影响范围,说明基坑主动控制应遵循"就近原则",同时根据影响范围,对于超深基坑围护结构侧向变形采用"分区控制原则"是合理的;基于轴力相干性所提出的多目标动态控制法能够提高轴力与变形关系的对应性。

(3)主动控制下变形、土压力的变化规律与理论计算基本一致。从开挖到结束,各道支撑处的变形与土压力虽有一定范围的波动,但总体上表现为变形增大、土压力减小的趋势。实测数据与理论分析存在一定的差异,这是由于本基坑施工时间较长(第一道钢支撑轴力施加至四道钢支撑轴力施加间隔了51d),软土流变效应显著,流变影响下基坑的最大侧向变形实测值32.7mm,较理论分析25.8mm大得多,因此二者的变化规律有较大差异。各支撑处实测围护结构侧向变形、土压力极值及计算土压力见表7-40,对比可知,现场实测土压力变化范围在朗肯主动土压力和静止土压力之间。

(4)支撑轴力随温度升高而增大,随温度降低而减小,且具有较为明显的滞后效应,支撑所处深度越深,受气温变化的幅度越小;支撑轴力的变化同时导致围护结构侧向变形的增大或减小,表明温度引起的轴力变化同样会影响围护结构的力学状态。

实测围护结构侧向变形与土压力极值　　　表 7-40

实测位置	实测侧向变形最大值(mm)	实测土压力(kPa)		计算土压力(kPa)	
		最大值	最小值	主动土压力	静止土压力
第一道钢支撑处	6.02	57	51	34	64
第二道钢支撑处	15.4	86	66	65	114
第三道钢支撑处	32.7	168	130	126	171

第 8 章
CHAPTER 8

基坑施工控制若干问题的进一步研究

实际工程中影响基坑力学场状态控制的因素较多,其中地层的多样性以及支撑轴力施加的不确定性是两个常见因素。针对上海中心城区古河道切割地层对围护结构侧向变形的影响以及普通钢支撑轴力的损失原因,结合工程案例进行了探讨。

8.1 上海中心城区古河道切割地层对基坑施工变形的影响

上海地区第四纪时期古河道发育,在古河道切割影响下,往往造成局部土层缺失或土层分布起伏较大,且古河道区域的土层通常与同深度处正常沉积地层工程性质差异较大,在基坑的变形特性方面两者有所不同。根据正常沉积区域制定的基坑变形控制标准不一定适用于古河道切割区域,因此有必要研究古河道切割地层对围护结构侧向变形的影响。

8.1.1 上海市区地层演化及古河道分布区域

(1) 上海的地层地质情况

上海地处长江三角洲前缘,基底由前震旦纪变质岩系、震旦和古生代海相碳酸盐岩以及新生代陆相、海相交替碎屑岩组成。晚第三纪以来,区内新构造运动持续不均匀沉积,相继沉积了 200~350m 厚的第四纪松散碎屑沉积地层。埋深 150m 以下地层为下更新世,岩性为杂色黏土和砂互层,属河流-湖泊相沉积;埋深 150m 以上属中更新世、晚更新世和全新世沉积,岩性主要为灰色黏土和灰色砂、粉砂相间,属海陆交互相沉积。地表以下至 75m 范围内,分布有三层高含水率、高孔隙比、以海相沉积为主的软弱黏性土地层,其中40m以内的两层淤泥质饱和软黏性土层更具明显流变特性。

晚更新世早期上海全境基本被水域覆盖,发育了弱海陆过渡三角洲河流相砂层工程地质⑨层青灰色粉、细砂夹中-粗砂、黏性土。晚更新世晚期随着冰川的前进、消退和海平面上升、下降,区内先后沉积⑧层、⑦层、⑥层,其中⑥层硬黏土为古土壤。随着末次冰期的结束,上海在内的长江口出现海侵,沉积了工程地质⑤层自下向上依次为粉砂、粉土、黏土的海进序列;约在7500年前长江口覆盖镇江达到最大海侵,沉积了滨海~浅海相④层黏性土、③层黏性土-粉土夹粉砂的快速稳定沉积;随后长江输砂量增加,河口沉积速率增大、海平面略微下降,发育②层海退序列,随后人类活动改造并形成①层耕土、填土加剧上海成陆。

上海市中心城区的土层分布相对均匀,以浦东南路与浦东大道交叉区域的地层为例,如图8-1所示。

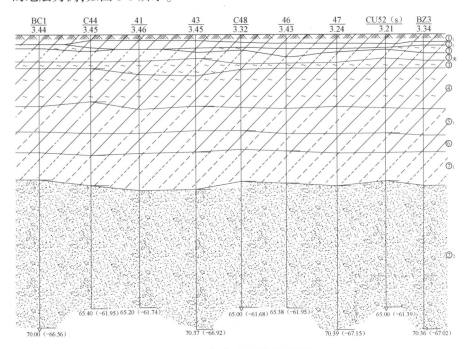

图8-1 上海典型土层分布示意图

(2)上海陆域古河道分布

上海地区第四纪地质时期,随着古气候的变化,古地貌也产生相应的改变。气候变暖,海平面上升,陆地被海水淹没;气候变冷,海水退去,陆地上遍布多条河道,即成为古河道。鉴于古河道对工程建设影响较大,学者史玉金[174]对不同时期古河道的分布情况、切割深度、沉积物特征等进行了深入研究,得到上海市陆域晚更新末期古河道分布图。

古河道基本呈网状分布,将陆地分割成块状,除崇明三岛外,东西向河道最大,从西北部的嘉定至中心城区再到浦东新区外高桥地区。南北向河道则从宝山区黄浦江入海口穿越市中心至金山地区。古河道切割深度一般为10~30m,崇明三岛地区、浦东新区川杨河南侧切割深度最大,一般均在20~30m之间,局部地区大于30m;金山地区切割深度相对较浅,一般小于20m。大部分古河道沉积区分布着厚度在10~20m之间的黏性土层($⑤_3$层),部分地区还夹有厚度在5~15m之间较大的砂、粉性土层($⑤_2$层)。

8.1.2 工程案例

1)上海地铁13/18号线莲溪路站工程概况

(1)周边环境

上海地铁13/18号线莲溪路站为地下三层双柱三跨14m的岛式站台车站,总长143.9m。车站周边建筑物较密集,建筑物距车站标准段地下三层基坑最近距离约9.1m,距车站端头井基坑最近约7.8m;建筑物距车站外挂2层3号、4号风亭地下二层基坑最近约6.9m。西北侧为5号风亭5号出入口,东侧为6号出入口,如图8-2所示。

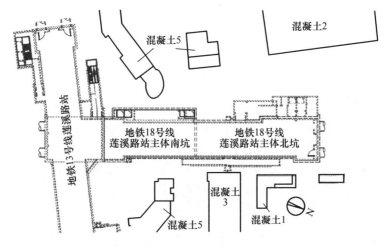

图8-2 莲溪路车站平面图

车站基坑东侧为中电绿色科技园,西侧为上海汽车空调配件有限公司、上海耀华皮尔金顿玻璃有限公司。主要为3~5层建筑,以企事业单位、厂房为主。车站主体结构距建筑物边线最近仅4m左右,见表8-1。

车站周边建构筑物情况　　　　表8-1

建(构)筑物名称	层数	基础形式	与主体基坑的距离(m)
莲诚综合楼(地面4、5层,地下2层)	4~5	1号楼,基础为ϕ400mm预应力高强度混凝土(PHC)管桩,桩长36m,桩顶高程-5.3m,桩底高程-41.3m	14.8
丝届商务楼	4~5	3号楼,基础为ϕ400mm PHC管桩,桩长36m,桩顶高程-1.7m,桩底高程-37.7m	33.7
上海汽车空调配件有限公司	2	条形基础立柱下为250mm×250mm混凝土预制方桩,桩长22m,桩顶高程-1.65m,桩底高程-23.65m	40.3
中电绿色科技园三层厂房	1	无地下室,基础为ϕ400mm预应力高强度混凝土管桩(PHC管桩),桩长21m,桩顶高程2.2m,桩底高程-18.8m	32.3
中电绿色科技园水泵站	1	无地下室,柱下独立基础,深度1.5m	7.9
中电绿色科技园一层	1	无地下室,筏板基础,深度1.1m	10.7
中电绿色科技园三层	3	管桩,桩径400mm,桩长26m,桩底高程-24.0m	9.1
中电绿色科技园	5	管桩,桩径400mm,桩长26m,桩底高程-24.0m	13.2

(2) 基坑概况

莲溪路站标准段基坑宽度25.0m,局部28m,基坑开挖深度为25.4m,北侧和南侧端头井基坑开挖深度分别为27.4m和26.4m。地下连续墙厚1200mm,深55m;沿基坑深度方向设置七道支撑,其中第一、第五道为钢筋混凝土支撑,第一道钢筋混凝土支撑截面尺寸为800mm×1100mm,第五道钢筋混凝土支撑截面尺寸为1000mm×1000mm,顶圈梁截面尺寸为1100mm×1200mm,第六道为ϕ800mm×20mm钢管支撑,其余均为ϕ609mm×16mm钢管支撑,详见图8-3。

(3) 地层

拟建场地位于古河道沉积区,缺失⑥层,分布有⑤$_1$层灰色砂质粉土夹粉质黏土、⑤$_{2-2}$灰色黏质粉土与粉质黏土互层、⑤$_{31a}$灰色粉质黏土和⑤$_{32b}$层灰色粉砂。各地层物理力学参数详见表8-2。

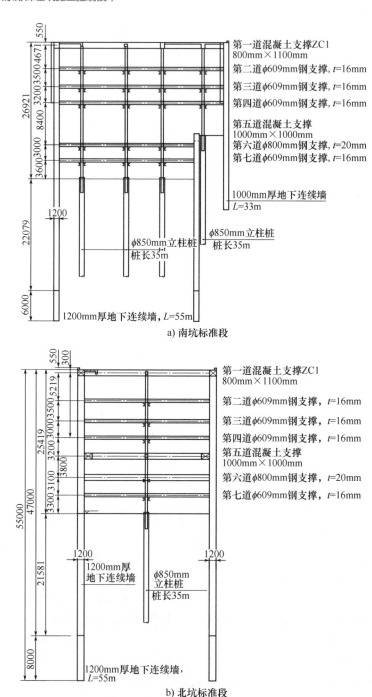

图 8-3 莲溪路站标准段基坑立面图（尺寸单位：mm）

各地层物理力学参数 表 8-2

层号	地层名称	重度 γ (kN/m³)	固结快剪试验指标 c (kPa)	固结快剪试验指标 φ (°)	相对密度 d_s	含水率 w (%)	渗透系数 K_V (cm/s)	渗透系数 K_H (cm/s)	压缩模量 E_s (MPa)
②₁	灰黄色粉质黏土	18.2	19	17.5	2.73	34.2	1.57×10^{-7}	2.05×10^{-7}	4.48
③	灰色淤泥质粉质黏土	17.2	13	17.5	2.73	43.5	4.51×10^{-7}	2.30×10^{-6}	3.07
③ₜ	灰色砂质粉土	18.6	5	31.0	2.70	28.9	1.50×10^{-4}	2.47×10^{-4}	8.68
④	灰色淤泥质黏土	16.6	13	11.5	2.75	50.5	1.25×10^{-7}	1.93×10^{-7}	2.34
⑤₁₁	灰色黏土	17.2	14	13.0	2.74	43.5	1.40×10^{-7}	1.94×10^{-7}	3.02
⑤₁ₜ	灰色砂质粉土夹粉质黏土	18.5	6	31.0	2.70	29.2	1.32×10^{-4}	2.09×10^{-4}	9.98
⑤₁₂	灰色粉质黏土	17.8	14	19.5	2.73	35.0	6.58×10^{-7}	1.55×10^{-6}	4.35
⑤₂₋₂	灰色黏质粉土与粉质黏土互层	17.8	13	20.5	2.73	35.6	1.33×10^{-6}	3.20×10^{-6}	5.06
⑤₃₁ₐ	灰色粉质黏土	17.9	16	19.0	2.73	35.4	9.12×10^{-7}	2.15×10^{-6}	4.44
⑤₃₂ᵦ	灰色粉砂	18.4	2	33.5	2.69	28.4	5.94×10^{-4}	9.74×10^{-4}	11.88
⑦₂	灰黄~灰色粉砂	19.0	2	34.0	2.69	25.9	1.87×10^{-4}	2.88×10^{-4}	13.53
⑨	灰色粉细砂	19.1	2	35.5	2.69	25.0			14.80

2)计算模型与土层分布对比

上海地铁 14 号线浦东南路站基坑处于上海晚更新世晚期正常沉积地层,含有⑥层硬黏土;上海地铁 13/18 号线莲溪路站基坑位于古河道沉积区,缺失⑥层。为研究古河道分布对围护结构侧向变形的影响,以三层车站基坑标准断面为例,选取浦东南路站基坑与莲溪路站基坑所处地层进行对比分析。

模型开挖深度为 27m,宽度 28m,地下连续墙厚 1200mm,深 55m;沿基坑深度方向设置七道支撑,其中第一、第五道为钢筋混凝土支撑,第一道钢筋混凝土支撑截面尺寸为 800mm×1100mm,第五道钢筋混凝土支撑截面尺寸为 1000mm×1000mm,顶圈梁截面尺寸为 1100mm×1200mm,第六道为 ϕ800mm×20mm 钢管支撑,其余均为 ϕ609mm×16mm 钢管支撑。计算模型尺寸为 170m×70m,如图 8-4 所示。

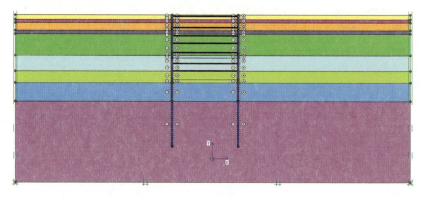

图 8-4　计算模型图

计算范围内两个车站基坑的土层分布情况见图 8-5 ~ 图 8-7。由图可知，两车站基坑①~④层土的占比相差不大，均在 25% 左右。浦东南路站基坑⑦层土分布较广，土质相对更好，而莲溪路站基坑因古河道分布影响缺失⑥层土，且⑤层土占比极大，约 41%。

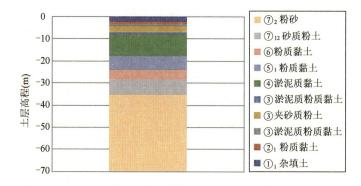

图 8-5　浦东南路站基坑土层分布

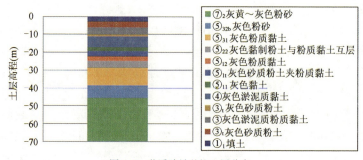

图 8-6　莲溪路站基坑土层分布

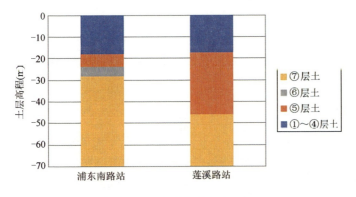

图 8-7 两车站基坑土层分布对比

8.1.3 古河道切割地层对围护结构侧向变形的影响

1)参数选取及计算工况说明

土体本构模型分别取 HS 本构模型及 SSC 本构模型，SSC 模型的计算工序设置见表 8-3（去除表 8-3 中混凝土养护、钢支撑停歇期，即为 HS 模型的计算工序）。为研究古河道分布对流变的影响，在 SSC 模型中各道支撑架设后特意设置了 1d 的流变单日增长观察期。

SSC 模型的基坑开挖计算工序　　　表 8-3

计算工序	SSC 本构模型
工序 1	激活围护结构(2d)
工序 2	围护结构养护(40d)
工序 3	激活第一道混凝土支撑(1h)
工序 4	第一道混凝土支撑养护(14d)
工序 5	开挖至第二道支撑下(16h)
工序 6	激活第二道钢支撑(6h)
工序 7	停歇(7d)
工序 8	流变单日增长观察期(1d)
工序 9	开挖至第三道支撑下(16h)
工序 10	激活第三道钢支撑(6h)
工序 11	停歇(7d)

续上表

计算工序	SSC 本构模型
工序 12	流变单日增长观察期(1d)
工序 13	开挖至第四道支撑下(16h)
工序 14	激活第四道混凝土支撑(1h)
工序 15	第四道混凝土支撑养护(14d)
工序 16	流变单日增长观察期(1d)
工序 17	开挖至第五道支撑下(16h)
工序 18	激活第五道钢支撑(6h)
工序 19	停歇(7d)
工序 20	流变单日增长观察期(1d)
工序 21	开挖至第六道支撑下(16h)
工序 22	激活第六道钢支撑(6h)
工序 23	停歇(7d)
工序 24	流变单日增长观察期(1d)
工序 25	开挖至第七道支撑下(16h)
工序 26	激活第七道钢支撑(6h)
工序 27	停歇(7d)
工序 28	流变单日增长观察期(1d)
工序 29	开挖到底(16h)

浦东南路站基坑相关参数见第4章表4-5与表4-6。莲溪路站基坑HS模型及SSC模型的参数见表8-4与表8-5。以支撑无预加轴力、设计轴力、计算轴力及极限轴力等四种工况展开对比分析，支撑设计轴力、计算轴力及极限轴力见表8-6。

2）轴力对不同地层围护结构侧向变形的影响

HS本构模型及SSC本构模型的计算结果见图8-8、图8-9。受古河道切割地层影响，两种模型下莲溪路站基坑的围护结构变形都远大于浦东南路站。

表 8-4 HS 模型参数表

土层	①₁ 填土	③₁ 灰色砂质粉土	③ 灰色淤泥质粉质黏土	③ₜ 灰色砂质粉土	④ 灰色淤泥质黏土	⑤₁₁ 灰色黏土	⑤₁₁ 灰色砂质粉土夹粉质黏土	⑤₁₂ 灰色粉质黏土	⑤₂.₂ 灰色黏质粉土与粉质黏土互层	⑤₃₁ 灰色粉质黏土	⑤₃₂ₕ 灰色粉砂	⑦₂ 灰黄~灰色粉砂
本构模型	HS	HS	HS	HS	HS	HS	HS	HS	HS	HS	HS	HS
排水类型	不排水	不排水	不排水	不排水	不排水	不排水	不排水	不排水	不排水	不排水	不排水	不排水
γ_{unsat}	18	18.6	17.2	18.6	16.6	17.2	18.5	17.8	17.8	17.9	18.4	19
k_x/k_y	0	0	0	0	0	0	0	0	0	0	0	0
E_{50}^{ref}	9700	17360	6140	17360	4680	6040	19960	8700	10120	8880	23760	27060
E_{oed}^{ref}	4850	8680	3070	8680	2340	3020	9980	4350	5060	4440	11880	13530
E_{ur}^{ref}	48500	86800	30700	86800	23400	30200	99800	43500	50600	44400	118800	135300
m	0.8	0.8	0.8	0.8	0.8	0.8	0.8	0.8	0.8	0.8	0.8	0.8
p_{ref}	100	100	100	100	100	100	100	100	100	100	100	100
v_{ur}	0.2	0.2	0.2	0.2	0.2	0.2	0.2	0.2	0.2	0.2	0.2	0.2
K_0^{nc}	0.66	0.48	0.70	0.48	0.80	0.78	0.48	0.67	0.65	0.67	0.45	0.44
c_{ref}	1	5	13	5	13	14	6	14	13	16	2	2
φ	20	31	17.5	31	11.5	13	31	19.5	20.5	19	33.5	34
ψ	0	0	0	0	0	0	0	0	0	0	0	0
R_f	0.9	0.9	0.9	0.9	0.9	0.9	0.9	0.9	0.9	0.9	0.9	0.9
R_{inter}	0.7	0.7	0.7	0.7	0.7	0.7	0.7	0.7	0.7	0.7	0.7	0.7

SSC 模型参数表

表 8-5

土层	①₁ 填土	③ₜ 灰色砂质粉土	③ 灰色淤泥质粉质黏土	③ₜ 灰色砂质粉土	④ 灰色淤泥质黏土	⑤₁₁ 灰色黏土	⑤₁ₜ 灰色砂质黏土夹粉质黏土	⑤₁₂ 灰色粉质黏土	⑤₂₋₂ 灰色黏质粉土与粉质黏土互层	⑤₃₁ 灰质粉质黏土	⑤₃₂ᵦ 灰色粉砂	⑦₂ 灰黄~灰色粉砂
本构模型	MC	MC	SCC	MC	SCC	SCC	MC	SCC	SCC	SCC	MC	MC
排水类型	不排水	不排水	不排水	不排水	不排水	不排水	不排水	不排水	不排水	不排水	不排水	不排水
γ_{unsat}	18	18.6	17.2	18.6	16.6	17.2	18.5	17.8	17.8	17.9	18.4	19
k_x/k_y	0	0	0	0	0	0	0	0	0	0	0	0
λ^*	—	—	0.0469	—	0.0661	0.0538	—	0.0538	0.0538	0.0538	—	—
κ^*	—	—	0.0039	—	0.0042	0.0035	—	0.0035	0.0035	0.0035	—	—
μ^*	—	—	0.0019	—	0.0026	0.0022	—	0.0022	0.0022	0.0022	—	—
c_{ref}	1	5	13	5	13	14	6	14	13	16	6.7	2
φ	20	31	17.5	31	11.5	13	31	19.5	20.5	19	33	34
ψ	0	0	0	0	0	0	0	0	0	0	0	0

注：对无法获得 SSC 模型参数的土层①₁、③ₜ、⑤₁ₜ、⑤₃₂ᵦ及⑦₂，采用 MC 模型。

支撑预加轴力值(单位:kN/m)　　　　　　　　　表 8-6

轴力	第二道钢支撑	第三道钢支撑	第四道钢支撑	第六道钢支撑	第七道钢支撑
设计轴力	330	300	410	990	380
计算轴力	420	550	1000	1000	800
极限轴力	800	800	1300	1300	1300

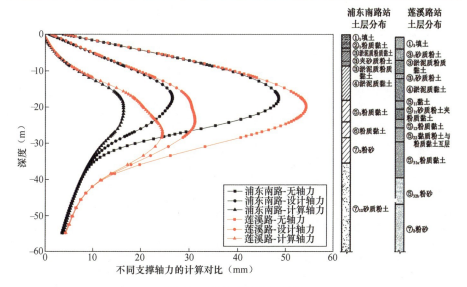

图 8-8　HS 模型计算结果对比

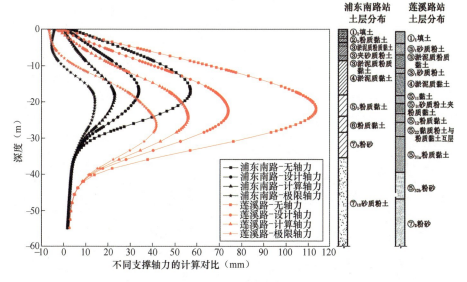

图 8-9　SSC 模型计算结果对比

两基坑最大变形情况见表8-7。由此可知,HS本构模型中,设计轴力下两基坑的围护结构侧向变形均能满足一级基坑1.4‰H的最大侧向变形要求,在三控法计算轴力下,甚至可以小于1.0‰H。但在SSC本构模型下考虑软土蠕变效应后,莲溪路站基坑即便采用极限轴力,仍然无法满足一级基坑1.4‰H的变形控制指标,而浦东南路基坑在设计轴力下即可达到要求,极限轴力下的变形仅有0.53‰H。轴力伺服系统对基坑变形的控制效果取决于所施加的轴力大小,轴力大小设定不当,即使设置了伺服系统也不能确保基坑变形可以满足要求。考虑到不同地层土体流变特性的影响,相同变形控制标准下古河道切割区域对支撑轴力值要求更大,所需配置的支撑规格要求更高,为基坑设计指明了方向。

两车站基坑围护结构最大变形 表8-7

本构模型	工况	浦东南路站基坑		莲溪路站基坑	
		最大变形(mm)	最大变形与基坑深度的比值	最大变形(mm)	最大变形与基坑深度的比值
HS本构模型	无轴力	48.71	1.80‰	54.52	2.02‰
	设计轴力	26.6	0.99‰	31.32	1.16‰
	计算轴力	16.47	0.61‰	24.6	0.91‰
SSC本构模型	无轴力	57.4	2.13‰	114.28	4.23‰
	设计轴力	34.24	1.27‰	74.44	2.76‰
	计算轴力	23.31	0.86‰	56.46	2.09‰
	极限轴力	14.33	0.53‰	42.24	1.56‰

虽然两个基坑工程均地处上海浦东新区,地层分布大致相同,但莲溪路站基坑地层因受古河道切割影响,局部缺失⑥层土且古河道切割厚度大,对围护结构侧向变形控制带来了不利影响。对于HS模型,相同轴力下古河道切割区域基坑的侧向变形比正常沉积地层基坑略大,但是考虑土体流变特性后,古河道切割地层基坑的侧向变形比正常沉积地层基坑大2~3倍,说明古河道切割地层的流变影响更大,在基坑变形控制中应对这类地层予以足够的重视。

8.1.4 支撑轴力对不同土层坑内土体流变的影响

1)不同土层分布的坑内土体流变增长

为探讨古河道切割地层对坑内土体流变的影响,将各道支撑架设后两基坑无轴力与计算轴力下的流变日增长整理于图8-10~图8-13中。由图可知,支撑预加轴力对流变增长具有显著的抑制作用。

由图 8-10、图 8-11 可知,当支撑无预加轴力时,浦东南路站基坑流变最大日增长约 0.6mm,发生在第四道支撑架设后;而莲溪路站基坑流变最大日增长则超过 1mm,发生在第六道支撑架设后。

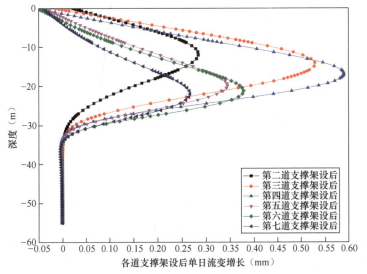

图 8-10　无支撑轴力下浦东南路站基坑流变单日增长

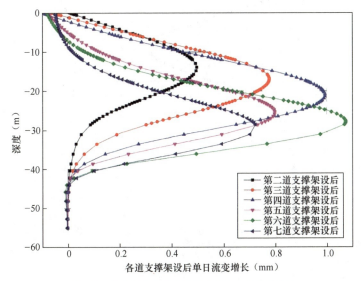

图 8-11　无支撑轴力下莲溪路站基坑流变单日增长

由图 8-12、图 8-13 可知,三控法计算轴力作用下,浦东南路站基坑最大流变日增长0.23mm,发生在第三道支撑架设后;莲溪路站基坑最大流变日增长

0.63mm,发生在第五道支撑架设后。支撑轴力对坑内土体流变的敏感性不同,对于正常沉积地层,轴力对坑内被动区土体流变变形的影响较大;对于古河道切割地层,这种影响相对较小。

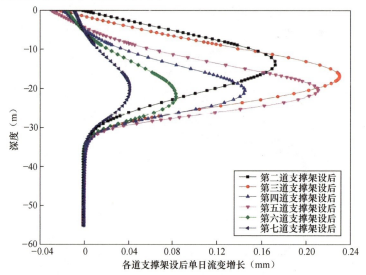

图 8-12 计算支撑轴力下浦东南路站基坑流变单日增长

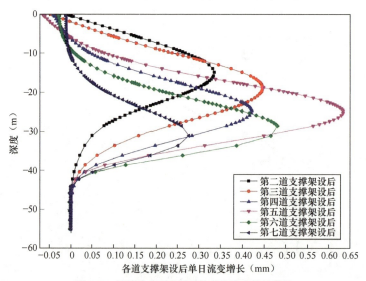

图 8-13 计算轴力下莲溪路站基坑流变单日增长

2)不同轴力对坑内土体流变增长的抑制作用

为进一步研究支撑轴力对坑内土体流变增长的抑制作用,分别将无轴力与计算轴力下两车站基坑的流变日增长绘制于图 8-14、图 8-15 中。显然,支撑轴力越大,对流变增长的抑制作用越大;而同样的支撑轴力下,开挖深度越大,对流变增长的抑制作用则越小。

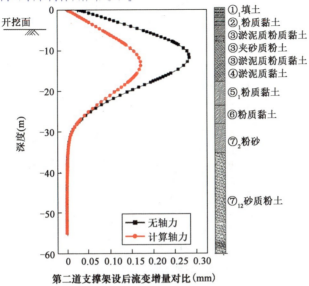

a) 第二道支撑架设后的流变增量对比

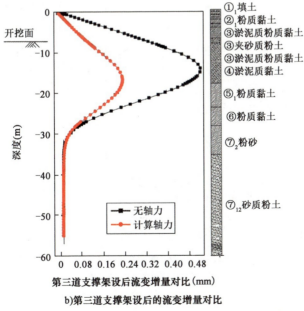

b) 第三道支撑架设后的流变增量对比

图 8-14

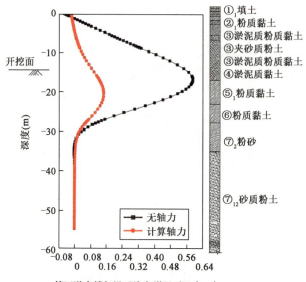

c) 第四道支撑架设后的流变增量对比

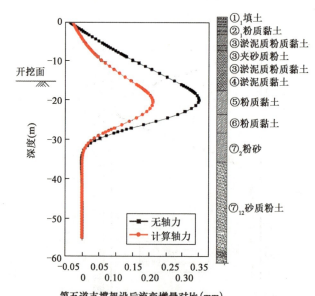

d) 第五道支撑架设后的流变增量对比

图 8-14

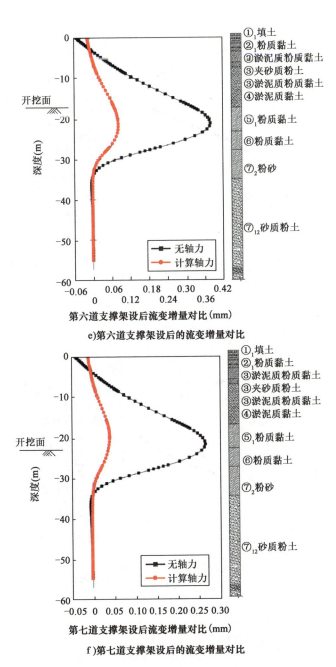

图 8-14 浦东南路站基坑流变增量

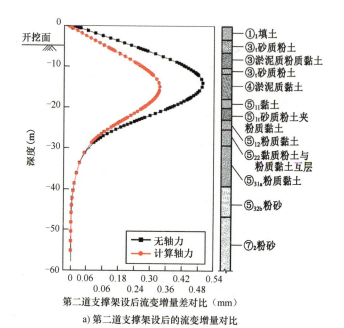

a) 第二道支撑架设后的流变增量对比

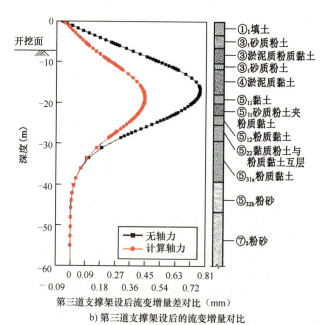

b) 第三道支撑架设后的流变增量对比

图 8-15

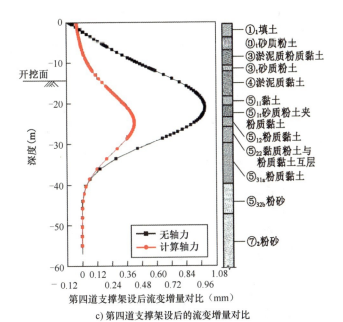

c) 第四道支撑架设后的流变增量对比

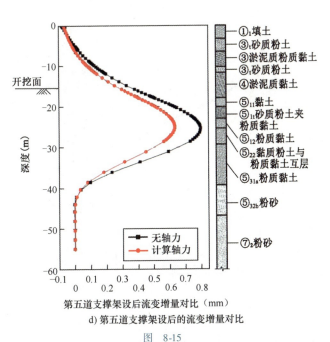

d) 第五道支撑架设后的流变增量对比

图 8-15

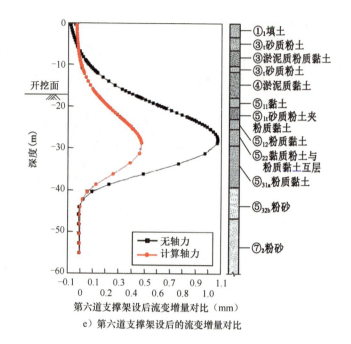

e) 第六道支撑架设后的流变增量对比

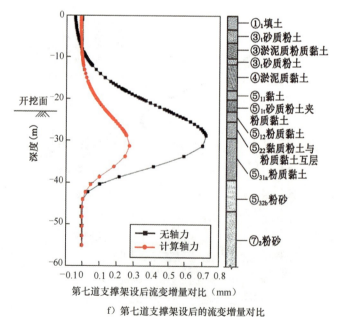

f) 第七道支撑架设后的流变增量对比

图 8-15 莲溪路站基坑流变增量

但结合图 8-14、图 8-15 可知,即便支撑轴力控制流变增长的效果显著,但在古河道切割区域,由于坑内土体自身的流变增量较轴力的抑制作用大,因此围护结构的侧向变形依然持续发展。因此基坑变形控制应当首要考虑时空效应,尽量缩短基坑暴露时间,减少时间对变形的影响,再辅以轴力伺服系统的使用。

3) 相同轴力对不同地层坑内土体流变的影响

为更直观地对比有无古河道分布影响的支撑轴力对流变增长的抑制作用,以计算轴力工况下的流变日增长值为横坐标,两基坑的流变增长对比图见图 8-16。由图可知,在古河道分布区(软土占比更大)时,支撑轴力对流变的抑制效果更加明显。

两个基坑的计算结果表明,前四道支撑架设后,流变最大增长位置基本一致;在第六、七道支撑架设后,浦东南路站基坑流变的最大增长位置仍在开挖面附近,而莲溪路站基坑流变的最大增长位置则下移至开挖面以下。由于古河道切割深度较大,六、七两道支撑深度处莲溪路站基坑所处地层(主要是⑤层土)比浦东南路站基坑所处地层(主要是⑦层土)偏软,土体流变大,从而导致坑内土体流变持续发展,最大流变量随开挖面加深而下移。

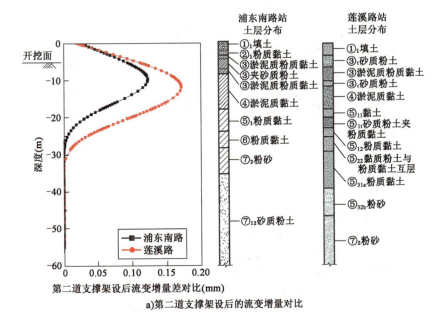

a) 第二道支撑架设后的流变增量对比

图 8-16

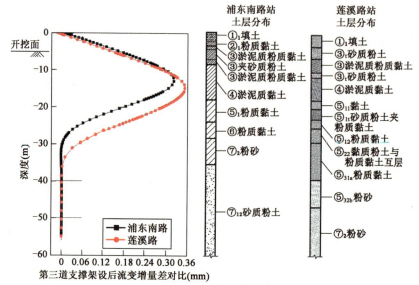

b) 第三道支撑架设后的流变增量对比

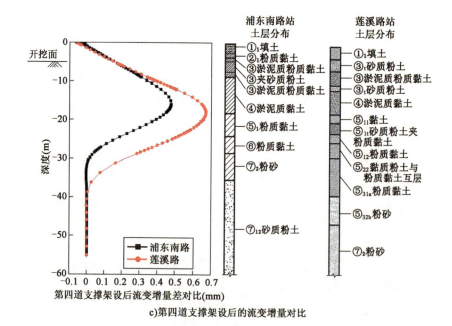

c) 第四道支撑架设后的流变增量对比

图 8-16

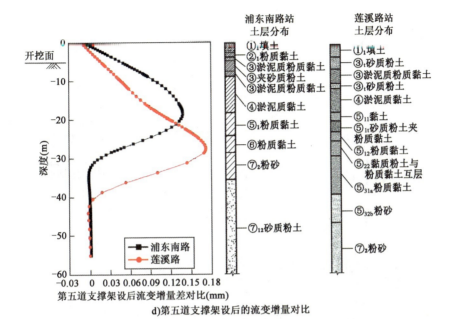

d) 第五道支撑架设后的流变增量对比

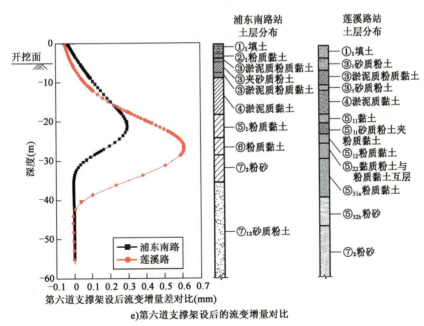

e) 第六道支撑架设后的流变增量对比

图 8-16

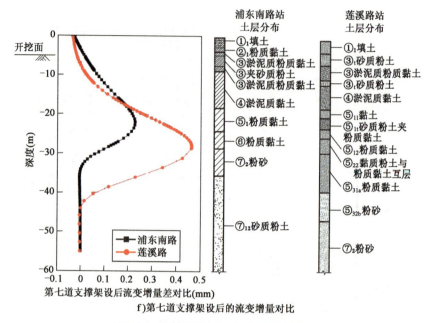

f) 第七道支撑架设后的流变增量对比

图 8-16 古河道切割对地层流变增量的影响

8.1.5 考虑古河道切割影响的莲溪路站基坑变形控制

为减小古河道切割地层对基坑变形的影响,结合前述分析,莲溪路站基坑施工中通过运用小尺度块内盆式挖土法、设置轴力伺服系统、优化钢支撑选型、增设临时混凝土垫层等方法控制围护结构的侧向变形。

1) 小尺度块内盆式挖土技术

以北坑为例,如图 8-17 所示,对基坑每层土方进行分段(仓)划分,对每段进行分块划分,对块进行编号,先挖中间通道土(图中①区),再挖两侧护壁土(图中②区)。根据上海软土施工经验,规定每层每段土方开挖及支撑工作时间,减少无支撑暴露时间,从而减小流变变形。

(1) 根据工程所处地层情况、施工效率、土体流变性质以及土层地应力大小,对无支撑暴露时间的基坑变形进行分级控制,具体如下:

①对于第 1、2 层土,在每个工作时段内开挖 1 仓(3 根支撑),务必在 24h 内架设完毕。

②对于第 3、4 层土,在每个工作时段内开挖 1 仓(2 根支撑),务必在 18h 内架设完毕。

③对于第5、6层土,在每个工作时段内开挖1仓(2根支撑),务必在16h内架设完毕。

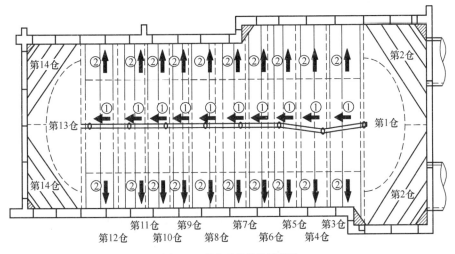

图 8-17 基坑开挖分块示意图

注:①、②表示开挖顺序。

(2)为保证基坑开挖安全、有序、高效,对基坑土方进行分层、分仓开挖。考虑土方车运输方向,基坑由北向南开挖。

(3)每一仓进行开挖时,先开挖中间通道,利用两侧盆边留土提供的被动土压力提供一定时间的变形抑制作用,然后迅速开挖两侧盆边土。根据坑外挖掘机作业半径,一般留土宽度为5~6m,可有效减小无支撑暴露下的基坑变形。

2)轴力伺服系统的设置与钢支撑选型的优化

考虑到基坑开挖深度较深、周边环境较为复杂,传统钢支撑不利于周边环境风险控制,基坑内各道钢支撑均设置了轴力伺服系统。

钢支撑原设计规格为$\phi 609mm \times 16mm$,考虑到南坑较宽,根据基坑宽度、格构柱设置,支撑的轴力限值取1800kN。为满足变形控制要求,由表8-4可知,所需的支撑轴力介于2000~4000kN,显然$\phi 609mm$规格的钢支撑无法满足要求。为此施工过程中采用了$\phi 800mm \times 12mm$规格的钢支撑,其轴力限值可提升至3500kN。现场实际施加轴力见表8-8。

伺服钢支撑轴力加载值(单位:kN)　　　　表8-8

类别	第二道钢支撑	第三道钢支撑	第四道钢支撑	第六道钢支撑	第七道钢支撑
设计加载值	1190	910	1100	2800	1200
实际加载值	2000	2200	2500	3500	2500

同时坑内采用激光测距,提供精确长度以选取钢支撑预拼,从而取消支撑活络头、简化支撑,形成一端伺服千斤顶、一端法兰盘与预埋钢板贴合的形式,减少了因活络头变形而造成的轴力损失。

3) 基于软土时间效应的超长停工期基坑变形控制技术

莲溪路站南坑外侧设置了外挂风亭,两者同步施工。基坑施工至5号风亭底板时,因春节原因需停工两个月。前述分析表明,古河道切割地层的坑内土体流变对基坑的变形影响较大,应予以重点考虑。为尽量减小停工期间的流变增长,对比分析了不同方案下围护结构侧向变形增长,为实际施工提供依据。

考虑软土流变特性,采用SSC本构模型,分析基坑施工至5号风亭基坑底后停工两个月基坑的变形。结果表明,即使支撑轴力已经增大到最大(接近极限承载力),围护结构最大侧向变形仍有91.99mm(图8-18、图8-19),远远超过变形控制要求。

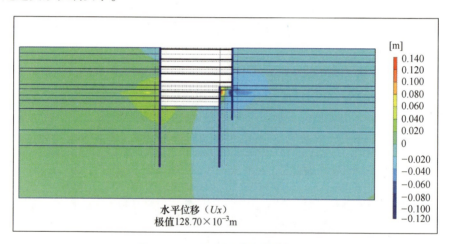

图8-18　SSC模型中土体水平位移云图

为尽量减小停工期间的流变增长,对比分析了不同方案下围护结构侧向变形增长,为实际施工提供依据。方案说明及计算结果见表8-9。

不同方案下地下连续墙变形汇总,见表8-10,中间围护结构的变形受方案影响最大。结合施工可行性及成本考虑,最终采用方案四作为停工期变形控制措施。

项目春节停工期间,实测围护结构最大侧向变形由22.08mm增长至27.14mm(模型中的左侧围护结构);至基坑底板浇筑封底,围护结构最大侧向变形为 34.94mm，与计算基本相符。但也可看出，即使结合了轴力伺服系统的主动控制措施与浇筑临时底板垫层的半主动控制措施，古河道对流变的影响依然较大，软土区的基坑开挖变形控制仍应遵循"时空效应"为主，伺服为辅。

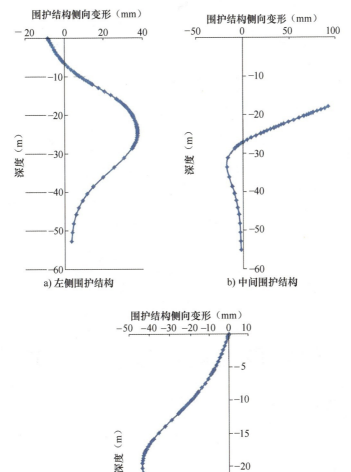

图 8-19 SSC 模型中地下连续墙水平位移曲线

不同方案下围护结构侧向变形　　　　表 8-9

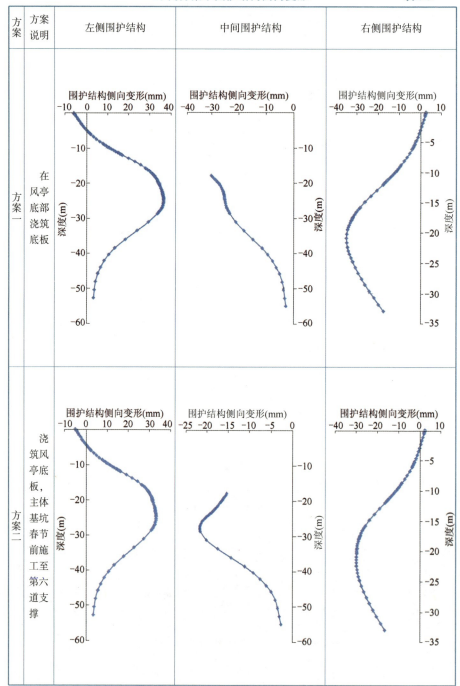

续上表

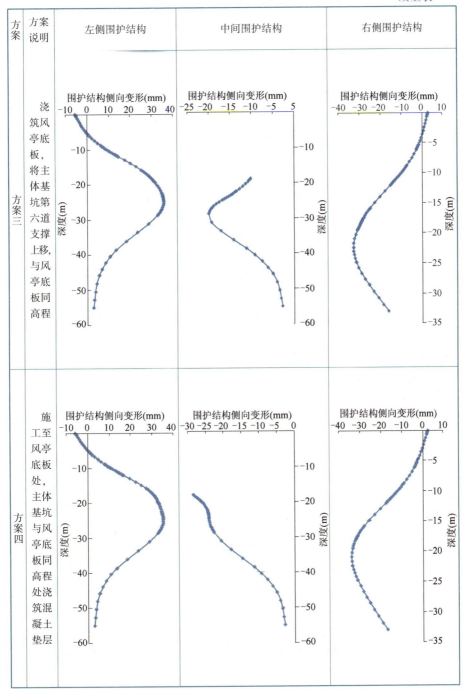

不同方案下围护结构侧向变形汇总表（单位：mm） 表8-10

方案	左侧围护结构	中间围护结构	右侧围护结构
无任何措施	37.45	91.99	43.8
方案一	36.77	30.09	34.76
方案二	35.45	33.65	33.55
方案三	35.75	19.92	34.18
方案四	35.28	28.42	34.12

8.2 钢支撑轴力损失对基坑变形的影响

在常规的钢支撑体系中，钢支撑的安装加载、温度的变化、邻近支撑的架设等因素都会造成已支撑轴力的损失，而轴力损失势必会导致围护结构侧向变形的增大。

本节依托上海地铁18号线长江南路站，分别就钢支撑加载过程、后续支撑过程的轴力损失开展研究，确定轴力损失的主要原因。

8.2.1 上海地铁18号线长江南路站工程概况

上海地铁18号线一期工程终点站长江南路站位于逸仙路以西，沿长江南路布置。车站周边环境复杂，北侧为小吉浦河，南侧为军队用地，沿街现状为商铺、民宅和军事用地入口，东侧运营3号线车站及高架区间。

车站自东向西依次分为1~3号小坑。1号坑规模172.2m×19.6m（内净），2号坑规模93.92m×19.6m（内净），3号坑规模242.9m×19.6m（内净）。主体结构采用地下二层单柱双跨（局部双柱三跨）现浇钢筋混凝土箱形框架结构形式。

1号坑所处土层为①$_1$杂填土、②灰黄色粉质黏土、③$_j$灰色砂质粉、③灰色淤泥质粉质黏土、④灰色淤泥质黏土、⑤$_{12}$灰色粉质黏土、⑤$_{31a}$灰色粉质黏土夹黏质粉土及⑤$_4$灰绿色粉质黏土（图8-20），下卧层为⑧$_1$灰色粉质黏土及⑧$_2$灰色黏质粉土夹粉质黏土。

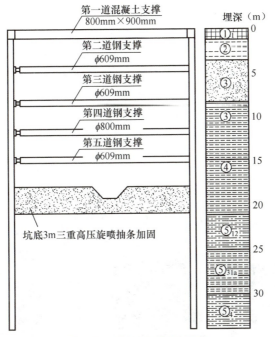

图 8-20　1 号坑标准段横剖面图

8.2.2　监测设备和测点布置

考虑到工程施工现场的实际情况，项目监测采用有线传输＋无线传输相结合的模式进行现场数据采集传输。此方法保证了数据传输的稳定性，减少维护工作量，同时可避免因施工现场条件有限，造成远程信号传输干扰等问题。

1）监测设备

在基坑监测中，钢支撑轴力是非常重要的参数，是反映钢支撑受力情况最直接的参数，跟踪钢支撑施工过程中的轴力变化，是了解钢支撑在施工过程形态和受力情况最直接的途径。对钢支撑在施工过程中的轴力情况进行监测，可把握支撑结构的受力情况，确保基坑的安全稳定。

常规支撑轴力监测一般采用贴片式传感器，但其准确性受材料性质、温度及安装操作影响较大，因此本研究采用压力传感器箱进行支撑轴力的监测，其中压力传感器根据监测需求自行研制。压力传感器箱设计如图 8-21 所示，压力传感器箱安装调试如图 8-22 所示。

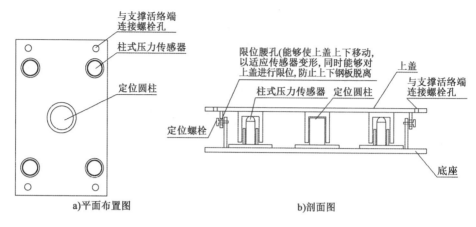

图 8-21 压力传感器箱设计图

图 8-22 压力传感器箱安装调试图

数据采集采用多通道振弦采集模块，各个传感器通过有线的方式连接到采集模块，然后采集模块通过数据模块将数据上传至云服务器，并在上位机云平台进行数据解析与展示。

2）监测测点分布

选取长江南路站 1 号坑试验段标准段 1~7 号钢支撑区域作为监测区域，测点布置如图 8-23 所示。

为确保基坑开挖及钢支撑轴力加载过程中的轴力处于有效控制之中，并最大程度地符合设计的理想状态，在钢支撑加载过程中对各测点进行重点监测。在钢支撑安装完成、轴力加载开始之前测量各测点初始值，钢支撑加载期间监测频率为 1min/次，加载完成 2d 后监测频率为 5min/次，加载完成 10d 后监测频率为 10min/次。

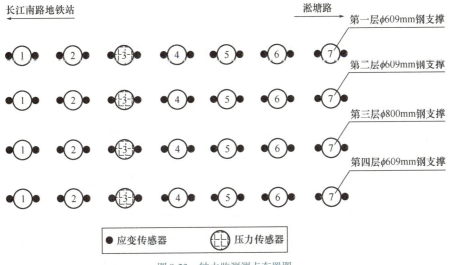

图 8-23 轴力监测测点布置图

8.2.3 钢支撑轴力损失实测分析

第一层钢支撑实测轴力值的变化如图 8-24 所示,由图可知,千斤顶拆除后,随着土层开挖、邻近支撑的架设及温度变化(图中虚线所示),支撑轴力略有波动,但变化幅度并不大。

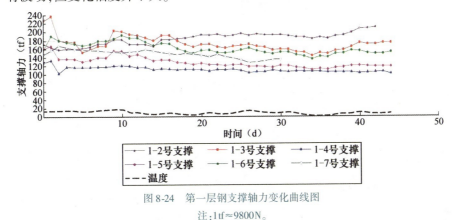

图 8-24 第一层钢支撑轴力变化曲线图

注:1tf≈9800N。

第一层支撑轴力变化的损失率见图 8-25,可更直观地看到,钢支撑轴力在千斤顶拆除后并没有逐渐衰减,而是呈现一定的波动变化(图中正值表示轴力损失,负值表示轴力增长)。且在千斤顶拆除 12h 内(此过程中邻近支撑架设及正下方土层开挖的影响较大)波动较大,在拆除 12h 后波动减弱且趋于稳定。

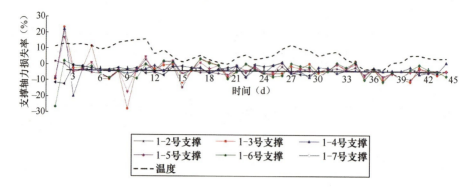

图 8-25　第一层钢支撑轴力损失率

由第一层支撑的轴力实测数据可知,钢支撑轴力损失并非发生在千斤顶拆除后的施工中。因而在后续监测过程中,部分测点以施加轴力的时间点为原点,观测钢支撑轴力的具体变化。

将第二层、第三层支撑中支撑轴力的变化整理于图 8-26、图 8-27 中。可以看到,在拆除千斤顶的阶段,支撑轴力发生了突降。同样可由轴力损失率直观看到钢支撑轴力损失的发生阶段,如图 8-28、图 8-29 所示。

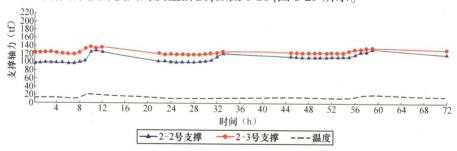

图 8-26　第二层钢支撑轴力变化曲线图

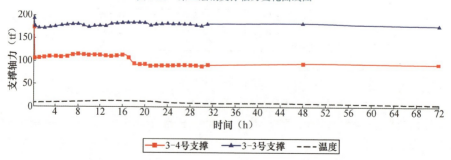

图 8-27　第三层钢支撑轴力变化曲线图

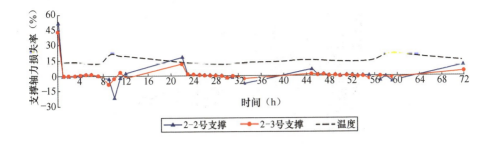

图 8-28　第二层钢支撑轴力损失率

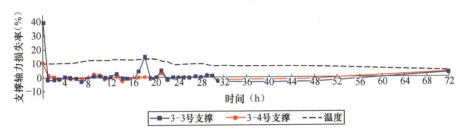

图 8-29　第三层钢支撑轴力损失率

由图 8-24～图 8-29 可知，钢支撑轴力的损失主要发生在拆除千斤顶之后，即安装活络头楔块的阶段。个别位置因实际操作偏差，轴力最大损失超过 1/3 初始轴力。而在后续施工期间，支撑轴力变化相对较小，尤其第三层钢支撑安装阶段，由于温度波动不大，支撑轴力的波动也较少。

8.2.4　加载过程中的钢支撑轴力损失原因分析

前文的支撑轴力实测值，说明了钢支撑轴力损失主要发生在拆除千斤顶，即安装活络头的阶段。本节由活络头的构造特点出发，结合千斤顶拆除前后的轴力实测数据进一步探讨钢支撑轴力损失的原因。

1) 钢支撑活络头的构造特点

钢支撑活络头是钢支撑的衔接部件及重要的组成部分，常用的为双拼槽钢式活络头，构件包括外筒和底座。外筒由钢管、法兰盘、内加强板和抽拉式外套管组成，底座包括双槽型钢板和抽拉内管，抽拉内管垂直固定在底座钢板上。活络头建筑信息模型（BIM）如图 8-30 所示。

工程中每根钢支撑均在一侧端部设置活络头，通过工程千斤顶对支撑施加预应力，然后在活络头预留的楔块位置间隙处加钢楔楔紧，最后放松并移走千斤顶。

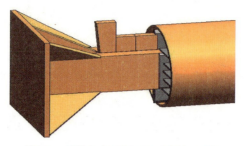

图 8-30　活络头建筑信息模型(BIM)示意图

在楔块安装过程中引起的钢支撑轴力损失,一是楔块插入深度不足导致支撑偏心受压引起的损失,二是楔块压缩产生的轴力损失(主要是楔块不平整缝隙间挤压引起的非弹性变形)。另外,施工中人为操作误差也是不可忽视的一大因素。

2) 活络头楔块安装引起的轴力变化

由于预留宽度与楔块不完全匹配,且楔块体本身粗糙锈蚀的原因,楔块体往往不能完全塞满预留位置,即相当于偏心安装。故而在千斤顶拆除、压力经由楔块传递的过程中,就必然会发生力的损失。钢支撑加载完成时、千斤顶拆除及拆除 12h 后的钢支撑轴力变化见表 8-11 ~ 表 8-13。

钢支撑加载完成及千斤顶拆除后轴力变化(二层)　　表 8-11

钢支撑编号	2 号	3 号	6 号	7 号
加压完成(kN)	2185	3227	2686	2071
千斤顶拆除(kN)	1244	1749	1724	1565
拆除后 12h(kN)	1370	1739	1751	1599
千斤顶拆除引起的轴力波动(%)	43.1	45.8	35.8	24.4
12h 后的轴力波动(%)	10.1	0.6	1.6	2.2

钢支撑加载完成及千斤顶拆除后轴力变化(三层)　　表 8-12

钢支撑编号	3 号	4 号	5 号	6 号
加压完成(kN)	1763	1955	1973	1121
千斤顶拆除(kN)	1058	1738	1563	1016
拆除后 12h(kN)	1095	1773	1551	980
千斤顶拆除引起的轴力波动(%)	40.0	11.1	20.8	9.4
12h 后的轴力波动(%)	3.5	2.0	0.8	3.5

钢支撑加载完成及千斤顶拆除后轴力变化(四层)　　表 8-13

钢支撑编号	3 号	4 号	5 号	6 号
加压完成(kN)	—	1542	1774	1872
千斤顶拆除(kN)	810	1156	1283	1308
拆除后 12h(kN)	1170	1322	1400	1252
千斤顶拆除引起的轴力波动(%)	—	25.0	27.7	30.1
12h 后的轴力波动(%)	44.6	14.4	9.1	4.3

由表 8-11 ~ 表 8-13 可知,千斤顶拆除瞬间,钢支撑轴力大幅降低,轴力损失最大可达 45.8%;而在千斤顶拆除后的 12h 中,轴力波动基本低于 5%,局部测点因施工开挖等影响波动较大。

8.2.5　加载完成后的钢支撑轴力损失原因分析

由图 8-24 ~ 图 8-27 的实测数据可知,加载完成后钢支撑在后续施工过程中轴力也会发生损失,主要影响因素为邻近支撑架设引起的轴力相干性和温度变化。

为研究轴力相干性影响下的支撑轴力变化规律,通过现场的自动监测,得到了伺服钢支撑轴力施加后邻近支撑轴力的变化,见表 8-14 ~ 表 8-16。图中数据为每层后一道支撑施加轴力对前一道支撑轴力的影响。

支撑加压对前一道支撑的影响变化(二层)　　表 8-14

钢支撑编号	1 号	2 号	3 号	5 号	6 号
轴力变化(kN)	-95.9	-136.8	-266.9	-218.5	-162.1

支撑加压对前一道支撑的影响变化(三层)　　表 8-15

钢支撑编号	3 号	4 号	5 号
轴力变化(kN)	-2.4	-23.5	-181.4

支撑加压对前一道支撑的影响变化(四层)　　表 8-16

钢支撑编号	3 号	4 号	5 号
轴力变化(kN)	-9.4	-7.8	-132.4

由表 8-14 ~ 表 8-16 可以看出,新架设支撑轴力施加后,同层邻近支撑轴力显著减小,最大轴力损失达 20% 左右;随着开挖深度的增大,轴力相干性引起的轴力损失逐渐减小,且基坑中心处支撑受轴力相干性影响产生的轴力损失远大于基坑端部。

8.3 本章小结

本章研究了古河道切割地层对基坑变形的影响及钢支撑轴力损失的原因,得到以下结论:

(1)在古河道沉积区,⑤层软土分布更广,围护结构侧向变形与坑内土体的流变都将显著增大,围护结构的最大侧向变形会延伸至坑底开挖面之下。当不考虑土体流变特性时,相同轴力下古河道切割区域基坑的侧向变形比正常沉积地层基坑略大,但是考虑土体流变特性后,古河道切割地层基坑的侧向变形比正常沉积地层基坑大 2~3 倍,说明古河道切割地层的流变影响更大,在基坑变形控制中应对这类地层予以足够的重视。

(2)支撑轴力对坑内土体流变的敏感性不同,对于正常沉积地层,轴力对坑内被动区土体流变变形的影响较大;对于古河道切割地层,这种影响相对较小。

(3)支撑轴力控制流变增长的效果显著,但在古河道切割区域,由于坑内土体自身的流变增量较轴力的抑制作用大,围护结构的侧向变形依然持续发展。因此基坑变形控制应当首要考虑时空效应,尽量缩短基坑暴露时间,减少时间对变形的影响,再辅以轴力伺服系统的使用。

(4)考虑到不同地层土体流变特性的影响,相同变形控制标准下古河道切割区域对支撑轴力值要求更大,所需配置的支撑规格要求更高,为基坑支撑设置指明了方向。

(5)引起钢支撑轴力损失的首要因素是活络头的构造。在拆除千斤顶阶段,即活络头的楔块安装阶段时,支撑轴力损失较大,最大损失率接近 46%。

(6)轴力相干性对支撑轴力的影响相对次要。新架设支撑施加轴力后,同层邻近支撑最大轴力损失约 20%。

(7)施工过程中的温度变化也会引起支撑轴力的波动。但温差较小时影响极小,且随着开挖深度的增加,温度的影响逐渐降低。

第 9 章
CHAPTER 9

结论与展望

9.1 结论

针对软土长条形深基坑的变形控制,诸多学者进行了深入的研究,取得了丰硕的成果,但是这些成果仍难以满足日益提高的环境保护要求。一方面,目前变形控制方法是建立在基坑"时空效应"理论基础上的,基于施工的复杂性,基坑的挖土支撑方法还需进一步完善以提升控制效果;另一方面,尽管近年来伺服系统在基坑工程中逐步推广应用,但是基于伺服系统的变形控制理论还未建立,控制效果缺乏可控性。同时,影响基坑变形的因素众多,且相互关联,亟须建立一套能够考虑多种因素影响、有效提升变形控制效果的技术体系。针对基坑变形控制存在的上述问题,在"时空效应"理论基础上提出了轴力作用下基坑力学场的演化问题,其中轴力作用下支撑与围护结构力学状态的演化规律是其核心内容。本书结合实践应用,提出了软土长条形基坑变形控制的四个关键技术问题:基坑工程的施工控制体系、围护结构侧向变形的主动控制技术、钢支撑系统的极限承载机理、基于"时空效应"的长条形基坑精细化变形控制技术。

针对这些问题,本书以上海地铁车站的长条形深基坑工程为研究背景,在基坑"时空效应"基础上,引入轴力作用下基坑力学场的演化问题,以土方开挖与支撑安拆为研究对象,把基坑施工过程视作动态的系统,引入系统控制论,采用理论研究、原位试验、实测分析等多种手段,建立以基坑支护体系力学状态为目标的施工控制技术。主要内容如下:

(1)以开挖与支撑过程中基坑支护体系的力学状态为研究目标,提出了基坑施工控制的新理念,建立了围护结构侧向变形的控制方法,初步构建了基坑工程的施工控制体系。

(2)通过理论研究和原位试验,提出了围护结构侧向变形各方因素协调融合的主动控制理念、基于连续体变形协调方程的主动控制原理、基于"三控法"的主动控制方法、基于基坑施工力学模型的主动控制策略、基于荷载-结构模型与地层-结构模型的主动控制计算方法、基于控制论的主动控制内容,初步构建了围护结构侧向变形主动控制的基本理论;基于轴力伺服系统,提出了变形主动控制理论的实施原则和应用方法,构建了围护结构侧向变形的主动控制体系。

(3) 针对长条形基坑钢支撑体系,以几何非线性、材料非线性、接触非线性力学为基础,提出了钢支撑系统的极限荷载计算方法,研究了钢支撑系统的极限承载能力,揭示了钢支撑系统各构件的承载机理,研发了支撑接头、活络头、新型抱箍、留撑接头装置等关键构件及节点。

(4) 针对无支撑暴露时间下的变形控制,提出了小尺度块内盆式挖土法。针对有支撑暴露时间下的变形控制,研制了轴力多点同步加载设备,提出了精细化的支撑轴力控制方法。针对基坑施工管理的复杂性,提出了实现快挖快撑的基坑施工组织管理新方法。

9.2　展望

本书成果的推广应用,有效地提高了基坑施工的安全性,降低了基坑开挖期间围护结构的侧向变形,推动了基坑工程施工控制技术的发展。但是,基坑工程属于实践性和理论性均很复杂的学科,而且我国幅员辽阔,地质条件复杂多变,即使以淤泥质黏土为代表的软土地区,不同地区的物理力学参数差异也较大,基坑施工控制技术还有待于不断发展、完善。

(1) 变形主动控制理论

伺服系统轴力的实时、可调特性为基坑变形的主动控制奠定了硬件基础,在从轴力的主动控制向变形的主动控制转变工程中,亟须研究轴力对围护结构侧向变形的控制机理,这可归咎于轴力作用下基坑力学场的演化问题。为此,应结合地质条件、支护体系的设计、周边环境特点,进一步研究轴力作用下支撑体系、围护结构、内外地层、周边环境等力学场的演化规律,丰富和完善变形主动控制的理论体系。

(2) 变形主动控制与基坑设计

通过变形主动控制技术的研究可以为基坑变形控制提供新的解决方案,但是这些技术的实施往往涉及基坑设计的内容,如何把两者有机结合起来、在基坑设计过程中就筹划主动控制技术的应用,甚至建立基于变形主动控制的基坑设计方法是今后基坑工程施工控制研究的重要课题。

(3)变形的自动控制与智能控制

目前伺服系统仅仅实现了轴力的自动控制,还未建立起基于围护结构侧向变形的自动控制。随着自动测斜技术的发展,建立基于实时监测数据的轴力—变形自动控制算法、开发基于大数据的基坑变形智能控制算法等是基坑施工控制的重要研究方向。

(4)钢支撑体系的优化设计

基于轴力对围护结构侧向变形的控制机理,为了达到更高的变形控制要求,一方面,伺服系统对支撑轴力的需求越来越大,需要研究设计能够满足更大轴力要求的支撑产品体系,为变形主动控制提供硬件基础;另一方面,为降低传统钢支撑系统的轴力损失,需要优化,设计新型活络头产品,既能方便耐用又能大幅度降低轴力损失。

(5)施工控制技术在建筑基坑中的应用

虽然本书内容是基于长条形基坑展开的,但是,所提出的基坑施工控制体系和变形的主动控制理论仍然适用于建筑基坑,所提出的钢支撑系统极限承载机理的研究方法仍适用于建筑基坑的钢支撑体系,所提出的基于系统工程方法论的施工组织管理新方法同样适用于建筑基坑的施工组织管理。因此,基于长条形基坑的施工控制研究,对建筑基坑进行适应性扩展,可建立起适合各类基坑的施工控制体系,进一步拓展基坑施工控制的应用领域。

施工控制是基坑工程的新发展方向,还有许多问题进行研究,需要在大家的努力下丰富和发展,最终建立完善的基坑工程施工控制体系。

参 考 文 献

[1] 刘国彬,王卫东.基坑工程手册[M].2版.北京:中国建筑工业出版社,2009.

[2] 张雪婵.软土地基狭长型深基坑性状分析[D].杭州:浙江大学,2012.

[3] 张旷成,李继民.杭州地铁湘湖站"08.11.15"基坑坍塌事故分析[J].岩土工程学报,2010,32(S1):338-342.

[4] 李宏伟,王国欣.某地铁站深基坑坍塌事故原因分析与建议[J].施工技术,2010,39(3):56-58.

[5] Terzaghi K, Peck R B. Soil mechanics in engineering practice [M]. New York: John Wiley & Sons, 1967.

[6] Peck R B. Deep excavations and tunneling in soft ground[C]//Proceedings of 7th ICSMFE, Mexico, 1969.

[7] Ugai K. A method of calculation of global safety factor of slopes by elasto-plastic FEM [J]. Soils and Foundations, 1989, 29(2).

[8] Matsui T, San K C. Finite element slope stability analysis by shear strength reduction technique [J]. Soils and Foundations, 1992, 32(1):59-70.

[9] Goh ATC. Estimating basal-heave stability for braced excavations in soft clay [J]. Journal of Geotechnical Engineering, 1994, 120(8):1430-1436.

[10] Ugai K, Leshchinsky D. Three-dimensional limit equilibrium and finite element analyses: a comparison of results[J]. Soils and Foundations, 1995, 35(4):1-7.

[11] 朱彦鹏,于劲,王秀丽.柱列悬臂式支护桩的优化设计[J].甘肃工业大学学报.2000(01):90-95.

[12] 中华人民共和国冶金工业部.建筑基坑工程技术规范:YB 9258—1997[S].北京:冶金工业出版社,1997.

[13] 中华人民共和国住房和城乡建设部.建筑基坑支护技术规程:JGJ 120—2012[S].北京:中国建筑工业出版社,2012.

[14] 谢泻.考虑土拱效应的双排桩支护结构设计研究及工程应用[D].长沙:湖南大学,2012.

[15] 沈琛.深基坑变形机理与控制技术研究[D].淮南:安徽理工大学,2014.

[16] Berre T, Iversen K. Oedometer tests with different speeimen heights on a

clay exhibiting large secondary compression [J]. Geotechnique, 1972, 22 (1):53-70.

[17] Taylor D W, Merchant W. A theory of clay consolidation accounting for secondary compression [J]. Journal of Mathematics and Physics, 1940, 19.

[18] Murayalma S, Sekiguchi H, Ueda T. A study of the stress-strain-time behavior of saturated clays based on a theory of non-liner viscoelasticity [J]. Soils and Foundations, 1974, 14(2):19-33.

[19] Bardon L. Consolidation of clay with non-linear viscosity [J]. Geotechnique, 1965, 15(4).

[20] Gibson R E, Schifhman R L, Cargill K W. The theory of one-dimensional consolidation of saturated clays partⅡ: finite nonlinear consolidation of thick homogeneous layers [J]. Canadian Geotechnical Journal, 1981, 18(2):280-293.

[21] 陈晓平,杨光华,杨雪强. 土的本构关系[M]. 北京:中国水利水电出版社,2011.

[22] 赵维炳. 广义 Voigt 模型模拟的饱和土体一维固结理论及其应用[J]. 岩土工程学报,1989,11(5):78-85.

[23] 赵维炳,施建勇. 软土固结与流变[M]. 南京:河海大学出版社,1996.

[24] 谢康和. 双层地基一维固结理论与应用[J]. 岩土工程学报,1994,16(5):24-35.

[25] Mesri G, Febres-Cordero E, Shields D R, et al. Shear stress-strain-time behavior of clays [J]. Geotechnique, 1981, 31(4):537-552.

[26] 詹美礼,钱家欢,陈绪禄. 软土流变特性试验及流变模型[J]. 岩土工程学报,1993,15(3):54-62.

[27] Lin H D, Wang C C. Stress-strain-time function of clay [J]. Journal of Geotechnical and Geoenvironmental Engineering, 1998, 124(4):289-296.

[28] 周秋娟,陈晓平. 软土蠕变特性试验研究[J]. 岩土工程学报,2006,28(5):626-630.

[29] 刘国彬,刘登攀,刘丽雯. 基坑坑底施工阶段围护墙变形监测分析[J]. 岩石力学与工程学报,2007,28(S2):4386-4394.

[30] Phienwej N, Thakur P K, Cording E J. Time-dependent response of tunnels considering creep effect [J]. International Journal of Geomechanics, 2007, 7(4):296-306.

[31] 徐杨青. 深基坑工程优化设计理论与动态变形控制研究[D]. 武汉:武

汉理工大学,2001.

[32] 孙学聪.深基坑变形监测及变形预测研究[D].西安:长安大学,2015.

[33] Terzaghi K, Peck R B. Soil mechanics in engineering practice[M]. New York: John Wiley & Sons, 1948.

[34] Wong K S, Brons B B. Lateral wall deflection of braced excavation in clay [J]. Journal of Geotechnical and Geoenvironmental Engineering, 1989, 11(6):132-138.

[35] Cortes C, Vapnik V. Support-vector networks [J]. Machine Learning, 1995, 20:273-297.

[36] Finno R J, Blackbum T J, Roboski J E. Three-dimensional effects for supposed excavations in clay[J]. Journal of Geotechnical and Geoenvironmental Engineering, 2007, 133(1):30-36.

[37] 王建华,徐中华,等.支护结构与主体地下结构相结合的深基坑变形特性分析[J].岩土工程学报,2007,29(12):1899-1903.

[38] 杨永庆.武汉地铁车站深基坑变形特性分析[D].武汉:华中科技大学,2010.

[39] 郑刚,焦莹,李竹.软土地区深基坑工程存在的变形与稳定问题及其控制——基坑变形的控制指标及控制值的若干问题[J].施工技术,2011,40(08):8-14.

[40] Ou C Y, Hsieh P G. A simplified method for predicting ground settlement profiles induced by excavation in soft clay [J]. Computers and Geotechnics, 2011, 38:987-997.

[41] 王旭军.上海中心大厦裙房深大基坑变形特性及盆式开挖技术研究[D].上海:同济大学,2014.

[42] Lam S Y, Haigh S K, et al. Understanding ground deformation mechanisms for multi-propped excavation in soft clay [J]. Soils and Foundations, 2014, 54(3):296-312.

[43] Ou C Y, Lin Y L, Hsieh P G. Case record of an excavation with cross walls and buttress walls [J]. Journal of Geoengineering, 2006, 1(2):79-87.

[44] Ou C Y, Hsieh P G, Lin Y L. Performance of excavations with cross walls [J]. Journal of Geotechnical and Geoenvironmental Engineering, 2010, 137(1):94-104.

[45] Ou C Y, Hsieh P G, Lin Y L. A parametric study of wall deflections in deep excavations with the installation of cross walls [J]. Computers & Geotech-

nics,2013,50(5):55-65.

[46] 吴华,郑刚.考虑空间效应的基坑开挖及数值模拟[J].低温建筑技术,2007,2:85-87.

[47] 余有治.深基坑逆作法施工基坑变形研究[D].合肥:安徽建筑大学,2016.

[48] Andrey B,Alexander K,et al. Evaluation of deformations of foundation pit structures and surrounding buildings during the construction of the second scene of the state academic Mariinsky theatre in Saint-Petersburg considering stage-by-stage nature of construction process[J]. Procedia Engineering, 2016,165:1483-1489.

[49] Zhang X M,Yang J S,et al. Cause investigation of damages in existing building adjacent to foundation pit in construction[J]. Engineering Failure Analysis,2018(83):117-124.

[50] 朱炯.明珠隧道基坑变形分析及工程对策研究[J].公路交通技术,2018(2).

[51] Zhou N Q,Pieter A V,et al. Numerical simulation of deep foundation pit dewatering and optimization of controlling land subsidence[J]. Engineering Geology,2010,114:251-260.

[52] Yu X L,Jia B Y. Analysis of excavating foundation pit to nearby bridge foundation[J]. Procedia Earth and Planetary Science,2012,5:102-106.

[53] Goh ATC,Zhang F,et al. Assessment of strut forces for braced excavation in clays from numerical analysis and field measurements[J]. Computers and Geotechnics,2017,86:141-149.

[54] Tan Y,Huang R,Kang Z,et al. Covered semi-top-down excavation of subway station surrounded by closely spaced buildings in downtown shanghai:building response[J]. Journal of Performance of Constructed Facilities,2016,30(6).

[55] Xu C,Chen Q,Wang Y,et al. Dynamic deformation control of retaining structures of a deep excavation[J]. Journal of Performance of Constructed Facilities,2015,30(4).

[56] 刘艳.深基坑监测技术及进展[J].山西建筑,2007,33(32):117-118.

[57] 刘金培.SMW在基坑围护中的应用[J].河北交通科技,2009,6(2):21-23.

[58] 刘利民,张建新.深基坑开挖监测时测斜管不同埋设位置量测结果的比

较[J].勘察科学技术,1995(6):37-39.

[59] 李爱民,胡春林,等.高层建筑基坑开挖施工期的监测和险情预报[J].岩土力学,1996,17(2):64-69.

[60] Lee F H,Yong K Y,Quan K C N,et al. Effect of Corners in struted excavations:field monitoring and case histories [J]. Journal of Geotechnical and Geoenvironmental Engineering, 1998,124 (4):339-349.

[61] 杨林德,等.基坑围护位移和安全性监测的动态预报[J].土木工程学报,1999,32 (2):9-13.

[62] Long M. Database for retaining wall and ground movements due to deep excavation[J]. Journal of Geoteehnical and Geoenvironmental Engineering,2001,127(33):203-224.

[63] 朱文忠.南京地铁明挖法深基坑工程监测技术[J].山西建筑,2004,30(20):52-53.

[64] Calvello M,Finno R J. Selecting parameters to optimize in model calibration by inverse analysis [J]. Computers and Geotechnics, 2004, 31 (5):411-425.

[65] Finno R J,Calvello M. Supported excavations:observational method and inverse modeling [J]. Journal of Geotechnical and Geoenvironmental Enginering,2005, 131(7): 826-836.

[66] 白永学.软土地铁车站深基坑变形的影响因素及其控制措施[D].成都:西南交通大学,2006.

[67] 丁勇春.软土地区深基坑施工引起的变形及控制研究[D].上海:上海交通大学,2009.

[68] 任建喜,高立新,刘杰,等.深基坑变形规律现场监测[J].西安科技大学学报,2008,28(3):445-449.

[69] 高德恒,王小刚,何振元.混凝土支撑轴力监测分析[J].人民珠江,2008,6:24-26.

[70] 王增勇.深基坑围护结构开挖施工监测[J].技术与市场,2011,18 (4):44-45.

[71] Tan Y,Wang D L. Characteristics of a large-scale dep foundation pit excavated by the central-island technique in Shanghai soft clay, part Ⅱ: top-down construction of the peripheral rectangular pit [J]. Journal of Geotechnical and Geoenvironmental Engineering,2013,139(11):1894-1910.

[72] Tan Y,Wang D L. Characteristics of a large-scale dep foundation pit exca-

vated by the central-island technique in Shanghai soft clay, part I: bottom-up con-struction of the central cylindrical shaft [J]. Journal of Geotechnical and Geoenvironmental Engineering, 2013, 139(11): 1875-1893.

[73] 周惠涛. 软土地区地铁车站超深基坑变形控制技术[J]. 施工技术, 2016, 45(13): 85-87.

[74] 赵翔, 刘祖春, 王道华. 南京下关软土深基坑施工引起的变形及控制研究[J]. 探矿工程(岩土钻掘工程), 2017(4): 61-65.

[75] 裴鸿斌, 于海申, 陈学光, 等. 天津周大福金融中心深基坑变形综合控制技术[J]. 施工技术, 2017(23): 103-107.

[76] 普建明, 顾凤鸣. 深基坑工程的变形与事故分析[J]. 地理空间信息, 2018(3).

[77] Ding Z, Jin J, Han T C. Analysis of monitoring data of zoning excavation of narrow and deep foundation pit in soft soil area [J]. Journal of Geophysics & Engineering, 2018.

[78] 龙宏德, 刘俊景, 王定军, 等. 地铁隧道上方长距离并行基坑开挖的施工影响及变形控制[J]. 城市轨道交通研究, 2018(1): 106-112.

[79] 胡蒙达, 金志靖. 地铁车站围护结构中钢支撑挠度稳定计算探讨[J]. 地下工程与隧道, 1997(02): 32-36.

[80] 胡蒙达. 地下工程基坑围护结构 ϕ609 钢支撑受变温 Tr 条件下的热应力计算[J]. 地下工程与隧道, 1998(01): 13-15.

[81] 蒋洪胜, 刘国彬. 软土深基坑支撑轴力的时空效应变化规律研究[J]. 岩土工程学报, 1998(06): 108-110.

[82] 魏玉明. 深基坑普通钢支撑内力影响因素分析[C]//北京市市政工程总公司. 北京市政第一届地铁与地下工程施工技术学术研讨会论文集, 2005: 4.

[83] 杜维国, 于亮, 黄海金. 突变理论在深基坑内支撑稳定性分析中的应用[J]. 山西建筑, 2008, 34(36): 92-94.

[84] 张忠苗, 房凯, 刘兴旺, 等. 粉砂土地铁深基坑支撑轴力监测分析[J]. 岩土工程学报, 2010, 32(S1): 426-429.

[85] 张明聚, 谢小春, 吴立. 锚索与钢支撑混合支撑体系内力监测分析[J]. 岩土工程学报, 2010, 32(S1): 483-488.

[86] 张德标, 费巍, 王成焱, 等. 应力伺服系统在紧邻地铁深基坑钢支撑轴力监测中的应用[J]. 施工技术, 2011, 40(10): 67-70.

[87] 郭利娜, 胡斌, 李方成, 等. 武汉地铁深基坑围护结构钢支撑轴力研究

[J].地下空间与工程学报,2013,9(06):1386-1393.

[88] 武进广,王彦霞,杨有海.杭州市秋涛路地铁车站深基坑钢支撑轴力监测与分析[J].铁道建筑,2013(10):51-54.

[89] 冯虎,刘永辉,徐春蕾.立柱隆起对地铁深基坑钢支撑体系稳定的影响[J].中国科技论文,2014,9(11):1301-1305.

[90] 冯虎,高丹盈,徐春蕾.立柱隆起对深基坑钢支撑受力特性的影响分析[J].地下空间与工程学报,2014,10(04):926-932.

[91] 赵彦庆,张华恺,齐凯泽,杨凯.钢支撑在天津某地铁深基坑中的稳定性研究[J].施工技术,2016,45(20):96-100.

[92] 刘兴旺,童根树,李瑛,等.深基坑组合型钢支撑梁稳定性分析[J].工程力学,2018,35(04):200-207+218.

[93] 王琛,姚鸿梁.位移为伺服目标的支撑轴力测控体系研究[C]//中国城市基础设施建设与管理国际大会论文集,2016:4.

[94] 彭勇志,黄洋.深基坑钢支撑轴力伺服系统施工技术[J].低碳世界,2016,105(03):152-153.

[95] 吉茂杰.钢支撑伺服系统在轨道交通工程中的应用[J].建筑施工,2018,40(04):584-587.

[96] Clough G W. Finite element analyses of retaining wall behavior[J]. Journal of Soil Mechanics & Foundation Engineering,1971,97(12):1657-1673.

[97] Mana A I. Finite element analysis of retaining wall bahaviour[D]. Palo Alto:Stanford University,1976.

[98] Tsui Y,Cheng Y M. Fundamental study of braced excavation construction[J]. Computers and Geotechnics,1989,8(1):39-64.

[99] 刘建航.围护结构深基坑周围地层移动的预测和治理之一[J].隧道与轨道交通,1991(2):2-15.

[100] 刘建航.围护结构深基坑周围地层移动的预测和治理之二——基坑周围地层移动的预测[J].隧道与轨道交通,1993(2):4-17+25.

[101] 刘建航,刘国彬,范益群.软土基坑工程中时空效应理论与实践(上)[J].地下工程与隧道,1999(03):7-12+47.

[102] 刘建航,刘国彬,范益群.软土基坑工程中时空效应理论与实践(下)[J].地下工程与隧道,1999(04):10-14.

[103] 黄院雄.软土地区有支护深基坑考虑时空效应的主动土压力的取值[D].上海:同济大学,1997.

[104] 蒋洪胜.考虑时空效应的深大基坑中等效土体水平抗力系数变化规律

的研究[D]. 上海:同济大学,1998.

[105] 蒋洪胜,刘国彬,刘建航.地铁车站软土基坑开挖过程中的时空效应分析[J].建筑技术,1999(2):80-82.

[106] 应惠清.深基坑围护结构侧向变形的估算及其控制[J].结构工程师,1996,19(1):37-41.

[107] 吴兴龙,朱碧堂.深基坑开挖坑周土体变形时空效应初探[J].土工基础,1999(3):5-8.

[108] 张冬霁.考虑空间与时间效应的基坑工程数值分析研究[D].杭州:浙江大学,2000.

[109] 陈页开,徐日庆,任超,等.基坑开挖的空间效应分析[J].建筑结构,2001(10):42-44.

[110] 张燕凯,桂国庆,赵抚民.深基坑工程中考虑开挖深度和时间效应的土压力计算公式的探讨[J].南昌大学学报(工科版),2002,24(1):85-89.

[111] Roboski J F. Three-dimensonal performance and analyses of deep excavations [D]. Evanston: Northwestern University,2004.

[112] 刘涛,杨国伟,刘国彬.上海软土深基坑有支撑暴露变形研究[J].岩土工程学报,2006,28(S1):1842-1844.

[113] Blackburn J T,Finno R J. Three-dimensional responses observed in an internally braced excavation in soft clay[J]. Journal of Geotechnical and Geoenvironmental Engineering,2007,133(11):1364-1373.

[114] 凌宏,罗小文.复杂软土深基坑围护结构侧向变形的时空效应分析[J].建筑科学,2007,23(5):45-48.

[115] 马威.深基坑开挖对地层及邻近建筑影响的数值分析[D].武汉:华中科技大学,2008.

[116] 郭海柱,张庆贺,朱继文,等.土体耦合蠕变模型在基坑数值模拟开挖中的应用[J].岩土力学,2009,30(3):688-692.

[117] 宁超.基于空间效应的地铁车站深基坑开挖与支护的力学机理分析[D].北京:北京交通大学,2012.

[118] Sun L N,Liu Y,Zhang L M. Analysis on deformation of foundation excavation considering of time-space effect [J]. Applied Mechanics & Materials,2013(20):1135-1139.

[119] 叶荣华.宁波软土深基坑时空效应分析及安全评价研究[D].宁波:宁波大学,2013.

[120] 陈子文.考虑时空效应的深基坑围护结构支挡结构变形分析方法[D].长沙:湖南大学,2014.

[121] 黄伟.填海造陆地区深大基坑变形时空效应及其控制研究[D].重庆:重庆大学,2015.

[122] 赵晓旭.软土地区深基坑变形监测与时空效应分析[D].株洲:湖南工业大学,2015.

[123] 孙伟.考虑时空效应的基坑变形与土压力研究[D].重庆:重庆交通大学,2016.

[124] 王立峰,虎晋,徐云福,等.基坑开挖对近邻运营地铁隧道影响规律研究[J].岩土力学,2016,37(7):2004-2010.

[125] 李镜培,陈浩华,李林,等.软土基坑开挖深度与空间效应实测研究[J].中国公路学报,2018,31(2).

[126] 蒋洪胜,刘国彬,刘建航.地铁车站软土基坑开挖过程中的时空效应分析[J].建筑技术,1999(02):3-5.

[127] 杨国伟,王如路,刘建航.时空效应规律在深基坑施工中的应用[J].地下工程与隧道,2000(04):41-45+50-63.

[128] 王福恩,周宙."时空效应"原理在上海地铁黄兴路站深基坑施工中的应用[J].安徽建筑,2004(02):70-72.

[129] 袁俊相,刘加峰,韩泽亮.基于"时空效应"的超大型地铁深基坑施工技术[J].建筑施工,2009,31(01):18-20.

[130] Barrie D S, Paulson B C. Professional construction management [J]. American Society of Civil Engineers,1976,102:425-436.

[131] Clyde B. Issues in professional construction management [J]. Journal of Construction Engineering & Management,1983,109(1):112-119.

[132] Gharehbaghi K, Mcmanus K. Effective construction management [J]. Leadership & Management in Engineering,2003,3:54-55.

[133] 刘国彬,王卫东.基坑工程手册[M].2版.北京:中国建筑工业出版社,2009.

[134] 吴立柱.润扬长江公路大桥北锚碇深基坑施工及设备的组织与管理[J].公路,2004(02):13-18.

[135] 黄建彰,韦伟鸿,黄勇,等.超深基坑土方开挖方案的优化及现场管理[J].建筑施工,2008,200(05):356-359.

[136] 朱磊.天津地铁五号线土建施工组织研究[D].天津:天津大学,2013.

[137] 李双清.特殊环境下超大超深基坑施工的组织管理[J].建筑施工,

2017,39(07):975-977.

[138] 杜建国,刘伟.深大基坑围护结构施工质量的组织管理[J].山西建筑,2015,41(6):74-76.

[139] 侯金波,刘宏光,等.基坑监测数据的组织与管理探讨[J].施工技术,2015,44(增刊):102-104.

[140] Suckarieh G. Construction management control with microcomputer [J]. Journal of Constrution Engineering and Management, 1984, 110 (1):72-78.

[141] Gabriel D H, Inigo J L, et al. Improving construction management of port infrastructures using an advanced computer-based system [J]. Automation in Construction, 2017, 81:122-133.

[142] Hardin B. BIM and construction management: proven tools, methods and workflows [M]. Wiley, 2009.

[143] Li X, Xu J, Zhang Q. Research on construction schedule management based on BIM technology [J]. Procedia Engineering, 2017, 174:657-667.

[144] Ma Z L, Cai S Y, Mao N. Construction quality management based on a collaborative system using BIM and indoor positioning [J]. Automation in Construction, 2018, 92:35-45.

[145] 邓新安.斜拉桥的施工控制[J].中国港湾建设,2001(5):34-37.

[146] 向木生,张世飙.大跨度预应力混凝土桥梁施工控制技术[J].中国公路学报,2002,15(4):38-42.

[147] 高振锋.土木工程施工控制技术的研究与应用[J].建筑施工,2004,26(1):49-51.

[148] 苑仁安.斜拉桥施工控制[D].成都:西南交通大学,2013.

[149] 周光伟.大跨预应力混凝土连续刚构桥施工控制研究及温度效应分析[D].长沙:湖南大学,2003.

[150] 董爱平.高墩大跨连续刚构桥施工控制研究及其温度效应分析[D].成都:西南交通大学,2007.

[151] Chen C C. A probe into management mode on safety control for full lifetime of bridge from construction control [C]//2011 2nd International Conference on Artificial Intelligence, Management Science and Electronic Commerce,2011:6932-6934.

[152] Liu J C. Application and research on constructioncontrol of bridges on the basis of artificial neural network [C]// International Conference on Me-

chanic Automation & Control Engineering,2011:5612-5614.

[153] Wang L F. Application of aritificial neural network method inconstruction control of continual bridge [C]// International Conference on Remote Sensing,2011:3854-3857.

[154] 邓聚龙.本征性灰色系统的主要方法[J].系统工程理论与实践,1986(01):60-65.

[155] 徐岳,张劲泉,鲜正洪.悬索桥施工控制方法的研究[J].西安公路交通大学学报,1997(04):48-52.

[156] 苑仁安,秦顺全.无应力状态法在钢绞线斜拉索施工中的应用[J].桥梁建设,2012(03):75-79.

[157] 范庆国.超高层建筑施工控制摭论[J].建筑施工,2007(4):293-297.

[158] 吴斌平.水利水电工程施工控制学[D].天津:天津大学,2013.

[159] 廖少明,侯学渊.盾构法隧道信息化施工控制[J].同济大学学报(自然科学版),2002(11):1305-1310.

[160] 李自光,何志勇,邓习树,等.基于控制论的沥青混凝土路面施工工艺研究[J].中国工程机械学报,2005(3):320-323.

[161] 陈仲颐,叶书麟.基础工程学[M].北京:中国建筑工业出版社,1990.

[162] 徐安军,李耀良.上海软土地区深基坑工程的施工控制要点[J].岩土工程学报,2006,28(增刊):1395-1397.

[163] Liu H T,Wu X G,Zhang L M. The construction safety control analysis of super-deep and supe-large foundation pit [C]// International Conference on Industrial Electronics & Engineering,2014:219-229.

[164] 范益群,钟万勰,刘建航.时空效应理论与软土基坑工程现代设计概念[J].清华大学学报(自然科学版),2000(S1):49-53.

[165] 朱玉明,张永军,沈瑞鹤,等.地铁车站深基坑施工风险分析及控制[J].建筑技术,2011,42(1).

[166] 宋慧军.临近既有建筑物的基坑开挖施工控制技术[J].建筑技术,2017,48(6):636-638.

[167] 苏婉君,周迎,周诚.地铁深基坑施工风险时空演化及控制[J].土木工程与管理学报,2017,34(6):133-140.

[168] 王慧炯.系统工程的方法论(续)[J].哲学研究,1980(4):32-39.

[169] Andrew P S,陈德顺.系统工程方法论及其应用简介[J].系统工程与电子技术,1980(10):1-7.

[170] 屠蕴雯.论系统工程方法的应用[J].科技情报开发与经济,2001,11

(6):61-63.

[171] 赵亚男,黄体忠.系统工程方法论综述[C]//Proceedings of the Conference of System Engineering Society of China,2004:289-295.

[172] 盛昭瀚,游庆仲.综合集成管理:方法论与范式——苏通大桥工程管理理论的探索[J].复杂系统与复杂性科学,2007,4(2):1-9.

[173] 吴梦溪.基于系统工程的项目管理创新与实践[J].工程建设,2010,42(4):54-60.

[174] 史玉金.上海陆域古河道分布及对工程建设影响研究[J].工程地质学报,2011,19(02):277-283.